FORSCHUNGSBERICHTE DES LANDES NORDRHEIN-WESTFALEN

Nr. 2451

Herausgegeben im Auftrage des Ministerpräsidenten Heinz Kühn
vom Minister für Wissenschaft und Forschung Johannes Rau



Dr.-Ing. Klaus Krause

Institut für Bauforschung der Rhein.-Westf. Techn. Hochschule Aachen
Institutsdirektor: Prof. Dr.-Ing. Karlhans Wesche

# Über den Einfluß der Belastungsgeschwindigkeit auf den Elastizitätsmodul des Mörtels und Betons sowie des Zementsteins und Zuschlags

Westdeutscher Verlag 1975

Der Verfasser, Prof. Dr. -Ing. Klaus Krause, ist jetzt als Fachhochschullehrer an der FHS Lippe/Westf. tätig.


Gesamtherstellung: Westdeutscher Verlag

ISBN 978-3-531-02451-6 ISBN 978-3-322-88288-2 (eBook)
DOI 10.1007/978-3-322-88288-2

Inhaltsverzeichnis

Seite

Anmerkung

Die angeführten Anhänge sind in der vorliegenden Fassung nicht enthalten, sie können in der Bibliothek des Instituts für Bauforschung der Technischen Hochschule Aachen eingesehen werden.

## Zusammenstellung der wichtigsten Formelzeichen und Abkürzungen

| | |
|---|---|
| $A$ | = Anteil in Vol.-% oder bezogen auf 1,o |
| $A$ | = Alter der Proben |
| $a_f$ | = Kornfaktor zur Berechnung der Oberfläche von Zuschlägen |
| $B$ | = Bestimmtheitsmaß |
| $C$ | = Konstante |
| $d$ | = Durchmesser einer Korngruppe, eines Probekörpers |
| $D$ | = Größtkorn einer Kornzusammensetzung |
| $d_m$ | = Zementleimschichtdicke aus Gesamtzementleim |
| $d_m'$ | = Zementleimschichtdicke aus Schichtdickenzementleim |
| $d_H$ | = Zementsteindichtigkeit, berechnet nach Hummel |
| $d_P$ | = Zementsteindichtigkeit, berechnet nach Powers |
| $E$ | = Elastizitätsmodul (E-Modul) des Federelementes (Bezeichnung gilt für das Zweistoffsystem) |
| $E_k$ | = E-Modul des Federelementes bei Zuschlagproben |
| $E_m$ | = E-Modul des Federelementes bei Zementsteinproben |
| $E(t)$ | = zeitabhängiger Modul bei Berücksichtigung verzögert-elastischer und viskoser Verformungen |
| dyn $E_R$ | = dynamischer E-Modul, bestimmt aus Resonanzfrequenzmessungen |
| dyn $E_S$ | = dynamischer E-Modul, bestimmt aus Schallaufzeitmessungen |
| stat $E$ | = statischer E-Modul, bestimmt aus Spannungs-Verformungs - Werten |
| stat $E(t)$ | = statischer E-Modul, abhängig von der Beanspruchungszeit |
| stat $E1$...stat $E3$ | Sehnenmoduln des Belastungsastes |
| stat $E4$...stat $E6$ | Sekantenmoduln des Be- und Entlastungsastes |

| | |
|---|---|
| stat $E_5$ | = Sekantenmodul, bestimmt bei einer Spannungsänderung von 5 $kp/cm^2s$ |
| beob E, $E_{beob}$ | = versuchsmäßig bestimmter E-Modul |
| mod E, $E_{ber}$ | = durch Modellvorstellungen vorhergesagter E-Modul |
| verb E | = rechnerisch verbesserter, beobachteter E-Modul |
| $\Delta E$ | = Differenz zwischen beobachtetem und vorhergesagtem E-Modul |
| $E_{Ke}$ | = E-Modul der Feder einer Kelvineinheit |
| $E_{Kek}$, $E_{Kem}$ | = E-Modul der Feder einer Kelvineinheit bei Zuschlag und Zementstein |
| $\bar{E}$ | = Mittelwert mehrerer E-Moduln |
| f | = Feuchtigkeitsaufnahme oder -abnahme |
| f | = Resonanzfrequenz in Hz |
| exp(t) | = $e^t$ |
| G | = Torsionsmodul |
| k | = Zuschlaganteil, bezogen auf den Zementanteil |
| K | = Anteil des Zuschlags in $kg/m^3$ Beton |
| K | = Kompressionsmodul |
| L | = Longitudinalwellenmodul |
| l | = Länge eines Probekörpers |
| M | = allgemeiner Modul (Materialkonstante) |
| n | = Exponent |
| n | = Probenumfang |
| O | = spezifische Oberfläche eines Zuschlaggemisches |
| max P | = Höchstlast |
| $p_H$ | = Zementsteinporigkeit, berechnet nach Hummel |
| $p_P$ | = Zementsteinporigkeit, berechnet nach Powers |
| $p_H$ | = Haufwerkporigkeit eines Zuschlaggemisches |
| $P_b$ | = Festbetonporen |
| R | = Maßspanne einer Versuchsreihe |
| $s_x$ | = Standardabweichung der Einzelwerte |
| $s_{\bar{x}}$ | = Standardabweichung der Mittelwerte |
| $S_x$ | = Summe der Fehlerquadrate |
| t | = Zeit vom Belastungsbeginn an |

$T_M$ = Relaxationszeit des viskosen Elements in der Maxwelleinheit

$t_R$ = Zeit vom Entlastungsbeginn an

$V$ = Volumen

$V_A$ = Ausschalvolumen

$V_k$ = anteiliges Volumen des Zuschlags

$V_m$ = anteiliges Volumen des Zementsteins bzw. der Matrix

$V_l$ = Volumen der Frischbetonporen

$V_z$ = Volumen des Zementes (Stoffraum Zement)

$V_w$ = Volumen des Wassers (Stoffraum Wasser)

$V_{zl}$ = Volumen des Zementleimes

$V_{md}$ = Volumen des Schichtdickenzementleims

$V_s$ = Schrumpfporenraum

$v$ = Schallgeschwindigkeit

$W/Z=w$ = Wasserzementwert

$x_i$ = einzelner Versuchswert

$\bar{x}$ = Mittelwert einer Versuchsreihe

$\max x_i$ = Maximalwert einer Versuchsreihe

$\min x_i$ = Minimalwert einer Versuchsreihe

$x_i$ = einzelner berechneter Wert

$Z$ = Zementgehalt in $kg/m^3$ im Beton

$\beta_D$ = Druckfestikeit der Mörtel- und Betonproben

$\beta_D(t)$ = Druckfestigkeit unter Berücksichtigung der Beanspruchungszeit

$\beta_{Dk}$, $\beta_{Dm}$ = Druckfestigkeit der Zuschlag- bzw. Zementsteinproben

$\eta$ = Viskosität (allgemein)

$\eta_a$ = scheinbare Viskosität

| | |
|---|---|
| $\eta_{Ke}$ | = Viskosität des Dämpfers der Kelvineinheit |
| $\varepsilon(t)$ | = Gesamtverformung, abhängig von der Beanspruchungszeit |
| $\varepsilon_{el}$ | = rein elastische Verformung |
| $\varepsilon_{vel}(t)$ | = verzögert - elastische, zeitabhängige Verformung |
| $\varepsilon_{vis}(t)$ | = viskose, zeitabhängige Verformung |
| $\varepsilon_{elR}$ | = elastische Rückverformung |
| $\varepsilon_{velR}(t)$ | = verzögert - elastische, zeitabhängige Rückverformung |
| $\varepsilon_{R}(t)$ | = $\varepsilon_{velR}(t)$, Abkürzung zur Vereinfachung der Schreibweise |
| $\varepsilon_{Ro}(t)=\varepsilon(t)-\varepsilon_{elR}$ | = verzögert - elastische, viskose und bleibende Verformung zum Zeitpunkt der Entlastung |
| $\varepsilon_{visR}(t)$ | = viskose, zeitabhängige Rückverformung |
| $\varepsilon_{bl}$ | = bleibende Verformung |
| $\varepsilon_{K}$ | = Kriechverformung |
| $\lambda$ | = Wellenlänge |
| $\mu$ | = Querdehnzahl von Mörtel und Beton |
| $\mu(t)$ | = Querdehnzahl unter Berücksichtigung der Beanspruchungszeit |
| $\mu_k$, $\mu_m$ | = Querdehnzahl des Zuschlags und des Zementsteins |
| $\varphi_k$ | = Kriechzahl |
| $\varphi_E$ | = Verhältnis $\varepsilon_{vis}(t) + \varepsilon_{vel}(t) \; / \; \varepsilon_{el}$ bei dem Spannungs-Verformungs-Versuch |
| $\varphi_{Em}$, $\varphi_{Ek}$ | = Verhältnis $\varepsilon_{vis}(t) + \varepsilon_{vel}(t) \; / \; \varepsilon_{el}$ bei Zementstein-und Zuschlagproben |
| $\varphi_{EB}$ | = Verhältniszahl für den Belastungsast |
| $\varphi_{EE}$ | = Verhältniszahl für den Entlastungsast |

| | |
|---|---|
| $\rho$ | = Dichte |
| $\rho_e$ | = spezifischer elektrischer Widerstand |
| $\rho_K$ | = Kornrohdichte |
| $\rho_{tr}$ | = Trockenrohdichte |
| $\rho_A$ | = Ausschalrohdichte |
| $\sigma$ | = Normalspannung |
| $\sigma(t)$ | = über die Zeit veränderliche Normalspannung |
| $\dot{\sigma} = d\sigma/dt$ | = Spannungsänderung |
| $\tau$ | = Schubspannung |
| $\tau_{Ke}$ | = Retardationszeit des viskosen Elements in der Kelvineinheit bei dem Zweistoffsystem |
| $\tau_{Kek}, \tau_{Kem}$ | = Retardationszeit des viskosen Elements in der Kelvineinheit bei Zuschlag und Zementstein |

## 1. Einleitender Überblick

Das Verformungsverhalten des Mörtels und Betons wird neben den stoffbedingten Eigenschaften der Komponenten Zementstein und Zuschlag vornehmlich durch die bei der Prüfung benutzten Belastungs- bzw. Verformungsgeschwindigkeiten bestimmt. Aus bisherigen Untersuchungen ist bekannt, daß die bei Belastung gemessenen Verformungen wie für fast alle anorganisch nichtmetallischen Stoffe nur teilweise elastisch sind.

Für die rechnerische Erfassung des Verformungsverhaltens bei Kurzzeitbelastung werden Mörtel und Beton als Zweistoffsystem aus kontinuierlicher Phase (Zementstein, Matrix, Feinstmörtel) und disperser Phase (Zuschlag, Partikel) betrachtet. Danach leiten sich die elastischen Eigenschaften dieser Systeme aus den stoffbedingten Eigenschaften der Komponenten ab. Durch Regressionsbetrachtungen wird die Aufstellung mechanisch begründbarer Modellvorstellungen und die Zuordnung von Baustoffkennwerten zu den Elementen dieser Modelle ermöglicht. Damit läßt sich der Elastizitätsmodul als Kenngröße des Verformungsverhaltens bei Kurzzeitbelastung vorherbestimmen.

Diese Verformungen werden aber auch durch die Belastungszeit beeinflußt. Es ist zu vermuten, daß sich bei Normalbeton verschiedene Beanspruchungszeiten auf die leichter verformungsfähige Zementsteinphase anders als auf die im Zementstein eingebetteten steiferen Partikel auswirken. Um den Einfluß der bei Verformungsuntersuchungen benutzten Belastungs- bzw. Verformungsgeschwindigkeiten auf das Verformungsverhalten des Zweiphasenstoffs Beton rechnerisch zu erfassen, müßten daher entsprechende Untersuchungen an Zementstein und Zuschlag sowie an dem zugehörigen Zweistoffsystem durchgeführt werden. Die rechnerische Vorherbestimmung einer Kenngröße zur Beschreibung des Verformungsverhaltens unter Berücksichtigung der Beanspruchungszeit und der wesentlichen stoffbedingten Einflüsse würde es ermöglichen, den Elastizitätsmodul als eindeutig definierte Stoffkenngröße zu erfassen. Dieses wäre für den konstruierenden Ingenieur von großer Bedeutung, da der Elastizitätsmodul die Grundlage für die Berechnung von Bauwerksverformungen im Stahlbeton- und Spannbetonbau bildet.

## 2. Zum Problem des Verformungsverhaltens von Mörtel und Beton

### 2.1. Grundlagen

Jeder Körper erfährt unter der Einwirkung äußerer Kräfte Formänderungen. Bei Druckbeanspruchung wird der Abstand benachbarter Querschnitte kleiner, es ergeben sich Verkürzungen oder Stauchungen. Bei Zugbeanspruchung vergrößert sich der Abstand benachbarter Querschnitte, es ergeben sich Verlängerungen oder Dehnungen.
Nimmt der Körper nach der Entlastung wieder seine ursprüngliche Gestalt an, so spricht man bei diesem vollständigen Zurückfedern von einem elastischen Stoff (z.B. Stahl unterhalb der Elastizitätsgrenze). Dieses Verformungsverhalten ist lastabhängig, aber nicht zeitabhängig. Tritt die Verformung eines Körpers erst oberhalb einer unteren Grenzspannung auf und bleibt diese Verformung nach Entlastung bestehen, so handelt es sich um eine plastische Verformung (z.B. Stahl im Fließbereich). Bei Stoffen mit diesem Verformungsverhalten liegt keine Proportionalität zwischen der plastischen Dehnung und der aufgebrachten Spannung vor. Nach Hansen /1/ kann das plastische Verhalten zeit- und lastabhängig sein. Ein anderer Fall des nichtelastischen Verformungsverhaltens wird durch das viskose Verhalten beschrieben, bei dem die viskosen Verformungen proportional zu den einwirkenden Spannungen sind.Diese Verformungen gehen nach der Entlastung nicht zurück. Das viskose Verformungsverhalten ist immer zeitabhängig.

Energetisch betrachtet wird bei elastischem Verformungsverhalten die von außen aufgebrachte potentielle Energie voll zurückgewonnen, dagegen im Fall der Plastizität Energie absorbiert und in Wärme umgewandelt. Aus dem zweiten Hauptsatz der Thermodynamik /2/, nach dem Wärme nicht von einem kälteren auf einen wärmeren Körper zurückfließen kann, folgt in Verbindung mit dem Energieerhaltungssatz, daß bei nahezu allen Stoffen eine geringe Irreversibilität zu erwarten ist; denn jede Energieumwandlung, die durch die Reibung fester Teilchen auftritt, ist mit einem Energieverlust verbunden.

Daher ist das rein elastische Verhalten bei keinem Körper exakt erfüllt. Stets bewirkt die innere Reibung bei mechanisch reversiblen oder bei viskosen Vorgängen eine Abhängigkeit der elastischen Kenngrößen von der Beanspruchungszeit.

## 2.2. Verformungen des Mörtels und Betons bei Be- und Entlastungsversuchen

Das Verformungsverhalten dieser Baustoffe liegt zwischen den Grenzfällen des rein elastischen, des plastischen und des viskosen Verformungsverhaltens. Die bei Be- und Entlastungsversuchen auftretenden Verformungen (siehe Bild 1) lassen sich nach Sell /3/ und Hansen /1/ einteilen in:

a) sofort auftretende elastische Verformungen $\varepsilon_{el}$ (instantaneous elastic deformation)

b) verzögert-elastische oder zeitabhängige elastische Verformungen $\varepsilon_{vel}$ (delayed elasticity)

c) sofort auftretende bleibende Verformungen $\varepsilon_{bl}$ (permanent set)

d) zeitabhängige viskose Verformungen $\varepsilon_{vis}$ (time dependent viscous deformation)

e) sofort auftretende elastische Rückverformungen $\varepsilon_{elR}$ (instantaneous recovery) $\equiv$ a)

f) verzögert-elastische Rückverformungen $\varepsilon_{velR}$ (time dependent elastic recovery) $\equiv$ b)

Greift man aus der vielfältigen Zahl der Möglichkeiten zur Bestimmung des Verformungsverhaltens (Druck-, Zug- und Schubverformungen, einachsige und mehrachsige Verformungen, statische Langzeit- und Kurzzeitverformungen sowie dynamische Verformungen) die in der Praxis am häufigsten verwendete einachsige Druckverformung unter Kurzzeitbelastung heraus, so stellt man fest, daß die Definition dieses Verformungsverhaltens nicht eindeutig ist, da neben den rein elastischen Verformungsanteilen auch verzögert-elastische, plastische und viskose Anteile vorhanden sind. Diese Verformungsanteile lassen sich nur schwer versuchsmäßig erfassen, unterteilen und eindeutig abgrenzen. Ihre Anteile hängen nach Sell /3/ neben der Höhe der Spannung, dem Zeitpunkt der Messung, der Lagerungsart der Probekörper und der Anzahl der Belastungen auch von der Belastungsgeschwindigkeit ab.

## 2.3. Kenngrößen zur Beschreibung des elastischen und viskoelastischen Verformungsverhaltens

Nach Sell /3/, Oberst /4/ und Timoshenko /5/ kann man bei der Behandlung der elastischen Eigenschaften von Beton Isotropie voraussetzen. Zur Beschreibung der Beziehungen zwischen den Spannungen und den zugehörigen Verformungen werden für den isotropen Körper zwei Koeffizienten, die Lamé'schen Konstanten, benötigt. Statt dieser Konstanten benutzt man in der Betontechnologie bei Stabdehnungen mit ungehinderter Querdehnung als Kenngröße für das rein elastische Verhalten den Elastizitätsmodul. Er ist definiert durch die Beziehung:

$$E = \frac{\sigma}{\varepsilon_{el}} \quad [kp/cm^2] \qquad (1)$$

Im Grenzfall fehlender elastischer Rückstellkräfte geht das Verformungsverhalten in das viskose Fließen über. Hierbei ist die Verformungsgeschwindigkeit von der Schubspannung und der Viskosität abhängig. Liegt Linearität zwischen diesen beiden Größen vor, so handelt es sich um eine Newtonsche Flüssigkeit. Die Viskosität $\eta$ ist bestimmt durch die Gleichung:

$$\eta = \frac{\tau}{\dot{\gamma}} \quad [kp/cm^2] \qquad (2)$$

Die meisten kolloiden, insbesondere die makromolekularen Lösungen zeigen nach Becker und Meißner /6/ ein wesentlich komplizierteres Fließverhalten, das nicht-Newtonsche Fließen. Seine Beschreibung ist durch die scheinbare Viskosität $\eta_a$ nach der Beziehung

$$\eta_a = \frac{\tau}{\dot{\gamma}} \qquad (3)$$

möglich. Diese Kenngröße ist eine rechnerische Vergleichsgröße und eine Funktion von $\tau$ und $\dot{\gamma}$.

Da Stoffe mit großer innerer Zähigkeit als feste Stoffe anzusehen sind, kann die Viskosität auch zur Beschreibung anderer Verformungsarten als der Schubverformung dienen. Nach Becker und Meißner /6/ und Grimsehl /7/ ergibt sich somit die Beziehung:

$$\sigma = \eta \cdot \varepsilon\,(t) \qquad [kp/cm^2] \qquad (4)$$

Eine wesentliche Vereinfachung für die analytische Behandlung des viskoelastischen Verformungsverhaltens erhält man, wenn das elastische und das viskose Verhalten in einfacher Weise überlagert werden.

Diese Annahme setzt die Gültigkeit des Boltzmannschen Superpositionsprinzips voraus. Danach ruft die Summe zweier zeitabhängiger Spannungen $\sigma_1(t)$ und $\sigma_2(t)$ die Summe der zeitabhängigen Verformungen hervor, wobei auch jede einzelne Spannung die entsprechende einzelne Verformung bedingt.

## 2.4. Prüfverfahren zur Ermittlung des Verformungsverhaltens

Zur Bestimmung der von der Beanspruchungszeit abhängigen elastischen und viskoelastischen Eigenschaften fester Stoffe dienen der Spannungs- Verformungs- und der Kriechversuch sowie der Rückfederungs- und der Spannungs-Relaxations-Versuch. Diese Versuchsarten wurden von Becker /6/ ausführlich beschrieben. Den zeitlichen Verlauf der bei den einzelnen Versuchen gemessenen Spannungen und Dehnungen zeigt Bild 2.

Der Elastizitätsmodul läßt sich als eindeutige Kenngröße durch den Spannungs-Verformungs-Versuch bei genügend großen Belastungs- bzw. Verformungsgeschwindigkeiten bestimmen. Diese Kenngröße kann ebenfalls durch mechanische Schwingungen erfaßt werden. Die Formeln zur Ermittlung des sich dabei ergebenden dynamischen E-Moduls der Resonanzfrequenz und der Schallaufzeit wurden u. a. von Wesche /8/, Härig /9/, Pickett /10/ und Manns /11/ hergeleitet.

Danach ergibt sich unter Berücksichtigung von Wellenlänge, Frequenz und Körperabmessungen durch Umformen der Formel

$$\text{dyn } E = \varrho \cdot v^2 \qquad (5)$$

für den dynamischen E-Modul der Resonanzfrequenz

$$\text{dyn } E_R = 5{,}20 \cdot \frac{l}{d^2} \cdot m \cdot f^2 \quad [10^{-3}\ kp/cm^2] \qquad (6)$$

mit
l = Länge in cm
d = Durchmesser in cm
m = Masse in kg
f = Resonanzfrequenz in Hz .

Für den dynamischen E-Modul der Schallaufzeit gilt die Formel

$$\text{dyn } E_S = \frac{\varrho \cdot v^2}{9{,}81 \cdot 10} \quad [kp/cm^2] \qquad (7)$$

mit
$\varrho$ = Rohdichte in $kg/dm^3$
v = Wellengeschwindigkeit in m/s

## 2.5. Rheologische Modellvorstellungen

### 2.5.1. Allgemeines

Zur Analyse und zur Beschreibung des Verformungsverhaltens viskoelastischer Stoffe benutzt die Rheologie Verformungsgleichungen, die bekannte Gesetzmäßigkeiten des ideal-elastischen und des idealviskosen Verhaltens in geeigneter Weise kombinieren. Das Verformungsverhalten des Zementsteins, Zuschlags, Mörtels und Betons läßt sich mit dem von rheologischen Modellen vergleichen, die aus Federn und Dämpfern so zusammengesetzt werden, daß sie das gleiche Verformungsverhalten wie die im Versuch beanspruchten Werkstoffe zeigen. Es werden im folgenden nur die Modelle beschrieben, die zum Erfassen der elastischen, verzögert-elastischen und viskosen Verformungen bei verschiedenen Belastungsgeschwindigkeiten notwendig sind.

### 2.5.2. Einzelelemente

Der Grenzfall der ideal-elastischen Eigenschaften wird durch das Verformungsverhalten einer Feder (siehe Bild 3.1) dargestellt. Das ideal-viskose Verhalten wird durch das eines Dämpfers (Reibungstopf) erfaßt, der mit einer viskosen Flüssigkeit gefüllt ist (siehe Bild 3.2). Die Bildung von Anrissen, die von Hsu, Slate, Sturman und Winter /12/ durch Sägeschnitte nachgewiesen wurden, wird in den Modellvorstellungen durch ein Friktionselement (siehe Bild 3.3) kenntlich gemacht. Es wird in Verbindung mit dem Federelement (siehe Bilder 3.4 und 3.5) bei Stoffen mit definierter Fließgrenze verwendet.

### 2.5.3. Zusammengesetzte Elemente

#### 2.5.3.1. Maxwell-Modell

Beim Maxwell-Modell wird die Hookesche Feder und der Newtonsche Dämpfer in Reihe geschaltet (siehe Bild 3.6). Damit überlagern sich die beiden Verformungsanteile, es ergibt sich die Verformungsgleichung:

$$\dot{\varepsilon}(t) = \dot{\varepsilon}_{el} + \dot{\varepsilon}_{vis}(t) = \frac{\dot{\sigma}(t)}{E_M} + \frac{\sigma(t)}{\eta_M} \qquad (8)$$

Durch Einsetzen der Relaxationszeit

$$T_M = \frac{\eta_M}{E_M} \qquad (9)$$

folgt:

$$\dot{\varepsilon}(t) = \frac{1}{E_M} \cdot (\dot{\sigma}(t) + \frac{1}{T_M} \cdot \sigma(t)) \qquad (10)$$

#### 2.5.3.2. Voigt-Kelvin-Modell

Bei Parallelschaltung eines Feder- und eines Dämpfungselementes (siehe Bild 3.7) werden die Teilspannungen beider Elemente überlagert, und es ergibt sich:

$$\sigma(t) = \sigma_1(t) + \sigma_2(t) = E_{Ke} \cdot \varepsilon(t) + \eta_{Ke} \cdot \dot{\varepsilon}(t) \qquad (11)$$

Durch Einsetzen der Retardationszeit $\tau_{Ke} = \frac{\eta_{Ke}}{E_{Ke}}$ (12)
erhält man:

$$\sigma(t) = E_{Ke} \cdot (\varepsilon(t) + \tau_{Ke} \cdot \dot{\varepsilon}(t)) \quad (13)$$

2.5.3.3. Zusammengesetzte Modelle

Durch Parallelschaltung eines Federelementes mit n Maxwellmodellen oder Reihenschaltung eines Federelementes mit n Kelvinmodellen lassen sich die verschiedenen Verformungsanteile des viskoelastischen Festkörpers erfassen. Je differenzierter das Verformungsverhalten ist, um so mehr Elemente werden benötigt.
Weitere in der Literatur vorgeschlagene rheologische Modelle hat Boes /13/ zum Erfassen verzögert-elastischer und viskoser Verformungen, die definitionsgemäß zur Kriechverformung zählen, zusammengestellt und ihre Brauchbarkeit durch eigene Versuche an Zementstein und Mörtel überprüft.

2.6. Das Verformungsverhalten des Mörtels und Betons bei verschiedenen Belastungs- und Verformungsgeschwindigkeiten

Den Einfluß unterschiedlicher Beanspruchungszeiten auf den versuchsmäßig bestimmten E-Modul zeigten u.a. Watstein//14/,Jones und Richart /15/,Glanville /16/,Rüsch /17/,Rasch /18/ sowie Horibe und Kobayashi /19/.
Bei den Versuchen Glanville's betrug die Spannungsänderung 11 kp/cm$^2$s, wobei von Beginn der Laststeigerung nach jeweils 5, 15, 30, 45 und 60 Sekunden abgelesen wurde (siehe Bild 4.1). Durch Extrapolation auf den Belastungszeitpunkt t = 0 wurde versucht, die verzögert-elastischen und viskosen Verformungsanteile zu eliminieren. Die sich daraus ergebenden E-Moduln für einen Beton B 300 in Abhängigkeit der Ablesezeit und der Spannungshöhe zeigt das Bild 4.2. Die durch diese Extrapolation gefundenen Dehnungen sind nahezu direkt proportional zu den Spannungen. Daraus läßt sich vermuten, daß bei sehr kurzer Belastungszeit oder sehr hoher Belastungsgeschwindigkeit die Spannungs-Stauchungs-Linie eine Gerade sein müßte, die als rein elastische Verformungslinie angesehen werden könnte.

Diese Überlegungen werden durch die Versuchsergebnisse Watstein's /14/ bestätigt. In diesen Versuchen wurden Betonzylinder mit einer Normfestigkeit von rd. 175 und 455 kp/cm² bei Spannungsänderungen von 0,5 bis $3{,}5 \cdot 10^6$ kp/cm²s bis zum Bruch belastet. Der Elastizitätsmodul wurde als Sekantenmodul bei kraftschlüssiger Beanspruchung und Erstbelastung für eine Stauchung von $\varepsilon = 0{,}001$ bestimmt. Bezogen auf eine Spannungsänderung von $\dot{\sigma} = 0{,}5$ kp/cm²s nahmen der Sekantenmodul der weicheren Betonkörper um 45 % und der der festen Körper um 33 % zu. Die Druckfestigkeit vergrößerte sich bei diesen Spannungsänderungen für beide Betone um rd. 85 %.

Ähnliche Zunahmen des Sekantenmoduls und der Druckfestigkeit wurden auch durch eine Vergrößerung der Verformungsänderung bei verformungsschlüssiger Belastung erreicht.

Horibe und Kobayashi /19/ belasteten Proben zwischen 1 h und 0,02 s bis zum Bruch. Im Vergleich zu den langsameren Belastungsgeschwindigkeiten nahm der Sekantenmodul bei den schnellen Belastungsgeschwindigkeiten um 75 % zu. Die Bruchlasten lagen für die entsprechenden Spannungsänderungen um etwa 50 % höher.

Rüsch /17/ belastete mit verformungsschlüssiger Beanspruchung ($\dot{\varepsilon}$ = 0,001/min, 0,001/h, 0,001/d und 0,001/100 d) Betonproben bis zur Bruchdehnung. Ein Vergleich der aufgenommenen Spannungs- Stauchungs-Linien zeigt, daß ihre Neigungsänderungen erst nach Belastungshöhen von rd. 60 bis 75 % der Betondruckfestigkeit deutlich zunehmen.

Dahms /20/ unterwarf Betonprismen einer statischen und einer schlagartigen Beanspruchung mit verschiedenen Fallhöhen. Für Betone mit einem Zementgehalt von 400 kg/m³, einem Wasserzementwert von 0,42 und drei verschiedenen Zuschlägen (Rheinkies, Basalt, Quarzit) betrugen die Verhältniswerte der gesamten Längsstauchungen zwischen statischer und schlagartiger Druckbeanspruchung 1,05, 1,36 und 1,33. Daraus deutet sich ein Einfluß der Zuschlagart auf die Änderung des Verformungsmoduls bei verschiedenen Belastungsgeschwindigkeiten an.

Wird dieser Modul oder die Druckfestigkeit als Funktion des Logarithmus der Belastungsgeschwindigkeit aufgetragen, so ist bei den Versuchen von /14, 15 und 19/ zu erkennen, daß diese Größen mit wachsender Belastungsgeschwindigkeit nahezu linear zunehmen.

Die beschriebenen Versuche wurden vornehmlich am Beton und nicht an den zugehörigen Komponenten Zementstein und Zuschlag durchgeführt. Erschwerend für einen Vergleich der Ergebnisse ist, daß die Prüfbedingungen (Belastungshöhe, Art der Lastaufbringung, Lagerung und Abmessungen der Proben) sehr unterschiedlich waren. Damit ist auch eine Unterteilung der gemessenen Verformungen in die einzelnen Anteile nicht möglich, deren Kenntnis für die eindeutige Ermittlung des Elastizitätsmoduls notwendig ist.

Zusammenfassend läßt sich sagen, daß die über die Spannungs-Verformungs-Linie ermittelte Verformung des Mörtels und Betons mit zunehmender Belastungsgeschwindigkeit abnimmt, damit vergrößert sich der Sekantenmodul. Ebenso ist eine Zunahme der Druckfestigkeit für die entsprechenden Spannungsänderungen in derselben Größenordnung zu beobachten.

## 2.7. Möglichkeiten zur Berücksichtigung des Einflusses der Belastungsgeschwindigkeit in den bisherigen Modellvorstellungen

In diesem Abschnitt werden die in der Literatur bekannten Beziehungen für den statischen E-Modul daraufhin betrachtet, wie der Einfluß der Belastungsgeschwindigkeit in ihnen berücksichtigt werden kann.

### 2.7.1. Beziehungen zwischen E-Modul, Dichtigkeit und Festigkeit

Bei den gebräuchlichsten Beziehungen zwischen E-Modul, Dichtigkeit und Festigkeit, die nach Sell /3/ häufig den Ansatz

$$E = C \cdot \beta_D{}^{n} \qquad (14)$$

oder

$$E = C \cdot \rho^{n_1} \cdot \beta_D{}^{n_2} \qquad (15)$$

haben, ließe sich der Einfluß der Belastungsgeschwindigkeit berücksichtigen, wenn der Begriff und die versuchsmäßige Bestimmung der Kenngrößen Elastizitätsmodul und Druckfestigkeit eindeutig festgelegt würden. Da nach den in Abschnitt 2.6. beschriebenen Versuchsergebnissen das Verformungs- und Festigkeitsverhalten durch die Belastungsgeschwindigkeit im gleichen Sinne beeinflußt werden, könnte der Einfluß der Spannungsänderung $\dot{\sigma}$ verhältnismäßig einfach erfaßt werden.

### 2.7.2. Analogie zwischen dem E-Modul und der Materialkonstanten einer Zweiphasensuspension

Bei einer Zweiphasensuspension besteht zwischen der allgemeinen Materialkonstanten M und der charakteristischen Materialkonstanten der Matrix $M_m$ nach Einstein /21/ die Beziehung:

$$M = M_m \, (1 + C \cdot V_k) \tag{16}$$

In dieser Gleichung ist C eine dimensionslose Konstante, die von den Verformungseigenschaften der Matrix und der in ihr eingebetteten Partikel sowie von den Abmessungen und der Oberfläche der Partikel maßgebend beeinflußt wird. Die Konstante C wurde für verschiedene Suspensionen mit eingebetteten kugel- und ellipsenförmigen Partikeln von Einstein /21/, Eshelby /22/, Fröhlich und Sack /23/, Hashin /24/, Dewey /25/ und Mackenzie /26/ bestimmt.
Wäre die zeitabhängige Kenngröße $M_m(t)$ bei verschiedenen Spannungsänderungen $\dot{\sigma}$ bzw. Verformungsänderungen $\dot{\varepsilon}$ bekannt, so ließe sich bei gleichzeitiger Bestimmung der Konstanten C die zeitabhängige Materialkonstante M(t) bestimmen. Da nach Ishai /27/ der E-Modul des Betons durch Analogievergleich aus Gleichung (16) ermittelt werden kann, ließe sich nach dieser Betrachtungsweise ebenfalls der Einfluß der Belastungsgeschwindigkeit auf den versuchsmäßig bestimmten E-Modul erfassen.

### 2.7.3. Beziehungen zwischen dem E-Modul des Zweistoffsystems Beton und dem der Komponenten

Der E-Modul des Zweistoffsystems Beton leitet sich aus den Eigenschaften der zugehörigen Komponenten Zementstein und Zuschlag nach dem Ansatz

$$E = f\,(E_m, V_m, E_k, V_k) \tag{17}$$

ab.

Aus der vergleichenden Betrachtung von Manns /11/ über diese von /1, 28, 29, 30, 31, 32, 33, 34, 35, 36, 37, 38, 39/ definierten und bestimmten Modellgleichungen ist zu entnehmen, daß der dynamische E-Modul der Resonanzfrequenz verhältnismäßig gut wiedergegeben wird. Dagegen ist die Brauchbarkeit dieser Modellvorstellungen für den von der Beanspruchungszeit abhängigen Verformungsmodul, der in diesen Untersuchungen als Sekantenmodul des ersten Belastungsastes bei einer Belastungshöhe von $\frac{1}{3}$ $ß_D$ bestimmt wurde, eingeschränkt.

Eine Ursache kann im Vernachlässigen von verzögert-elastischen und viskösen Verformungen liegen. Da sich die untersuchten Modelle aus Federelementen zusammensetzen, die nur das rein elastische Verformungsverhalten beschreiben, werden die sich aus dynamischen Untersuchungen ergebenden Werte durch diese in der Fachliteratur bekannten Modellgleichungen genauer wiedergegeben. Bei den dynamischen Versuchsmethoden sind die mechanischen Beanspruchungen der Prüfkörper im Gegensatz zu den statischen Beanspruchungsformen sehr gering.

Die sich nach dem Ansatz (17) ergebenden Modellgleichungen eignen sich in der bisherigen Form nicht zur Erfassung des Einflusses der Belastungsgeschwindigkeit, da die auftretenden Einflußgrößen $E_m$ und $E_k$ von der Zeit unabhängige Kenngrößen sind. Um den Einfluß der Beanspruchungszeit zu erfassen, müßten diese Modellvorstellungen durch weitere rheologische Elemente (siehe Abschnitt 2.5.2. und 2.5.3.) erweitert werden.

## 3. Problemstellung der Arbeit

In den bisher bekannten Gleichungen für den E-Modul (siehe Abschnitt 2.7.) ist der Einfluß der Belastungs- bzw. Verformungsgeschwindigkeit nicht berücksichtigt worden. Daher werden in diesen Modellvorstellungen für die Bestimmung des Elastizitätsmoduls neben den rein elastischen Verformungen gleichzeitig auch verzögert - elastische Verformungsanteile mitverwendet. Die elastische Gesamtverformung ist somit ein von der Beanspruchungszeit abhängiger Wert und der aus diesen Verformungen ermittelte E-Modul daher keine eindeutige Stoffkenngröße.

Die Vernachlässigung der Belastungsgeschwindigkeit in den bisherigen Modellvorstellungen läßt sich durch meßtechnische Schwierigkeiten - besonders bei großen Belastungsgeschwindigkeiten - und durch den umfangreichen Rechenaufwand begründen, mit dem nur der Einfluß der Beanspruchungszeit bei veränderlicher Spannung $\sigma(t)$ erfaßt werden kann.

Um den Einfluß der Beanspruchungszeit zu bestimmen, wurden Untersuchungen mit verschiedenen Belastungs- oder Verformungsgeschwindigkeiten vornehmlich nur am Beton und nicht zusätzlich an den Komponenten durchgeführt. Diese Versuche erlauben daher nur qualitative Aussagen über die Auswirkung der Belastungsgeschwindigkeit. Zur genauen Bestimmung des Einflusses der Belastungsgeschwindigkeit durch Modellvorstellungen und die zugehörigen Verformungsgleichungen sollten die Versuche zunächst an den Komponenten und anschließend an dem zugehörigen Zweistoffsystem durchgeführt werden.

Da die bisher bekannten Modellvorstellungen von mehreren Betrachtungsweisen ausgehen, wie beispielsweise die verschiedenen rheologischen Federmodelle oder die Analogien zum elektromagnetischen Feld, sollten die zu entwickelnden Modellvorstellungen zur besseren Vergleichsmöglichkeit ebenfalls diese Betrachtungsweisen berücksichtigen.

Mit Hilfe mechanischer Schwingungen (siehe Abschnitt 2.4.) lassen sich die elastischen Stoffkomponenten mit geringem Versuchsaufwand ermitteln. Da sich mit zunehmender Belastungsgeschwindigkeit der statische E-Modul dem dynamischen nähert, ist es angebracht, beide Werte miteinander zu vergleichen. Daraus können möglicherweise Beziehungen zwischen dem statischen und dem dynamischen E-Modul hergestellt werden.

## 4. Ziel der Arbeit

In der vorliegenden Arbeit werden mechanisch begründbare Modellvorstellungen entwickelt, die den Einfluß verschiedener Belastungsgeschwindigkeiten bei den wichtigsten Lagerungsarten auf den versuchsmäßig bestimmten E-Modul von Mörtel und Beton berücksichtigen. Diese Modellvorstellungen sollen eine allgemeingültigere Aussage über den Elastizitätsmodul ermöglichen. Es werden dazu die Moduln der Komponenten Zementstein und Zuschlag denen des Zweistoffsystems gegenübergestellt, die bei gleichen Belastungsgeschwindigkeiten ermittelt werden.

In einer ergänzenden Betrachtung wird gezeigt, wie sich die versuchsmäßig bestimmten E-Moduln bei verschiedenen Spannungsänderungen an den dynamischen E-Modul annähern.

## 5. Spannungs-Stauchungs-Beziehung von Mörtel und Beton bei gegebenem zeitlichen Verlauf der Spannung

Nach den Versuchen Glanvilles /16/ und Watsteins /14/ ist zu vermuten, daß die Spannungs-Stauchungs-Linie bei sehr kurzer Belastungsdauer eine Gerade ist. Die Zunahme der Verformung bei langsameren Belastungsgeschwindigkeiten läßt sich durch zusätzlich auftretende verzögert - elastische, viskose und sofort auftretende bleibende Verformungen erklären. Da sich das Verformungsverhalten des Zementsteins und des Zuschlags aus denselben Verformungsarten zusammensetzt wie das des Zweistoffsystems Beton, kann die Gesamtverformung der Komponenten durch Hintereinanderschaltung der in Abschnitt 2.5.2. und 2.5.3. behandelten rheologischen Modelle erfaßt werden. In Reihe geschaltet werden ein Federelement (rein elastische Verformung), ein bzw. mehrere Kelvinelemente (verzögert - elastische und viskose Verformung) und ein Friktionselement (sofort auftretende bleibende Verformung) (siehe Bild 5.1 ). Für die Darstellung des viskosen Verformungsanteils wird in der Literatur häufig die Maxwelleinheit vorgeschlagen (siehe Bild 5.2 ).

Das Friktionselement läßt sich auch durch eine Kelvineinheit ersetzen, bei der das viskose Element durch Rückstauklappen eine Rückverformung der Kelvineinheit verhindert (siehe Bild 5.3 ).

Die in Bild 5.1 , 5.2 und 5.3 dargestellten rheologischen Modelle lassen sich vereinfachen, da bei den geringen Belastungshöhen und den üblichen Beanspruchungszeiten für die E-Modulbestimmung die rein viskosen und bleibenden Verformungsanteile gegenüber dem verzögert - elastischen Anteil klein sind. Letzterer ist wiederum gegenüber dem rein elastischen Anteil gering, der für die Bestimmung des E-Moduls maßgebend ist. Daher ist es für die E-Modulbestimmung zulässig, die sofort auftretende bleibende Verformung $\varepsilon_{bl}$, die rein viskose Verformung $\varepsilon_{vis}$ und die verzögert-elastische Verformung $\varepsilon_{vel}$ in einer Kelvineinheit zusammenzufassen (siehe Bild 5.4).

Die Konstanten $\eta_{Ke}$ , $\tau_{Ke}$ und $E_{Ke}$ der Kelvineinheit lassen sich aus den aufaddierten Meßwerten $\varepsilon_{vel} + \varepsilon_{vis} + \varepsilon_{bl}$ und dem Meßwert $\varepsilon_{el}$ eindeutig bestimmen.

Für die weitere Ermittlung der Spannungs-Stauchungs-Beziehung wird die bleibende Verformung wegen ihres geringen Betrages mit der viskosen Verformung als ein Verformungsanteil betrachtet und mit $\varepsilon_{\overline{vis}}$ bezeichnet.

Die mit der Belastungszeit veränderliche Gesamtverformung und ihre Veränderung mit der Zeit t läßt sich wie folgt ausdrücken:

$$\varepsilon(t) = \varepsilon_{el} + \varepsilon_{vel}(t) + \varepsilon_{\overline{vis}}(t) \qquad (18)$$

$$\dot{\varepsilon}(t) = \dot{\varepsilon}_{el} + \dot{\varepsilon}_{vel}(t) + \dot{\varepsilon}_{\overline{vis}}(t) \qquad (19)$$

Aus Gleichung (1) folgt für die elastische Verformung:

$$\varepsilon_{el} = \frac{\sigma(t)}{E} \qquad (20)$$

und $$\dot{\varepsilon}_{el} = \frac{\dot{\sigma}(t)}{E} \qquad (21)$$

Wird in Gleichung (13), die die Spannungs - Verformungs - Beziehung für die Kelvineinheit beschreibt, statt der Verformung $\varepsilon(t)$ die verzögert - elastische und viskose Verformung $\varepsilon_{vel}(t)$ und $\varepsilon_{\overline{vis}}(t)$ eingesetzt, so gilt:

$$\sigma(t) = E_{Ke} \cdot (\varepsilon_{vel}(t) + \varepsilon_{\overline{vis}}(t)) + \eta_{Ke} \cdot (\dot{\varepsilon}_{vel}(t) + \dot{\varepsilon}_{\overline{vis}}(t)) \qquad (22)$$

Durch Auflösen nach $\dot{\varepsilon}_{vel}(t) + \dot{\varepsilon}_{\overline{vis}}(t)$ erhält man über die Gleichungen (18) und (20) die Beziehung:

$$\dot{\varepsilon}_{vel}(t) + \dot{\varepsilon}_{\overline{vis}}(t) = \frac{\sigma(t)}{\eta_{Ke}} - \frac{E_{Ke}}{\eta_{Ke}} \cdot (\varepsilon(t) - \varepsilon_{el}) \qquad (23a)$$

bzw.

$$\dot{\varepsilon}_{vel}(t) + \dot{\varepsilon}_{\overline{vis}}(t) = \frac{\sigma(t)}{\eta_{Ke}} - \frac{E_{Ke}}{\eta_{Ke}} \cdot \varepsilon(t) + \frac{E_{Ke}}{\eta_{Ke}} \cdot \frac{\sigma(t)}{E} \qquad (23b)$$

Aus Gleichung (19) und (23b) sowie durch anschließendes Ordnen der Glieder folgt:

$$\dot{\varepsilon}(t) = \dot{\varepsilon}_{el} + \frac{\sigma(t)}{\eta_{Ke}} - \frac{E_{Ke}}{\eta_{Ke}} \cdot \varepsilon(t) + \frac{E_{Ke}}{\eta_{Ke}} \cdot \frac{\sigma(t)}{E} \qquad (24)$$

Zwischen den Verformungsmoduln $\eta_{Ke}$ und $E_{Ke}$ der Kelvineinheit gilt nach Gleichung (12), Abschnitt 2.5.2.3. die Beziehung:

$$\eta_{Ke} = \tau_{Ke} \cdot E_{Ke} \qquad (25)$$

Werden in die Gleichung (24) die Beziehungen (21) und (25) eingesetzt, so erhält man:

$$\varepsilon(t) = \frac{\dot{\sigma}(t)}{E} + \frac{\sigma(t)}{\tau_{Ke} \cdot E_{Ke}} - \frac{E_{Ke}}{\tau_{Ke} \cdot E_{Ke}} \cdot \varepsilon(t) + \frac{E_{Ke}}{\tau_{Ke} \cdot E_{Ke}} \cdot \frac{\sigma(t)}{E} \qquad (26)$$

Durch Vereinfachen und Ordnen der Glieder folgt:

$$\varepsilon(t) \cdot \frac{1}{\tau_{Ke}} + \dot{\varepsilon}(t) = \sigma(t) \frac{1 + E/E_{Ke}}{E \cdot \tau_{Ke}} + \dot{\sigma}(t) \cdot \frac{1}{E} \qquad (27)$$

Der Aufbau dieser Gleichung entspricht dem der allgemeinen Spannungs-Dehnungs-Beziehung eines quasihomogenen, isotropen, viskoelastischen Stoffes:

$$a_o \cdot \varepsilon + a_1 \cdot \dot{\varepsilon} + a_2 \cdot \ddot{\varepsilon} + \quad + a_n \cdot \varepsilon^{(n)} = b_o \sigma + b_1 \cdot \dot{\sigma} + b_2 \cdot \sigma + \ldots + b_n \sigma^{(n)} \qquad (28)$$

Bei konstanter Spannungsänderung $\dot{\sigma}(t) = \dot{\sigma}$ gilt:

$$\sigma(t) = \dot{\sigma} \cdot t \qquad (29)$$

Damit ergibt sich die lineare Differentialgleichung 1.Ordnung:

$$\varepsilon(t) \cdot \frac{1}{\tau_{Ke}} + \dot{\varepsilon}(t) = \dot{\sigma} \cdot t \quad \frac{1+E/E_{Ke}}{E \cdot \tau_{Ke}} + \dot{\sigma} \cdot \frac{1}{E} \qquad (30)$$

Die Lösung der inhomogenen Differentialgleichung (30) erfolgt nach Collatz /41/ und Bronstein-Semendjajew /42/ zu:

$$\varepsilon(t) = \frac{\dot{\sigma} \cdot t}{E(t)} = \frac{\dot{\sigma} \cdot t}{E}\left\{1 + \frac{E}{E_{Ke}} \cdot \left[1 - \frac{\tau_{Ke}}{t} \cdot \left(1 - e^{-\frac{t}{\tau_{Ke}}}\right)\right]\right\} \qquad (38)$$

Die mathematische Ableitung der Beziehung (38) aus Gleichung (30) erfolgt im Abschnitt 13., Seite 98.

Werden die verzögert - elastische Dehnung $\varepsilon_{vel}$ und die viskose Dehnung $\varepsilon_{\overline{vis}}$ n in Reihe geschalteten Kelvinelementen mit den Konstanten $E_{Kei}$ und $\eta_{Kei}$ zugeordnet, so ergibt sich bei Berücksichtigung von

$$\sum_{i=1}^{n} A_i = 1 \text{ und } E_{Kei} = \frac{E_{Ke}}{A_i}$$

aus Gleichung (26):

$$\sum_{i=1}^{n} \frac{1}{E_{Kei}} = \sum_{i=1}^{n} \frac{A_i}{E_{Ke}} \qquad (39)$$

Mit $A_i$ werden die auf den Wert 1 bezogenen Verformungsanteile bezeichnet.

Für die Verformungsmoduln der viskosen Elemente folgt aus Gleichung (25):

$$\eta_{Kei} = \tau_{Kei} \cdot E_{Kei} = \frac{\tau_{Kei} \cdot E_{Ke}}{A_i} \qquad (40)$$

mit i = 1, 2, ..., n

Ein Analogievergleich mit Gleichung (38) bringt für die Gesamtdehnung $\varepsilon(t)$ die Beziehung:

$$\varepsilon(t) = \frac{\dot{\sigma}\, t}{E} \cdot \left\{ 1 + \frac{E}{E_{Ke}} \cdot \sum A_i \left[ 1 - \frac{\tau_{Kei}}{t} \left( 1 - e^{-\frac{t}{\tau_{Kei}}} \right) \right] \right\} \quad (41)$$

Die mathematische Entwicklung der differentiellen Beziehung n - ter Ordnung für mehrere hintereinander geschaltete Kelvineinheiten wurde von Trost /43/ hergeleitet.

Durch Zuordnung je eines Kelvinelementes für die verzögert- elastische und die viskose Verformung folgt damit bei zwei Kelvinelementen:

$$\varepsilon(t) = \frac{\dot{\sigma}\, t}{E} \left\{ 1 + \frac{E}{E_{Ke}} \cdot A_1 \left[ 1 - \frac{\tau_{Ke1}}{t} \left( 1 - e^{-\frac{t}{\tau_{Ke1}}} \right) \right] + \right.$$

$$\left. + \frac{E}{E_{Ke}} \cdot A_2 \left[ 1 - \frac{\tau_{Ke2}}{t} \left( 1 - e^{-\frac{t}{\tau_{Ke2}}} \right) \right] \right\} \quad (42)$$

Die Werte $A_1$ und $A_2$ ergeben sich aus den Verformungsanteilen der einzelnen hintereinander geschalteten Kelvineinheiten.

Die Verformungsgleichung (38), die nach den Bezeichnungen der einzelnen Größen für das Zweistoffsystem Mörtel bzw. Beton angegeben ist, gilt auch für die Verformungen der Komponenten, da diese mit denselben rheologischen Modellen wie die Verformung des Zweistoffsystems beschrieben werden können. Damit lauten die Gleichungen für die Komponenten Zementstein und Zuschlag:

$$\varepsilon_m(t) = \frac{\dot{\sigma}\, t}{E_m(t)} = \frac{\dot{\sigma}\, t}{E_m} \cdot \left\{ 1 + \frac{E_m}{E_{Kem}} \cdot \left[ 1 - \frac{\tau_{Kem}}{t} \left( 1 - e^{-\frac{t}{\tau_{Kem}}} \right) \right] \right\} \quad (43)$$

und

$$\varepsilon_k(t) = \frac{\dot{\sigma}\, t}{E_k(t)} = \frac{\dot{\sigma}\, t}{E_k} \cdot \left\{ 1 + \frac{E_k}{E_{Kek}} \cdot \left[ 1 - \frac{\tau_{Kek}}{t} \left( 1 - e^{-\frac{t}{\tau_{Kek}}} \right) \right] \right\} \quad (44)$$

Zwischen den zeitabhängigen Moduln der Komponenten und ihrem Elastizitätsmodul besteht nach diesen Gleichungen die Beziehung:

$$E_m(t) = \frac{E_m}{1 + \frac{E_m}{E_{Kem}} \cdot \left[ 1 - \frac{\tau_{Kem}}{t} \cdot \left( 1 - e^{-\frac{t}{\tau_{Kem}}} \right) \right]} \qquad (45)$$

und

$$E_k(t) = \frac{E_k}{1 + \frac{E_k}{E_{Kek}} \left[ 1 - \frac{\tau_{Kek}}{t} \cdot \left( 1 - e^{-\frac{t}{\tau_{Kek}}} \right) \right]} \qquad (46)$$

# 6. Entwicklung von Modellvorstellungen für das Verformungsverhalten

## 6.1. Modelle ohne Berücksichtigung der Querdehnung

### 6.1.1. Modell der hintereinander geschalteten Phasen - Modell 1

In der Betontechnologie ist es üblich, die Modelle zum Erfassen des Elastizitätsmoduls durch einen Würfel der Kantenlänge 1 mit den anteiligen Volumina $V_m$ und $V_k$ der beiden Phasen darzustellen. Bei dem Modell der hintereinander geschalteten Phasen (siehe Bild 6) geht man von der Annahme gleicher Spannung in beiden Phasen aus. Unter Berücksichtigung verzögert-elastischer und viskoser Verformungen in der Zementstein-und Zuschlagphase ergibt sich für die Spannung:

$$\sigma(t) = \dot{\sigma} \cdot t = \varepsilon_m(t) \cdot E_m(t) = \varepsilon_k(t) \cdot E_k(t) \qquad (47)$$

und für die Gesamtverformung :

$$\varepsilon(t) = \varepsilon_m(t) \cdot V_m + \varepsilon_k(t) \cdot V_k \qquad (48)$$

Für das rein elastische Verformungsverhalten der Zementstein-und Zuschlagphase wurde die Modellgleichung von Manns /11/ hergeleitet. Durch Einsetzen von Gleichung (43) und (44) in Gleichung (48) und Analogievergleich mit der Herleitung in /11/ folgt Gleichung (49) (siehe Tabelle 1).

Werden bei den Partikeln die verzögert-elastischen und viskosen Verformungsanteile den elastischen Verformungen zugeordnet, so ergibt sich die Gleichung (50) (siehe Tabelle 1).

Die Gleichung des Modells 1 wurde für den E-Modul des Mörtels und Betons unter der Annahme rein elastischen Verformungsverhaltens in den Komponenten Zementstein und Zuschlag von Hansen /1/ und Dantu /28/ vorgeschlagen. Nach Hansen gilt diese Formel für einen Zweiphasenstoff, bei dem der E-Modul kleiner als der der Partikel ist. Dies ist bei üblichem Normalbeton gegeben.

### 6.1.2. Modell der parallel geschalteten Phasen - Modell 2

Bei diesem Modell sind die Zementstein- und Zuschlagphase in einem Würfel der Kantenlänge 1 parallel zueinander geschaltet (siehe Bild 7). Für die Herleitung des Verformungsmoduls werden bei Annahme visko-elastischer Verformungen des Zementsteins und Zuschlags gleiche Dehnungen beider Phasen vorausgesetzt und die Querdehnung nicht berücksichtigt.

Die Verformung $\varepsilon(t)$ beider Phasen wird nach Gleichung (43) und (44) ermittelt und führt zu der Beziehung

$$\varepsilon(t) = \varepsilon_m(t) = \frac{\dot{\sigma}_m \cdot t}{E_m(t)} = \frac{\dot{\sigma}_m \cdot t}{E_m} \left\{ 1 + \frac{E_m}{E_{Kem}} \cdot \left[ 1 - \frac{\tau_{Kem}}{t} \left(1 - e^{-\frac{t}{\tau_{Kem}}}\right) \right] \right\} \qquad (51)$$

und

$$\varepsilon(t) = \varepsilon_k(t) = \frac{\dot{\sigma}_k \cdot t}{E_k(t)} = \frac{\dot{\sigma}_k \cdot t}{E_k} \left\{ 1 + \frac{E_k}{E_{Kek}} \cdot \left[ 1 - \frac{\tau_{Kek}}{t} \left(1 - e^{-\frac{t}{\tau_{Kek}}}\right) \right] \right\} \qquad (51a)$$

$\dot{\sigma}_m$ und $\dot{\sigma}_k$ sind die Spannungsänderungen in der Zementstein- und Zuschlagphase, deren Werte bei unterschiedlichem Elastizitätsmodul der Matrix und der Partikel verschieden sind.

Für rein elastisches Verformungsverhalten in der Zementstein- und Zuschlagphase wurde die Modellgleichung in /11/ hergeleitet. Durch Berücksichtigung der Gleichungen (51) und (51a) in dieser Herleitung folgt die Gleichung (52) (siehe Tabelle 1).

Werden in der Zuschlagphase die verzögert-elastischen und viskosen Verformungen nicht berücksichtigt, so ergibt sich durch $A_k(t) = 1$ die Gleichung (53) (siehe Tabelle 1).

Die Gleichung des Modells 2 wurde ohne Berücksichtigung verzögert-elastischer Verformungen von Hansen /1 /, Dantu /28/ und L'Hermite /29/ für den E-Modul des Betons vorgeschlagen.

Da die Dehnung beider Phasen nur bei leicht verformungsfähigen Zuschlägen gleich ist, schlägt Hansen /1/ das Modell der parallel geschalteten Phasen für ein Zwei-Phasen-System vor, bei dem der E-Modul der Matrix größer als der der Partikel ist. Diese Bedingung gilt für die meisten Leichtbetone.

6.1.3. Modell 3

Im Beton umschließt der Zementstein die einzelnen Zuschlagkörner und füllt den Haufwerkporenraum zwischen den Zuschlägen aus. Bei Beton mit dichtem Gefüge läßt sich daher der Zementstein in Schichtdickenzementstein bzw. -zementleim (zur Umhüllung der einzelnen Partikel) und Porenraumzementstein bzw. -zementleim (zur Füllung des Haufwerkporenraumes) trennen. Aus der Modellvorstellung von Baker /44/ kann gefolgert werden, daß der Porenraumzementstein weniger als der Schichtdickenzementstein beansprucht wird (siehe Bild 8). Daher wurden in der Fachliteratur (Illston /32/, Mehmel und Kern /33/, Counto /34/, Manns /11/, Dougill-Hirsch /36/) für das elastische Verformungsverhalten zusammengesetzte Modellvorstellungen untersucht, die die unterschiedliche Belastung der Zementsteinschichten berücksichtigen.
Nach der Modellvorstellung von Illston /32/ ist ein aus dem Stoff k bestehender Würfel mit der Kantenlänge $\sqrt[3]{V_k}$ in einem Würfel des Stoffes m mit der Kantenlänge 1 eingebettet. Durch Einteilung des Modells in horizontale Schichten ergibt sich eine weniger belastete Zone der Zementsteinschichten (parallel zum Zuschlag) und eine stärker belastete Zone (in Reihe zum Zuschlag).
Die rein elastischen, verzögert-elastischen und viskosen Verformungen können durch Hintereinanderschaltung eines Federelementes und einer Kelvineinheit (siehe Abschnitt 5.) für jede Phase in jeder Schicht erfaßt werden (siehe Bild 9).

Werden in der von Illston /32/ für das rein elastische Verformungsverhalten vorgeschlagenen Modellvorstellung die Größen $E_m$ und $E_k$ durch die zeitabhängigen Moduln (siehe Gleichung (45) und (46)) ersetzt, so ergibt sich bei Berücksichtigung verzögert-elastischer und viskoser Verformungen in den Komponenten die Gleichung (54).
Bei Vernachlässigung dieser Verformungen in den Partikeln ($A_k(t) = 1$) folgt die Gleichung (55) (siehe Tabelle 1).

6.1.4. Modell 4

Zur Berechnung des von der Belastungszeit abhängigen Verformungsmoduls läßt sich Modell 3 in vertikale Schichten einteilen (siehe Bild 10). Nach der Modellvorstellung von Mehmel und Kern /33/ für den E-Modul des Betons ist ein Würfel der Kantenlänge $\sqrt[3]{V_k}$ in einen Würfel der Kantenlänge 1 eingebettet. Der Modul der mittleren Schicht läßt sich wie bei Modell 1 (Annahme gleicher Spannung in beiden Phasen (siehe Abschnitt 6.1.1.) unter Berücksichtigung des anteiligen Volumens $V = \sqrt[3]{V_k^2}$ bestimmen. Werden in dieser für rein elastisches Verformungsverhalten vorgeschlagenen Modellvorstellung die Größen $E_m$ und $E_k$ durch die zeitabhängigen Moduln $E_m(t)$ und $E_k(t)$ ersetzt, so ergeben sich bei Benutzung der Gleichungen (45) und (46) die Gleichungen für die Modelle 4.1 und 4.2 (siehe Tabelle 1). Bei der Gleichung (56) sind die verzögert-elastischen und viskosen Verformungen in der Zementstein- und Zuschlagphase berücksichtigt, bei der Gleichung (57) gilt dieses nur für die Zementsteinphase, die Verformungen der Zuschlagphase werden als rein elastisch angesehen.

6.1.5. Modell 5

Unter der Annahme horizontaler Schichtung geht Counto /34/ von der Vorstellung aus, daß ein Prisma des Stoffes k mit der Grundfläche $\sqrt{V_k}$ und der Höhe $\sqrt{V_k}$ in einem Würfel des Stoffes m mit der Kantenlänge 1 eingebettet ist.
Der von der Belastungszeit abhängige Verformungsmodul des Zweistoffsystems Beton ergibt sich, indem die E-Moduln der Komponenten $E_m$ und $E_k$ durch die entsprechenden zeitabhängigen Moduln ersetzt werden. Wird der Einfluß der Beanspruchungszeit in der Zementstein- und Zuschlagphase berücksichtigt, so gilt Gleichung (58) (siehe Tabelle 1). Für rein elastisches Verformungsverhalten der Zuschläge ergibt sich die in dieser Tabelle aufgeführte Gleichung (59).

### 6.1.6. Modell 6

Nach Dougill /36/ und Hirsch /35/ gibt eine Reihenschaltung von parallel - und hintereinander geschalteten Modellen das Verformungsverhalten des Betons besser wieder als die Grundmodelle Modell 1 und Modell 2. Die von ihnen vorgeschlagene Modellvorstellung entspricht eines anteilweise aus den Modellen 1 und 2 aufgebauten Würfels der Kantenlänge 1 ( siehe Bild 11).
Unter der Annahme von rein elastischem Verformungsverhalten der Komponenten wurde das Modell von Manns (/11/, Seite 36 und 37) in Verbindung mit dem allgemein zusammengesetzten Modell bei horizontaler und vertikaler Schichtung hergeleitet. Durch Benutzung der Beziehungen (45) und (46) ergeben sich aus dieser Herleitung die Gleichungen für die Modelle 6.1 und 6.2 (siehe Tabelle 1).
Die Gleichung(60) gilt für die Berücksichtigung verzögert-elastischer und viskoser Verformungen in den Komponenten. Für rein elastisches Verformungsverhalten des Zuschlags gilt Gleichung (61) .

### 6.1.7. Modell 7

Die mathematischen Zusammenhänge für die Leitung des elektrischen Stromes in heterogenen Leitern wurden von Maxwell /45/ untersucht. Unter Berücksichtigung der Analogie zwischen dem elektrischen Widerstand $\rho_e$ und dem Widerstand gegen mechanische Verformungen $\frac{1}{E}$ ergibt sich nach Hansen /42/ für den E-Modul des Betons die Beziehung :

$$E = \frac{2E_m+E_k-2V_k(E_m-E_k)}{2E_m+E_k+V_k(E_m-E_k)} \cdot E_m \qquad (62)$$

Um den von der Beanspruchungszeit abhängigen Modul E(t) zu erhalten, wird der entsprechende zeitabhängige Verformungsmodul der Komponenten Zementstein und Zuschlag, $E_m(t)$ und $E_k(t)$, eingesetzt.
Nach Gleichung(45) und (46) ergibt sich unter Berücksichtigung verzögert-elastischer und viskoser Verformungen in den Komponenten die Gleichung (63) (siehe Tabelle 1). Weisen die Partikel nur rein elastische Verformungen auf, so gilt Gleichung (64) (siehe Tabelle 1).
Die Herleitung dieser Modellgleichungen zeigt, daß die in Abschnitt 5. ermittelten Spannungs-Stauchungs-Beziehungen auf verschiedene Betrachtungsweisen des Verformungsmoduls ausgedehnt werden können.

## 6.2. Modelle mit Berücksichtigung der Querdehnung - Modell 8

In den bisher entwickelten Modellvorstellungen wurde die Querdehnzahl $\mu = \frac{\varepsilon_q}{\varepsilon_1}$ vernachlässigt. Dieses könnte nach Dougill /36/ besonders bei nahezu gleichem E-Modul beider Phasen eine mögliche Fehlerquelle ergeben.

Zur Berücksichtigung der Querdehnung schlägt Hashin /37/ daher ein Modell vor, bei dem eine aus dem Stoff k bestehende Kugel zentrisch in eine aus dem Stoff m bestehende Kugel eingebettet ist. Für den Kompressionsmodul K und für den Elastizitätsmodul E sind die Gleichungen unter der Annahme rein elastischen Verformungsverhaltens der Komponenten in /11/, /37/ und /46/ aufgeführt.

Um den von der Belastungszeit abhängigen Modul E(t) zu bestimmen, müssen die entsprechenden Verformungsmoduln der Komponenten $E_m(t)$ und $E_k(t)$ sowie die von der Beanspruchungszeit abhängige Querdehnzahl $\mu(t)$ eingesetzt werden.

Aus Versuchen von Dahms /20/ ist zu entnehmen, daß für Beton die Querdehnzahl unabhängig von der Belastungszeit nahezu konstant ist. Für erhärteten Beton schlagen Anson und Newman /47/ den Wert 0,2 vor. Die Untersuchungen von Sasse /48/ ergaben für betonähnliche Stoffe Werte von 0,18 ... 0,26. Hansen /39/ setzte für

$$\mu_m = \mu_k = \mu = 0{,}2$$

ein.

Mit diesen Annahmen ergibt sich unter Berücksichtigung der Gleichungen (45) und (46) die Gleichung (65) (siehe Tabelle 1). In dieser Gleichung werden die verzögert-elastischen und viskosen Verformungen in den Komponenten berücksichtigt. Bei Vernachlässigung dieser Verformungsanteile in der Zuschlagphase ergibt sich die Gleichung (66) (siehe Tabelle 1).

Die Gleichung des Modells 8 wurde von Hansen /38/ für den E-Modul des Betons unter der Annahme rein elastischen Verformungsverhaltens in den Komponenten ($A_m(t) = 1, A_k(t) = 1$) vorgeschlagen.

# 7. Versuchsplan

## 7.1. Variabel gehaltene Einflußgrößen

### 7.1.1. Allgemeine Grundsätze

Im folgenden werden die wichtigsten aus der Betontechnologie bekannten Einflußgrößen für das Verformungsverhalten angeführt und besprochen. Um den Umfang des Versuchsprogramms in angemessenem Rahmen zu halten, werden nur die Einflußgrößen verändert, von denen begründet angenommen werden kann, daß sie einen wesentlichen Einfluß auf das elastische Verformungsverhalten von Mörtel und Beton ausüben und zum Verständnis des Zweistoffsystems beitragen.

### 7.1.2. Stoffbedingte Einflußgrößen

Variabel gehalten wurden die Einflußgrößen, die in den Modellgleichungen, Abschnitt 6., erscheinen.

#### Eigenschaften des Zementsteins

Die Form der Spannungs-Stauchungs-Linie bei Normalbeton wird vornehmlich durch das Verformungsverhalten der Zementsteinphase bestimmt. Diese besteht in erhärtetem Zustand aus einer Ansammlung von mehr oder weniger hydratisierten Zementkörnern, die durch kolloide oder mikrokristalline Teilchen, dem Zementgel, verbunden sind. Eine Reihe von Autoren sehen den erhärteten Zementstein als viskose Flüssigkeit an, die durch die steiferen Zuschlagkörner in ihrem Verformungsverhalten verändert wird.

Der Elastizitätsmodul der Matrix $E_m$ wurde in den vorliegenden Versuchen durch Wahl des W/Z - Wertes (W/Z = o,4o, o,5o, o,7o) in drei Stufen verändert. Von unterschiedlichen Zementmahlfeinheiten wurde abgesehen, da nach Untersuchungen von Härig /9/ und Manns /11/ dieser Einfluß durch die Dichtigkeit d des Zementsteins ersetzt werden kann.

Ein kleinerer W/Z - Wert als o,4o wurde nicht gewählt, da es der Zementleimanspruch der gewählten Mörtel- und Betonmischungen nicht erlaubte.Im anderen Fall hätten sich durch unvollständige Verdichtung sogenannte Verdichtungsporen mit zusätzlichen Inhomogenitäten im Mörtel- und Betongefüge ergeben.

Auch für Zementsteinkörper mit voll hydratisiertem Zementstein ist ein W/Z - Wert von etwa o,4o eine untere Grenze, da sich nach Powers /49/ das Zementkorn bei einem angenommenen Ausgangsvolumen von 1 $cm^3$ bis zur vollständigen Hydratation auf etwa 2,2 $cm^3$ ausdehnt. Der hierfür benötigte Raum kann nur durch das Anmachwasser vorgegeben werden.

Die in der Betontechnologie üblichen Kennwerte wie Wasserzementwert, Zementart, Mahlfeinheit sind für die Behandlung des Zweistoffsystems nur indirekte Einflußgrößen, die das Verformungsverhalten und andere Eigenschaften der Matrix beeinflussen. Da diese Größen durch den Elastizitätsmodul der Matrix oder des Zementsteins $E_m$ schon erfaßt sind, werden sie nicht in die Betrachtung des Zweistoffsystems einbezogen. Die Frisch- und Festrohdichte sowie die Dichtigkeit der Matrix stellen ebenfalls keine Einflußgrößen für das zu betrachtende Zweistoffsystem dar. Vorausgesetzt wird, daß das auf das Matrixvolumen bezogene Porenvolumen im reinen Zementstein sowie im Mörtel und Beton gleich ist.

Das anteilige Zementleimvolumen ($V_m$ = 1 - $V_k$) bzw. Zuschlagvolumen ($V_k$) wurde auf zwei Ebenen ($V_m$ = o,33 und o,67) geändert. Damit ließ sich eine gleichmäßige Abstufung von $V_m$ = o (Zuschlagkörper) bis $V_m$ = 1 (Zementsteinkörper) erreichen. Das Stoffvolumen der Komponenten wurde variiert, da durch das vorhandene Zementleimvolumen die Zementleimschichtdicke $d_m$, die die Partikel umhüllt, mitbestimmt wird. Die volumenmäßige Heterogenität des Zweistoffsystems, ausgedrückt durch den Anteil der Komponenten Zementstein und Zuschlag, beeinflußt bei Stauchung der Probekörper das gegenseitige Abstützen des Zuschlaggerüstes und damit die innere Spannungsverteilung.

## Eigenschaften der Zuschläge

Der Elastizitätsmodul der Zuschläge unter Druckbeanspruchung geht ebenso wie der der Matrix als Haupteinflußgröße in die Betrachtung des Zweistoffsystems ein. Für das Verformungsverhalten des Zweiphasensystems sind das Verformungsverhalten der Partikel, ihre Wasseraufnahmefähigkeit, Porosität, Wasserdurchlässigkeit und ihre Oberflächenbeschaffenheit von Bedeutung /5o, 51/. Neville und Meyers /52/ sind der Ansicht, daß poröse Zuschläge eine erhöhte Feuchtigkeitsbewegung im Mörtel und Beton ohne Wasserabgabe nach außen ermöglichen. Dies kann den Einfluß der Zuschlagporosität auf das Verformungsverhalten im Beton bei Druckbeanspruchung mit erklären.

Die elastischen Eigenschaften des Zuschlags, ausgedrückt durch den Wert $E_k$, wurden in den vorliegenden Versuchen durch Wahl verschiedener Naturgesteine auf zwei Stufen eingestellt. Als Zuschläge wurden Granit, dessen E-Modul dem des Kiessandes - des wichtigsten Zuschlags für Normalbeton - nahe kommt, und Basalt verwendet, dessen E-Modul etwa doppelt so groß wie der des Granits ist und als oberer Wert bei Naturzuschlägen angesehen werden kann. Da das elastische Verformungsverhalten des Granits und Basalts die elastischen Verformungseigenschaften der gebräuchlichsten Zuschläge von Normalbeton umfassen, wurde zur Beschränkung des Versuchsumfanges von der Untersuchung weiterer Zuschläge abgesehen.

Es ist zu vermuten, daß Größe und Verteilung der Partikel einen Einfluß auf das Verformungsverhalten von Mörtel und Beton ausüben. Der Einfluß der Korngröße wird sich im wesentlichen durch die unterschiedliche spezifische Oberfläche und den damit bedingten unterschiedlichen Zementleimanspruch auswirken. Die bisherigen Ergebnisse über den Einfluß des Größtkorns weichen voneinander ab.

Für die elastische Gesamtverformung stellte Manns /11/ bei Zuschlag Basalt und Wasserlagerung der Proben eine Verringerung der Stauchung mit zunehmendem Größtkorn fest. Auch die verzögert - elastischen und viskosen Verformungen, die definitionsgemäß zum Kriechen gezählt werden, nehmen nach Neville, Troxell, Rahpael und Davis /53/ mit gröber werdendem Zuschlag ab. Im Gegensatz zu diesen Beobachtungen berichtet Wagner /54/ über die Versuche von Davis, bei denen Beton mit D = 38 mm Größtkorn größere verzögert- elastische und viskose Verformungen ergab als solcher mit D = 19 mm Größtkorn und gleichem W/Z-Wert. Die verschiedenen Ergebnisse dürften auf einen unterschiedlichen Zementleimgehalt und damit unterschiedliche Zementleimschichtdicken zurückzuführen sein.

Um den Einfluß der Korngröße der Partikel auf die Zielgröße Elastizitätsmodul zu erfassen, wurde in den vorliegenden Versuchen ein Größtkorn von D = 1, 3, 7 und 15 mm verwendet. Für die Kornzusammensetzung wurde der Exponent n = o,5 in der Gleichung

$$A_i = \frac{1oo}{1-\left(\frac{o,1}{D}\right)^n} \cdot \left[\left(\frac{di}{D}\right)^n - \left(\frac{o,1}{D}\right)^n\right] \qquad (67)$$

gewählt. Diese Gleichung liegt den in der DIN 1o45, Entwurf 3.68, angegebenen Sieblinien zugrunde. Von einer Änderung des Exponenten n wurde abgesehen, da aus den bisherigen Untersuchungen /11/ kein nennenswerter Einfluß auf den E-Modul des Mörtels und Betons zu erkennen ist.

### 7.1.3. Versuchsbedingte Einflußgrößen

#### Probenform und Lagerungsbedingungen

Probenform und Probengröße beeinflussen die innere Spannungsverteilung im Probekörper und damit den versuchsmäßig bestimmten E-Modul. Ist der Größtkorndurchmesser D gegenüber der kleinsten Probekörperabmessung genügend klein, so ist bei der Bestimmung des Elastizitätsmoduls der Unterschied zwischen einem Ein- und Zweistoffsystem ebenfalls gering. Damit erscheint es zulässig, die E-Moduln von Zementstein, Zuschlag, Mörtel und Beton miteinander zu vergleichen.

Für die Versuche wurden aufrecht stehende Zylinder von 5 cm Durchmesser und rd. 2o cm Höhe gewählt. Diese Probengröße ermöglichte eine rationelle Herstellung der Probekörper, die Prüfung der Druckfestigkeit an der gleichen Probenform und der gleichen Prüfanlage. Um den nur schwierig zu erfassenden Einfluß der Endflächenreibung bei der Bestimmung der Längenänderungen zu verhindern, liegen bei diesen Abmessungen die Meßstellen genügend weit von den Druckflächen entfernt.

Der Feuchtigkeitsgehalt beeinflußt die Verformbarkeit und Festigkeit des Zementsteins, Mörtels und Betons; die Feuchtigkeitsverteilung wirkt sich auf die Spannungsverteilung im Zweistoffsystem aus. Nach Untersuchungen in /55/ ist bei Wasserlagerung gegenüber Luftlagerung eine Zunahme des Elastizitätsmoduls und eine Abnahme der Festigkeit beobachtet worden. Da anzunehmen ist, daß sich wassersatte Proben anders als z.B. lufttrockene Proben bei großen Belastungsgeschwindigkeiten verformen, sollten sich die Untersuchungen auf verschiedene Lagerungsarten mit unterschiedlichem Feuchtigkeitsgehalt erstrecken.

Für die Probekörper der vorliegenden Versuche wurden daher Wasser- und Luftlagerung vorgesehen. Diese Lagerungsarten werden für Mörtel und Beton in der Praxis am häufigsten verwendet. Bei Wasserlagerung wurde eine gleichmäßige Feuchtigkeitsverteilung im Probekörperquerschnitt durch Erhärten in luft- und wasserdichten Kunststofformen sowie durch Wasserlagerung nach dem Entschalen gewährleistet. Die Probekörper wurden erst unmittelbar vor Prüfbeginn aus dem Wasser entnommen und mit Hilfe eines dicht anliegenden Gummimantels vor der Feuchtigkeitsverdunstung während der Prüfung geschützt. Bei Luftlagerung lagerten die Probekörper bis zum siebten Tage wie bei der Wasserlagerung und anschließend bis zur Prüfung bei Normalklima (2o°C, 65 % rel. Luftfeuchte). Durch vorsichtige Behandlung der Versuchskörper (Schutz vor Stoßbeanspruchung, stufenweiser Übergang zwischen Wasser- und Luftlagerung) wurde versucht, eine Rißbildung an der Oberfläche der Probekörper zu verhindern.

Einflüsse aus der Art der Prüfungsdurchführung

Die Geschwindigkeit der Lastaufbringung beeinflußt die Neigung der Spannungs-Stauchungs-Linie und damit den versuchsmäßig bestimmten E-Modul (siehe Abschnitt 2.6.). Bei sehr großen Belastungsgeschwindigkeiten können sich die gemessenen E-Moduln schon durch geringe Fehler in der Ablesezeit und in der Aufnahme der Versuchsergebnisse ändern. Da sehr große Belastungsgeschwindigkeiten, bei denen die zeitlichen Einflüsse nicht ganz auszuschalten sind, die praktische Versuchsdurchführung erschwert hätten, wurde als größte Spannungsänderung $\dot{\sigma} = 50\ kp/cm^2 s$ für die Belastung gewählt. Noch größere Spannungsänderungen wurden durch plötzliches Entlasten erreicht und danach die rein elastischen Verformungen von den anderen Verformungsanteilen getrennt.

Die Last wurde durch kraftschlüssige Beanspruchung aufgebracht (siehe Abschnitt 2.4.). Diese Belastungsart wurde gewählt, da ein großer Teil der bisherigen Untersuchungen für die bekannten Modellvorstellungen mit kraftschlüssiger Beanspruchung durchgeführt wurde und die Versuchsergebnisse dieser Arbeit die bisherigen Modellvorstellungen ergänzen sollen. Andererseits dürften bei den verhältnismäßig niedrigen Belastungshöhen der E-Modulbestimmung die Verformungsunterschiede zwischen kraft- und verformungsschlüssiger Beanspruchung nicht zu groß sein.

## 7.2. Konstant gehaltene Einflußgrößen

Zur Begrenzung des Versuchsaufwandes wurden Probenform, Prüfalter und Lasthöhe bei der Bestimmung des Verformungsmoduls konstant gehalten. Die konstant gehaltenen Einflußgrößen sind für den E-Modul des Mörtels und Betons von Bedeutung, tragen jedoch wenig zum Verständnis des Zweistoffsystems bei.

## 7.3. Zielgröße

Zielgröße ist der bei einachsiger, kraftschlüssiger Druckbelastung und verschiedenen Belastungsgeschwindigkeiten gemessene statische E-Modul und ergänzend der dynamische E-Modul. Der statische E-Modul soll sich definitionsgemäß aus möglichst elastischen bzw. zeitunabhängigen Verformungen ergeben. Da der versuchsmäßig bestimmte statische E-Modul entscheidend von der Belastungshöhe abhängt, wurden neben den Lastverformungswerten die Druckfestigkeiten ermittelt.
Zur Beschränkung des Versuchsumfangs wurde der E-Modul aus dem ersten Belastungsast bestimmt. Dieser Modul ist von dem nach DIN 1o48, E.3.1972, zu ermittelnden E-Modul, der aus dem 11. Belastungszyklus bestimmt wird, zu unterscheiden.
Der in dieser Arbeit versuchsmäßig bestimmte E-Modul wird in den nachfolgenden Bildern in gekürzter Schreibweise als E-Modul stat E 5 bezeichnet.

## 7.4. Versuchsreihen

Eine vollständige Kombination aller Einflußgrößen nach Abschnitt 7.1 hätte zu einem undurchführbar großen Versuchsumfang geführt. Daher wurden auch die variierten Einflußgrößen bei einigen Versuchsreihen nicht verändert.

In der tabellarischen Zusammenstellung der Versuchsreihen (siehe Tabelle 2...7) kennzeichnet eine 9-stellige Ziffernfolge, die in Abschnitt 7.6.1. noch ausführlich erläutert wird, die einzelnen Mischungen.

Die Aufstellung des endgültigen Versuchsplanes erforderte umfangreiche Vorversuche, auf die hier nicht eingegangen wird. Diese Untersuchungen waren erforderlich, da die gesamte Versuchsauswertung über eine elektronische Rechenanlage erfolgte und nachträgliche Änderungen und Erweiterungen der Versuche die Vorteile dieses Auswertungsverfahrens verringert hätten. Die Vorversuche ermöglichten, die Art der Belastungsaufbringung und die zweckmäßige Wahl der stoff- und versuchsbedingten Einflußgrößen festzulegen.

7.4.1. Versuchsreihe 1

In dieser Versuchsreihe wurden die Eigenschaften des Zementsteins bzw. der Matrix an den in Tabelle 2 zusammengestellten Mischungen untersucht.

7.4.2. Versuchsreihe 2

Die Eigenschaften der Zuschläge wurden an den in Tabelle 3 aufgeführten Zuschlagarten untersucht.

7.4.3. Versuchsreihe 3

In dieser Versuchsreihe wurde der Einfluß der Belastungsgeschwindigkeit auf den versuchsmäßig bestimmten E-Modul des Zweistoffsystems bei Veränderung der Lagerungsbedingungen, des Zementleimgehalts und der Matrixeigenschaften festgestellt. Der E-Modul der Matrix wurde durch den Wasserzementwert verändert, als Zuschlag diente Granit, das Größtkorn betrug 7 mm. Die untersuchten Mischungen zeigt Tabelle 4.

7.4.4. Versuchsreihe 4

Diese Versuchsreihe ermittelte den Einfluß der Belastungsgeschwindigkeit auf den versuchsmäßig bestimmten E-Modul des Mörtels und Betons bei Veränderung der Matrixeigenschaften, des Zementleimgehalts und des Größtkorns. Die Probekörper wurden in wassersattem Zustand geprüft. Die untersuchten Mischungen sind in Tabelle 5 zusammengestellt.

7.4.5. Versuchsreihe 5

In dieser Versuchsreihe wurden die Einflußgrößen der Versuchsreihe 4 bei luftgelagerten Probekörpern untersucht. Die benutzten Mischungen sind in Tabelle 6 zusammengestellt.

### 7.4.6. Versuchsreihe 6

In dieser Versuchsreihe wurde der Einfluß der Belastungsgeschwindigkeit auf den versuchsmäßig bestimmten E-Modul bei Veränderung der Lagerungsbedingungen, der Matrixeigenschaften und der Zuschlagarten untersucht. Das Größtkorn betrug 7 mm. Die Zusammenstellung der untersuchten Mischungen enthält Tabelle 7.

## 7.5. Ausgangsstoffe und Mischungsverhältnisse

### 7.5.1. Zement

Für die Versuche wurde ein handelsüblicher Portlandzement verwendet. Nach Tabelle 1 und 3, Anhang A 2, entspricht der Portlandzement der Güteklasse 275 (nach DIN 1164, 12. 1958) bzw. 350 F (nach DIN 1164, 6. 1970). Zusätzlich wurden von dem Zement der Blaine-Wert, die Kornzusammensetzung, die Dichte, die 28-Tage-Festigkeit nach DIN 1164, 12. 1958, sowie die Wasserbindewerte nach dem von Czernin /56/ angegebenen Verfahren im Alter von 3, 7, 14 und 28 Tagen bestimmt. Die Versuchsergebnisse sind in Tabelle 1 und 3 zusammengestellt. Die Tabelle 2 im Anhang A 2 enthält Angaben über die chemische Zusammensetzung und die daraus nach Bogue /57/ berechneten Anteile der Klinkermineralien.

### 7.5.2. Wasser

Als Anmachwasser wurde ortsübliches Leitungswasser verwendet.

### 7.5.3. Zuschlag

#### Granit

Der Granit wurde sowohl in Felsbrocken als auch in Edelsplittkörnungen bis zur Korngröße D = 3 mm von der Lieferfirma zur Verfügung gestellt. Die Korngruppen 3/7 und 7/15 wurden durch Brechen von Felsbrocken und Aussieben mit einem Siebsatz nach DIN 117o gewonnen. Damit wurde für die Zuschlagproben und die maßgebenden Korngruppen dasselbe Material benutzt. Die Kornzusammensetzung (siehe Abschnitt 7.1.2.), die Kornrohdichten und die Eigenschaften der verwendeten Kornhaufwerke sowie die Trockenrohdichte und die Wasseraufnahme sind in den Tabellen 8, 9 und 1o zusammengefaßt.

Basalt

Der Basalt wurde sowohl in großen Felsbrocken als auch in Edelsplittkörnungen angeliefert. Die Kornzusammensetzung nach Formel (67) ist in Tabelle 8 zusammengefaßt. Die Kornrohdichten und die Eigenschaften der Kornhaufwerke sind Tabelle 9 sowie die Trockenrohdichte und die Wasseraufnahme in Tabelle 1o aufgeführt.

### 7.5.4. Mischungsverhältnisse

Aus den Dichten und Rohdichten der Ausgangsstoffe ergaben sich für die hergestellten Mischungen die in Tabelle 11 aufgeführten Mischungsverhältnisse in Masseteilen.

## 7.6. Versuchsdurchführung

### 7.6.1. Kennzeichnung der Proben und Aufbau der Datenkarten

Im Hinblick auf die spätere Auswertung der Versuche mit Hilfe der elektronischen Datenverarbeitung ist es notwendig, die hergestellten Probekörper mit einer numerischen Kennzeichnung zu versehen, die jedoch wegen der Übersichtlichkeit und Wirtschaftlichkeit möglichst zu beschränken ist. Die Kennzeichnung besteht aus einer neunzifferigen Mischungskennzeichnung und einer neunzifferigen Kennung von Lagerungsart, Nummer der Herstellform und Herstelldatum. Der Aufbau der Kennzeichnung ist in Tabellenform übersichtlich zusammengestellt:

| Ziffer | Bedeutung |
|---|---|
| 1 | Zuschlagart 1 = Granit<br>2 = Basalt |
| 2 - 3 | W/Z-Wert, multipliziert mit dem Faktor 1oo |
| 4 - 5 | Zementleimvolumen in % |
| 6 - 7 | Größtkorn D in mm |
| 8 | Exponent n, multipliziert mit dem Faktor 1o |
| 9 | Lagerung der Proben 1 = Wasserlagerung<br>2 = Luftlagerung |
| 1o | Belastungshöhe 1 = $\frac{1}{3}$ $ß_D$<br>2 = $\frac{1}{2}$ $ß_D$<br>3 = o,7 $ß_D$ |
| 11-12 | Nummer der Herstellform |
| 13-18 | Herstelldatum der Probe |

Bei Zuschlagproben werden die Ziffern 11...18 gleich Null gesetzt. Damit besteht die Kennzeichnung eines Versuchskörpers aus 18 Ziffern, die die veränderten Einflußgrößen bis auf die Belastungsgeschwindigkeit enthält. So bedeutet die Ziffernfolge

140330751145081069

zum Beispiel, daß es sich um einen Mörtelkörper mit dem Zuschlag Granit (1.Ziffer), einem W/Z-Wert von o,4o (2. und 3. Ziffer) und einem anteiligen Zementleimvolumen von 33 Vol.-% (4. und 5. Ziffer) handelt, dessen Partikel ein Größtkorn von D = 7 mm (6. und 7. Ziffer) mit dem Exponenten n = o,5 (8. Ziffer) besitzen, und der nach Wasserlagerung (9. Ziffer) mit einer Belastungshöhe von $\frac{1}{3}$ $ß_D$ (1o. Ziffer) geprüft wurde. Die Probe wurde in der Form - Nr.45 (11. und 12. Ziffer) am 8.1o. 1969 (13. bis 18. Ziffer) hergestellt.

Alle Meßdaten, die auf nichtelektrischem Wege bestimmt wurden (Massen, Abmessungen, Schallaufzeit und Resonanzfrequenz), wurden unmittelbar nach ihrem Erfassen in 8o - spaltige Ablochlisten eingetragen. Damit konnten Übertragungsfehler weitgehend vermieden werden, und es war ein schnelles Ablochen auf Lochkarten gewährleistet. Die elektrisch gemessenen Daten (Kräfte und Verformungen) wurden zunächst über Meßwertdrucker erfaßt und anschließend in Ablochlisten eingetragen.

### 7.6.2. Probenzahl

Zum Erfassen des statischen E-Moduls standen mindestens drei Probekörper bei geringeren Spannungsänderungen und vier Probekörper bei größeren Spannungsänderungen zur Verfügung (Prüfsatz 1). Zusätzlich wurden zur Ermittlung der Festigkeit mindestens zwei Probekörper hergestellt (Prüfsatz 2). Die dynamischen Untersuchungen wurden mit beiden Prüfsätzen durchgeführt, somit waren zur Bestimmung des dynamischen E-Moduls mindestens 5 bzw. 6 Proben vorhanden. Da sich die Prüfung des Sekantenmoduls am Prüfsatz 1 nicht feststellbar auf die Festigkeiten auswirkte, wurden die Festigkeiten beider Prüfsätze als gleich angesehen. Daher lagen auch zur Beurteilung der Festigkeit mindestens 5 bzw. 6 Proben vor.

### 7.6.3. Herstellung der Proben

Die Zuschlagproben wurden durch Naßbohrung aus Gesteinsstücken gewonnen, die Zementstein-, Mörtel- und Betonproben in ausgedrehten Plexiglasrohren nach einem von Boes /13/ entwickelten Verfahren hergestellt. Dieses Verfahren gestattet es, Zusammensetzungen bei extremen W/Z-Werten, die sich normalerweise entmischen, in das Versuchsprogramm mit aufzunehmen.

Die auf o,1 g abgewogenen Bestandteile der Mischungen wurden in einem kleinen Mischer, Fabrikat Kennwood, zwei Minuten lang gemischt, in die Plexiglasformen eingefüllt und je nach Konsistenz durch Schütteln, Anschlagen der Form oder Rütteln mit und ohne Auflast möglichst vollkommen verdichtet.

Nach dem Ausschalen wurden die Stirnflächen mit einem Schleifstein eben geschliffen und nach sieben Tagen Wasserlagerung unter der Schleifscheibe, Fabrikat Kugel-Müller, planparallel geschliffen. Damit wurde eine exzentrische Lasteinleitung durch gegenseitige Neigung der Druckplatten vermieden.

Bei einigen Mörtelkörpern mit dem W/Z-Wert o,7o traten jedoch auch nach dem oben beschriebenen Herstellverfahren durch Dichteunterschiede zwischen Zementleim und Zuschlag Entmischungen auf. Diese Mischungen sowie die reinen Zementleimmischungen mit demselben W/Z-Wert wurden unter halbstündigem Umrühren drei Stunden aufbewahrt und anschließend in die Formen gefüllt. Nach dieser Zeit war die Konsistenz so, daß beim Herstellen der Proben keine Entmischungserscheinungen auftraten.

Die Probekörper wurden in der Regel nach einem Tag ausgeschalt; bei manchen Mischungen mit dem Wasserzementwert o,7o war dies jedoch erst nach zwei oder drei Tagen möglich.

### 7.6.4. Abmessungen und Masse der Proben

Nach dem Ausschalen wurden die Abmessungen der Probekörper mittels Schieblehre auf o,1 mm gemessen. Der Durchmesser der Zementstein-, Mörtel- und Betonkörper war durch die lichte Weite der Kunststoffform gegeben.

Die Masse der Prüfkörper wurde nach dem Ausschalen und vor jeder dynamischen Messung auf o,1 g bestimmt.

### 7.6.5. Druckfestigkeit und Last-Verformungs-Werte

Die Druckfestigkeit wurde mit einer 6o Mp Universalprüfmaschine der Genauigkeitsklasse 1 nach DIN 5122o ermittelt. Die Spannungsänderungen betrugen bei kraftschlüssiger Beanspruchung o,o5, o,5, 5 und 5o $kp/cm^2s$.

Die Last-Verformungs-Werte wurden an derselben Prüfmaschine bestimmt. Zum Aufnehmen der Werte, die nach dem in Bild 12 dargestellten Belastungs-Zeit-Diagramm ermittelt wurden, diente die in Bild 13, 14, 15 und 16 gezeigte Meßanordnung. Die Last wurde durch drei parallel geschaltete Druckmeßdosen gemessen. Gleichzeitig war eine Kontrolle durch die Lastanzeigevorrichtung der Prüfmaschine gegeben. Die Universalprüfmaschine ermöglichte das vorherige genaue Einstellen der Belastungshöhe, bei Erreichen dieses Belastungspunktes schaltete sich die Anlage automatisch ab.

Die Verformungswerte wurden mit zwei parallel geschalteten Gestellinduktivgebern aufgenommen, die über zwei Metallringe mit je drei Schrauben am Prüfkörper befestigt waren. Die Meßlänge wurde zu 134 mm gewählt, so daß die Metallringe etwa 3,5 cm von den Stirnflächen der Proben entfernt waren. Bei dieser Anordnung kann der Einfluß der Endflächenreibung vernachlässigt und mit gleicher Spannungsverteilung im Probenquerschnitt gerechnet werden. Die Last-Verformungs-Werte konnten mit einem Analog-Digital-Wandler und einem Springwagendrucker für maximal drei Abfragen pro Sekunde erfaßt werden. Zur Kontrolle wurden die Last-Verformungs-Werte kontinuierlich mit dem X-Y-Schreiber aufgezeichnet. Die Aufnahme der Verformungswerte nach dem Entlasten wurde mittels einer Stoppuhr geregelt.

Eigenschwingungen der Prüfmaschine, die die Werte besonders bei großen Spannungsänderungen verfälschen können, waren nicht zu beobachten. Dies beweisen die durch den X-Y-Schreiber kontinuierlich aufgezeichneten Lastverformungslinien, die in allen Fällen gleichmäßig gekrümmt oder geradlinig verlaufen. Das mögliche Auftreten von Eigenschwingungen der Prüfmaschine und des Probekörpers ließ sich auch dadurch verhindern, daß alle Proben vor dem Einstellen der entsprechenden Belastungsgeschwindigkeit für die Dauer einiger Sekunden mit einer Druckkraft von etwa 50 bis 100 kp vorbelastet wurden. Damit konnte eine stoßweise Beanspruchung der Probekörper, die mit Schwingungen verbunden ist, zu Beginn des Belastungsvorganges vermieden werden.

### 7.6.6. Resonanzfrequenzwerte

Die Resonanzfrequenz wurde mit einer Meßanordnung aus handelsüblichen elektronischen Bauelementen gemessen (siehe Bild 16 und 17). Die Versuche wurden mit dem Sinuswellen-Generator durchgeführt. Über ein Zählgerät wurde die Resonanzfrequenz auf 1 Hz genau bestimmt.

Die Messungen wurden an den Zementstein-, Mörtel-und Betonkörpern im Alter von 1, 3, 7, 14 und 28 Tagen durchgeführt.

### 7.6.7. Schallaufzeitwerte

Zur Messung der Schallaufzeit diente ein Ultraschallimpulsgerät, Bauart Dr.Steinkamp (siehe Bild 19), mit dem sich die Schallaufzeiten auf 0,1 $\mu s$ genau ermitteln ließen. Zur Ankopplung der Schallköpfe an die Prüfkörper diente Glycerin.

Die Schallaufzeit wurde im selben Alter wie die Resonanzfrequenz gemessen. Das benutzte Meßgerät arbeitete mit einer Frequenz von 50 kHz. Mit dieser Frequenz und mit Schallgeschwindigkeiten von mehr als 6000 m/s war der Durchmesser der Probekörper (rd. 5 cm) größer als ein $\pi$- tel der Wellenlänge $\lambda$. Damit ist nach /6/ die Grenze überschritten, bis zu der sich noch Dehnwellen einstellen können. Da der Durchmesser jedoch nicht wesentlich größer als die sich im Mittel einstellenden Wellenlängen war, konnten sich Wellen mit unterdrückter Querdilatation auch nicht einstellen. Somit ist der dynamische E-Modul dyn $E_S$ als ein mit teilweise behinderter

Seitendehnung bestimmter E-Modul anzusehen, der zwischen dem Elastizitätsmodul und dem in /6/ erläuterten Longitudinalwellenmodul liegt.

# 8. Versuchsergebnisse

## 8.1. Kenndaten des Verformungsverhaltens bei statischer Beanspruchung

Bei dem Durchlauf des vom Verfasser erstellten Programms E 1 wurden aus dem ersten Be- und Entlastungsast nach Bild 2o.1 drei Sehnenmoduln und nach Bild 2o.2 drei Sekantenmoduln sowie die gemessene Prüfspannung (definiert als größte auftretende Prüfspannung im Belastungsast) berechnet.

Die Einzelwerte dieser Eigenschaften und die statistischen Kenngrößen sind im Anhang 1, Seite 2...28 und 2, Seite 2...71, als Rechnerausdruck (Computerprint) zusammengestellt. Die Mittelwerte sind in den Tabellen 12 und 13, Seite 127 ... 135, zusammengefaßt.

## 8.2. Kenndaten des dynamischen Elastizitätsmoduls

Mit dem selbst erstellten Programm E 2 ließen sich aus den Datenkarten die folgenden Einzelwerte bestimmen:

| | | |
|---|---|---|
| a. | Prüfalter der Proben A | [h] |
| b. | Rohdichte zum Zeitpunkt der Prüfung | [kg/m³] |
| c. | Wasseraufnahme nach dem Ausschalen $W_a$ (bei Zuschlagproben bezieht sich dieser Wert auf die Trockenrohdichte) | [$kg/m^3$] |
| d. | Resonanzfrequenz f | [Hertz] |
| e. | dynamischer E-Modul, berechnet aus der Resonanzfrequenz, dyn $E_R$ | [$kp/cm^2$] |
| f. | Schallgeschwindigkeit v | [m/s] |
| g. | dynamischer E-Modul, berechnet aus der Schallgeschwindigkeit, dyn $E_S$ | [$kp/cm^2$] |

Die Einzelwerte der oben genannten Eigenschaften und die statistischen Kenngrößen sind im Anhang 1, Seite 29...188, und Anhang 2,

Seite 72...122, als Computerprint tabellarisch zusammengestellt, die Mittelwerte sind in der Tabelle 14 zusammengefaßt.

## 8.3. Kenndaten der Zementstein- und Betonkennwerte

Ausgehend von den Abmessungen, der Ausschalmasse, den Dichten und Rohdichten, dem Mischungsverhältnis, der Höchstlast und den Haufwerkskennwerten des Zuschlags ließen sich mit den selbst erstellten Programmen E 3A und E 3B die folgenden Kennwerte bestimmen:

a. Ausschalrohdichte $\varrho_A = \frac{m_A}{V_A}$ $\left[kg/m^3\right]$ (68)

b. Druckfestigkeit $\beta_D = \frac{\max P}{F_o}$ $\left[kp/cm^2\right]$ (69)

c. Zementgehalt $Z = \frac{1000 \cdot \varrho_A}{1 + k + w}$ $\left[kg/m^3\right]$ (70)

d. Stoffraum Zement $V_z = \frac{Z}{\varrho_z}$ $\left[dm^3/m^3\right]$ (71)

e. Stoffraum Wasser $V_w = Z \cdot w$ $\left[l/m^3\right]$ (72)

f. Stoffraum Zuschlag $V_k = \frac{Z \cdot k}{\varrho_K}$ $\left[dm^3/m^3\right]$ (73)

g. Zementleimvolumen $V_m = 1000 - V_k$ $\left[dm^3/m^3\right]$ (74)

h. Frischbetonporen $V_l = \frac{1}{10}(V_m - V_w - V_z)$ $\left[Vol.\text{-}\%\right]$ (75)

i. Festbetonporen $P_b = V_l + V_w - \text{geb } w \cdot Z$ $\left[dm^3/m^3\right]$ (76)

k. Zementsteindichtigkeit $d_H$ nach Hummel $d_H = \frac{V_z + \text{geb } w \cdot Z}{V_m}$ (77)

l. Zementsteindichtigkeit $d_P$ nach Powers

$$d_P = \frac{V_z + 0{,}75\ \text{geb}\,w \cdot Z}{V_m} \qquad (78)$$

m. Zementsteinporigkeit $p_H$

$$p_H = 1 - d_H \qquad (79)$$

n. Zementleimschichtdicke

$$d_m = \frac{V_m}{O \cdot Z \cdot k} \quad [mm] \qquad (80)$$

o. Zementleimschichtdicke

$$d_m' = \frac{V_m - p_H \cdot \frac{V_k}{1-p_H}}{O \cdot Z \cdot k} \quad [mm] \qquad (81)$$

Von den Zementsteinkörpern ließen sich naturgemäß nur die Größen a. bis e. und g. bis m. berechnen.

Für die Zementsteindichtigkeit wurden sowohl die Gleichungen von Hummel /58/ als auch von Powers /49/ angesetzt. Im Gegensatz zur Gleichung von Hummel berücksichtigt die Beziehung von Powers den Schrumpfporenraum $V_S$ , der sich nach Untersuchungen von Czernin /56/ zu

$$V_S = 0{,}25 \cdot \text{geb}\ w \cdot Z \qquad (82)$$

ergibt. Bei dem vorliegenden Herstellverfahren dürften diese Poren nur teilweise im Zementstein verbleiben. Dieses bestätigen die oftmals negativen Werte für die Frischbetonporen (siehe Tabelle 15). Da die wirklichen Werte der Zementsteindichtigkeit zwischen den Grenzen $d_H$ und $d_P$ liegen, wurde die weitere Auswertung der Zementsteinproben mit beiden Grenzfällen durchgeführt.

Die Einzelwerte der beschriebenen Kenngrößen sind im Anhang 1, Seite 189...248 und die statistischen Kenngrößen im Anhang 2, Seite 123...139 erfaßt, die Mittelwerte sind in Tabelle 15, 16 und 17 zusammengestellt.

## 8.4. Statistische Kenngrößen

Für die weitere Auswertung dienten vornehmlich die Mittelwerte der interessierenden Versuchskörpereigenschaften, die zunächst in gedruckter Form als Computerprint und in Lochkarten ausgegeben wurden. Mit einem zu diesem Zweck erstellten Rechenprogramm wurden zuerst aus den Einzelwerten für jede Gruppe die Versuchswiederholungen $x_i$ herausgesucht und mit Angabe des Stichprobenumfangs folgende statistische Kenngrößen bestimmt:

a. Mittelwert:

$$\bar{x} = \frac{\sum_{i=1}^{n} x_i}{n} \qquad (83)$$

b. Summe der Fehlerquadrate:

$$S_x = \sum_{i=1}^{n} (x_i - \bar{x})^2 \qquad (84)$$

c. Standardabweichung der Einzelwerte:

$$s_x = \sqrt{\frac{1}{n-1} \sum_{i=1}^{n} (x_i - \bar{x})^2} \qquad (85)$$

d. Standardabweichung der Mittelwerte:

$$s_{\bar{x}} = \frac{s_x}{\sqrt{n}} \qquad (86)$$

e. Extremwerte: $\max x_i$, $\min x_i$

f. Maßspanne:

$$R = \max x_i - \min x_i \qquad (87)$$

# 9. Versuchsauswertung

## 9.1. Eigenschaften des Zementsteins

### 9.1.1. Grafische Auswertung

Die Lastverformungslinien sind bei den gegebenen Spannungsänderungen nach Bild 21 und 22 bezogen auf die Lastachse schwach konkav gekrümmt. Für größere Spannungsänderungen ist besonders bei Zementstein mit dem W/Z-Wert o,4o sowohl bei Luft- als auch bei Wasserlagerung eine Annäherung der Last-Stauchungs-Linie an die Gerade erkennbar.

Ein Vergleich aller Last-Verformungs-Linien läßt erkennen, daß sich die Kurven mit geringer werdendem W/Z-Wert für verschiedene Spannungsänderungen weiter voneinander entfernen. Dies zeigt einen größeren Einfluß der Belastungsgeschwindigkeit an.

Gleichzeitig ist aus den Kurven ersichtlich, daß mit geringer werdendem W/Z-Wert der Einfluß der Belastungshöhe größer wird. Noch deutlicher drückt sich dies in den Bildern 23,24 und 25 aus, in denen der Sekantenmodul E 5 als Funktion der Prüfspannung, ausgedrückt in % der Druckspannung, dargestellt ist. Es ergeben sich lineare Funktionen, die Neigungsänderungen der Ausgleichsgeraden nehmen mit geringer werdendem W/Z-Wert deutlich zu.

Die Ausgleichsgeraden erlauben es, den Tangentenmodul im Ursprung der Spannungs-Stauchungs-Linien durch Extrapolation grafisch zu ermitteln. Für eine Spannungsänderung von $\dot{\sigma}$ = 5o kp/cm²s sind diese Werte in Tabelle 18, Spalte 5 , zusammengestellt.

Da dieser Tangentenmodul als Kenngröße des rein elastischen Verformungsverhaltens zunächst zur Lösung der rheologischen Modellgleichungen in Abschnitt 6. vorgesehen war, wurde dieser Modul auch rechnerisch durch die 1. Ableitung der Funktionsgleichungen für die Spannungs-Stauchungs-Linien bei der größten versuchsmäßigen Spannungsänderung $\dot{\sigma}$ = 5o kp/cm²s bestimmt. Die gewählten Ansätze der Spannungsdehnungsfunktion sind mit dem zugehörigen Regressionsmaß RSQ der Regression in Tabelle 18 zusammengefaßt. Um eine eventuelle Neigungsänderung in der Spannungs-Stauchungs-Linie zu erfassen, wurde eine Parabel 3. Grades als Funktionsansatz gewählt. Ein Vergleich mit den in dieser Tabelle aufgeführten Entlastungsmoduln stat $E_m\, 6_{5o}$ ergibt nach Tabelle 13, Spalte 12, und Tabelle 18, Spalte 8, daß beide E-Moduln beim Zementstein gut übereinstimmen. Zum Vergleich sind noch die dynamischen E-Moduln dyn $E_{mR}$ und dyn $E_{mS}$ aufgeführt.

Der Einfluß der Belastungsgeschwindigkeit kommt in den Bildern 26 und 27 zum Ausdruck, in denen der Sekantenmodul über dem Logarithmus der Spannungsänderung aufgetragen ist. Der Einfluß von $\dot{\sigma}$ als Funktion des W/Z-Wertes drückt sich durch die Neigungsänderung der Ausgleichsgeraden aus. Bei allen Prüfergebnissen ist eine lineare Funktion zwischen dem Sekantenmodul E 5 und dem Logarithmus der Spannungsänderung zu erkennen. Diese Beobachtung entspricht auch den bisher an Betonproben ermittelten Ergebnissen, siehe Abschnitt 2.6. Damit lassen sich die versuchsmäßig bestimmten E-Moduln durch Extrapolation auch für größere oder kleinere Spannungsänderungen als den in diesen Versuchen benutzten erfassen. Bei der Auswertung der Ergebnisse wurden die Sekantenmoduln für Spannungsänderungen von $\dot{\sigma}$ = o,oo5 und 5oo kp/cm²s extrapoliert[1)], die Ergebnisse sind in Spalte 3 und 18 der Tabelle 12 zusammengefaßt. Ein Vergleich des durch Extrapolation gewonnenen E-Moduls stat $E_m\, 5_{5oo}$ mit den gemessenen Entlastungsmoduln stat $E_m 6_{5o}$ und dem berechneten Tangentenmodul stat $E_{tang}$ zeigt nach Tabelle 12, 13 und 18 eine gute Übereinstimmung. Diese drei statischen E-Moduln können daher als gleichwertig zur Beschreibung des rein elastischen Verhaltens von Zementstein angesehen werden.

---

[1)] Die extrapolierten Werte wurden durch die Ausgleichsgeraden und durch Regressionsansätze mit dem Programm BMD o2 R /62/ gewonnen.

Die Veränderung des Sekantenmoduls stat $E_m5$ durch verschiedene Spannungsänderungen bei unterschiedlichen W/Z-Werten und Dichtigkeiten ist in den Bildern 28 bis 33 angegeben. Die Darstellungen zeigen, daß die Lagerungsart von wesentlicher Bedeutung ist, denn die Sekantenmoduln liegen bei Wasserlagerung etwa 10 bis 25% über den entsprechenden Werten bei Luftlagerung. Die Diagramme erlauben es, den Sekantenmodul von wassersattem und lufttrockenem Zementstein für einen Zement der Normfestigkeit $\beta_{Dz} = 558$ kp/cm² bei vorgegebenem W/Z-Wert oder vorgegebener Dichtigkeit $d_H$ bzw. $d_P$ zu ermitteln. Da nach Härig /9/ und Manns /11/ der Einfluß verschiedener Mahlfeinheiten durch die Dichtigkeit erfaßt werden kann (siehe Abschnitt 7.1.2.), gelten die Diagramme der Bilder 3o bis 33 auch für andere Zementarten.

Als Kenngröße zum Erfassen des Einflusses der Spannungsänderung wurden die Größen

$$\varphi_{EmB}^{1)} = \frac{\text{stat } E_{m\ 5o\ B}}{\text{stat } E_{m\ o,oo5\ B}} - 1 \qquad (88)$$

und

$$\varphi_{EmE}^{1)} = \frac{\text{stat } E_{m\ 5o\ E}}{\text{stat } E_{m\ o,oo5\ B}} - 1 \qquad (89)$$

gewählt. Diese Werte sind in Abhängigkeit des W/Z-Wertes und der Zementsteindichtigkeit $d_P$ in den Bildern 34 und 35 dargestellt. Es ist zu erkennen, daß der Einfluß der Spannungsänderung mit abnehmendem W/Z-Wert bzw. zunehmender Dichtigkeit sowohl bei wassersatten als auch lufttrockenen Zementsteinproben größer wird.

Diese Erscheinungen lassen sich aus dem Aufbau des Zementsteins erklären: Er besteht im erhärteten Zustand aus unterschiedlich

---

[1] Die Ableitung von $\varphi_{Em}$ erfolgt in Abschnitt 13., Seite 1oo

hydratisierten Zementkörnern, die durch das Zementgel, das sich aus kolloiden und mikrokristallinen Teilchen zusammensetzt, verbunden sind. Untersuchungen von Powers /49, 59, 6o/ ergaben für das Zementgel in Verbindung mit dem $Ca(OH)_2$ eine Dichte von 2,15 $g/cm^3$, eine Porosität von rd. 26% und eine Durchlässigkeit von $2 \cdot 10^{-5}$ cm/s. Die zunächst wassergefüllten Hohlräume zwischen den Zementkörnern, die nicht durch das Gel ausgefüllt werden, bezeichnet man als Kapillarporen. Zusätzlich entstehen bei der Gelbildung die kleineren Gelporen. Die Form der Kapillarporenausbildung und der Porendurchmesser sind von der Mahlfeinheit des Zementes und dem W/Z-Wert abhängig. Bei äußerer Belastung wird die Last sowohl von der elastischen als auch von der viskosen Phase des Zementsteins übernommen und von der letzteren verzögert - elastisch auf die elastische Phase übertragen. Bei großen Spannungsänderungen ist die Zeit für diese Lastübertragung zu kurz, die viskose Phase behält ihren Lastanteil während der kurzen Zeitintervalle und verhält sich dabei wie die elastische Stoffkomponente.

Der oben erwähnte Einfluß der Lagerungsart beruht auf der Inkompressibilität des Wassers, das sich bei großen Belastungsgeschwindigkeiten in den Gel- und Kapillarporen wie ein Festkörper verhält /61/. Dieser Einfluß ist bei kleinerem W/Z-Wert bzw. großer Dichtigkeit stärker, da sich das Wasser in den hier vorherrschenden kleineren Gelporen befindet, aus denen es nur bei längerer Beanspruchungszeit herausgedrückt werden kann. Bei höheren W/Z-Werten bzw. geringeren Dichtigkeiten kann das Gel- und Kapillarporenwasser leichter in Bereiche niedrigeren Drucks fließen. Durch diesen Druckausgleich wird der Verformung weniger Widerstand entgegengesetzt und damit der Unterschied des Sekantenmoduls für verschiedene Spannungsänderungen verringert.

Der dynamische E-Modul dyn $E_R$ des wassersatten Zementsteins reicht bei den verschiedenen W/Z-Werten von 1o2ooo $kp/cm^2$ bis 22oooo $kp/cm^2$. Die entsprechenden Werte betragen für lufttrockenen Zemenstein 81ooo $kp/cm^2$ bis 197 ooo $kp/cm^2$. Die Abhängigkeit dieser Ergebnisse vom W/Z-Wert und den Dichtigkeiten $d_H$ und $d_P$ bei Wasser- und Luftlagerung ist in den Bildern 36, 37 und 38 dargestellt.

Das Verhältnis des dynamischen E-Moduls zum statischen E-Modul wird mit wachsender Belastungsgeschwindigkeit geringer. In Bild 39 und 4o sind die Verhältniswerte dyn $E_{mR}$ / stat $E_m$ 5 für wassersatten und lufttrockenen Zementstein erfaßt. Bei wassersattem Zementstein mit einem W/Z-Wert von o,4o und einer Spannungsänderung $\dot{\sigma}$ = 5o kp/cm$^2$s erreichen mit dem Verhältniswert 1,o4 der dynamische und der statische E-Modul fast gleiche Werte. Das entsprechende Verhältnis beträgt für den zugehörigen Entlastungsmodul 1,o2. Ein Vergleich aller Ausgleichsgeraden und eine Extrapolation auf größere Spannungsänderungen zeigt, daß diese Verhältniszahlen mit abnehmender Dichtigkeit oder wachsendem W/Z-Wert zunehmen. Danach müßten Zementsteinproben mit dem W/Z- Wert o,5o mit einer Spannungsänderung von etwa 5ooo kp/cm$^2$s und Proben mit einem W/Z-Wert von o,7o mit einer Spannungsänderung von rd. 5oooo kp/cm$^2$s beansprucht werden, um den Verhältniswert 1 zu erreichen.

Bemerkenswert ist, daß das Verhältnis dyn $E_{mR}$/ stat $E_m$ 5 bei wassersattem Zementstein und einer Spannungsänderung von $\dot{\sigma}$ = o,oo5 kp/cm$^2$s für den W/Z-Wert o,7o am geringsten und für den W/Z-Wert o,4o am größten ist. Dagegen ist bei großen Spannungsänderungen für geringere W/Z-Werte ein kleinerer und für höhere W/Z-Werte ein größerer Verhältniswert vorhanden. Bei lufttrockenen Proben ergeben sich ähnliche Ergebnisse. Diese Beobachtungen zeigen die Bedeutung der Spannungsänderung für die eindeutige Bestimmung des E-Moduls.

Die Belastungsgeschwindigkeit wirkt sich auf die Druckfestigkeit ähnlich wie auf den Sekantenmodul aus. Wird die Druckfestigkeit als Funktion des Logarithmus der Spannungsänderung aufgetragen, so ergeben sich ähnliche Beziehungen wie bei dem Modul stat E 5, siehe Bild 41. Entsprechende Ergebnisse wurden auch von /15/ bei Untersuchungen an Betonproben festgestellt. Ein Vergleich mit den Verformungsuntersuchungen zeigt, daß bei den Festigkeitsuntersuchungen größere Streuungen vorliegen.

Der größere Einfluß der Spannungsänderung auf die Druckfestigkeit bei kleinerem W/Z-Wert kann aus dem Bruchvorgang des Zementsteins erklärt werden. Dieser Vorgang wird durch Überwinden der Bindekräfte zwischen den sehr kleinen Zementgelteilchen eingeleitet. Die dabei entstehenden Mikrorisse breiten sich von den Rißspitzen oder dem Kerbgrund ausgehend weiter aus. Die Festigkeit nimmt mit der Anzahl dieser Bindungen und ihrer Intensität zu, die von dem Abstand der Gelteilchen abhängig ist. Bei größeren W/Z-Werten wird dieser Abstand durch das überschüssige Wasser, das sich zwischen den Gelpartikeln befindet, vergrößert und damit die Intensität und die Zahl der Bindekräfte verringert. Da die für die Rißbildung und für das Ausbreiten des Risses benötigte Energie proportional zu der Intensität und der Zahl dieser Bindungen ist, wirken sich verschiedene Spannungsänderungen mit unterschiedlicher Energiezufuhr bei Zementstein mit niedrigerem W/Z-Wert stärker aus.

### 9.1.2. Regressionsbetrachtung

Zur genauen Erfassung der Zusammenhänge und der Einflüsse auf den E-Modul des Zemensteins wurden die versuchsmäßig erhaltenen Werte einer Regressionsbetrachtung mit Hilfe des Computer-Programms BMD o2R /62/ unterzogen. Bei dem vorgegebenen Wasserzementwert, der vorgegebenen Spannungsänderung und der als Kennwert der Lagerung gemessenen Feuchtigkeitsaufnahme f ergab sich nach mehreren Regressionsansätzen für wasser- und luftgelagerte Proben die Beziehung in der allgemeinen Form zu:

$$\text{stat } E_m(t) = C1 \cdot \frac{1}{w^2} + C2 \cdot \log 2o{,}4 \cdot \dot{\sigma} + C3 \cdot (1+f) \qquad (9o)$$

---

1) 2o,4 $cm^2$ = Querschnittsfläche der Proben

und in der speziellen Form zu:

$$\text{stat } E_m(t) = \frac{23707}{w^2} + 7585 \cdot \log\ 20{,}4 \cdot \dot{\sigma} + 11910 \cdot (1+f) \qquad (91)$$

$$\left[ kp/cm^2 \right]$$

Dieser Ansatz läßt sich aus der grafischen Versuchsauswertung wie folgt begründen:

Je geringer der W/Z-Wert, um so größer wird der versuchsmäßig bestimmte E-Modul.
Je größer die Spannungsänderung $\dot{\sigma}$, desto größer wird der versuchsmäßig bestimmte E-Modul.
Je mehr Kapillar- und Gelporenwasser vorhanden ist, desto mehr verringert sich die Verformung.

Diese Beziehung erlaubt es, auch höhere Spannungsänderungen anzusetzen. Die versuchsbedingten Einflußgrößen Spannungsänderung und Lagerungsart sind aufgrund ihres Anteils am Maß RSQ [1)] von geringerem Einfluß als die stoffbedingte Einflußgröße W/Z-Wert, siehe Tabelle 19.

Sollte die Feuchtigkeitsaufnahme f nicht bekannt sein, so erlauben die in Tabelle 19 zusammengestellten Gleichungen (93) und (94) eine Vorherbestimmung des Sekantenmoduls stat E 5. Zur Beurteilung dieser Regressionsbetrachtungen sind in Bild 1 und 2 des Anhangs A 2 die Mittelwerte der beobachteten E-Moduln den berechneten Moduln gegenübergestellt.

Ein linearer Regressionsansatz beinhaltet allgemein eine Konstante als Absolutglied. Die gewählten Regressionsgleichungen gestatten jedoch keine additive Konstante, die zu den Stoffkennwerten keinerlei Beziehung hat. Als Nebenbedingung wurde daher gefordert, daß die Regressionsgleichungen durch den Nullpunkt gehen (Nullpunktregression, zero regression intercept).

---

1) Mit dem Maß $RSQ = \frac{\sum x_i^2 \cdot y_i^2}{\sum x_i^2 \sum y_i^2}$ wird die Güte der Regressionsgleichung beurteilt. Dieses Beurteilungsmaß wird von dem Programm BMD o2R ermittelt.

Die Güte von Regressionsgleichungen kann mit dem Bestimmheitsmaß oder mit der Verteilung der Reststreuung beurteilt werden. Als Maß für die Güte der Regressionsbetrachtungen wird die von dem Programm BMD o2R ermittelte Größe **RSQ** gewählt, die in verschiedenen Forschungsarbeiten /11/, /13/, /48/ als Bestimmtheitsmaß angesehen wird.

Bei den vorhergegebenen Größen Zementsteindichtigkeit $d_H$ bzw. $d_P$, Spannungsänderung $\dot{\sigma}$ und Wasseraufnahme f ergeben sich für Proben mit verschiedenen Lagerungsbedingungen die Beziehungen:

$$\text{stat } E_m(t) = 16482 \cdot 3o^{d_H} + 7684 \cdot (1+\log 2o{,}4 \cdot \dot{\sigma}) - 56889 \cdot \frac{1}{1+f} \quad \left[kp/cm^2\right] \tag{98}$$

mit RSQ = 98,91 %

und

$$\text{stat } E_m(t) = 21335 \cdot 3o^{d_P} + 7648 \cdot (1+\log 2o{,}4\, \dot{\sigma}) - 65537 \cdot \frac{1}{1+f} \quad \left[kp/\ cm^2\right] \tag{1oo}$$

mit RSQ = 99,o7 %.

Aus der Tabelle 19 ist der große Einfluß der Stoffkenngröße Dichtigkeit gegenüber den versuchsbedingten Kenngrößen Spannungsänderung und Lagerungsart über die Anteile am Regressionsmaß RSQ zu entnehmen. Ergänzend sind in dieser Tabelle die Regressionsbeziehungen für wassersatte und lufttrockene Proben getrennt zu entnehmen.

Ist die versuchsmäßig einfacher zu bestimmende Druckfestigkeit $ß_{Dm}$ bekannt, so erlaubt bei gegebener Wasseraufnahme f der Proben und gegebener Spannungsänderung die Beziehung

$$\text{stat } E_m(t) = 185{,}6 \cdot ß_{Dm}(t) + 26093 \cdot (1+f) + 3658 \cdot (1+\log 2o{,}4 \cdot \dot{\sigma}) \quad \left[kp/cm^2\right] \tag{1o2}$$

den Sekantenmodul stat E 5 für verschiedene Lagerungsarten zu bestimmen. In dem ersten Koeffizienten dieser Gleichung ist die Normdruckfestigkeit $ß_{Dz}$ des Zements enthalten. Die Güte dieser Nullpunktregression wird durch das Regressionsmaß RSQ = 98,47 % belegt. Der Anteil der Druckfestigkeit $ß_{Dm}(t)$ an diesem Maß beträgt rd. 98 % (siehe Tabelle 19). Damit wird der statische E-Modul hauptsächlich durch die im statischen Kurzzeitversuch ermittelte Druckfestigkeit festgelegt. In dieser Regressionsbetrachtung werden weitere, den Zementstein charakterisierende Stoffgrößen wie Dichtigkeit, W/Z-Wert und Mahlfeinheit nicht berücksichtigt, da sie zusammengefaßt in der statischen Festigkeit ihren Ausdruck finden. Aus dieser Betrachtung ergibt sich, daß die Druckfestigkeit beim Zemenstein durch dieselben Einflußgrößen wie der Sekantenmodul beschrieben werden kann.

Die Regressionsgleichungen für die statische Festigkeit $ß_{Dm}$ und das Regressionsmaß RSQ dieser Betrachtungen sind in Tabelle 20 zusammengestellt. Der Anteil der stoffbedingten Einflußgrößen W/Z-Wert und Dichtigkeit an dem Maß RSQ liegt bei diesen Regressionsbeziehungen ähnlich hoch wie bei denen des Sekantenmoduls.

Für den dynamischen E-Modul dyn $E_{mR}$ ergaben sich ähnlich aufgebaute Regressionsgleichungen wie für den Sekantenmodul (siehe Tabelle 21). Die Gleichungen (111), (113), (118), (120) berücksichtigen die unterschiedlichen Lagerungsarten durch die gemessene Wasseraufnahme f . In den Bildern 3...6 des Anhangs A 2 sind die beobachteten Werte den nach diesen Regressionsgleichungen berechneten Werten gegenübergestellt.

Um die verschiedenen Verformungsanteile des Zementsteins bei der E-Modulbestimmung analytisch zu erfassen, wurden Regressionsgleichungen für die Rückverformung ermittelt. Die Gleichung für die verzögert - elastische Dehnung $\varepsilon_R$ ergibt sich nach dem Ansatz:

$$\varepsilon_R(t) = \left[C1 \cdot \varepsilon_{Ro}(t) + C2 \cdot \varepsilon_{Ro}(t) \cdot \left(1-\exp\left(-\frac{t_R}{100}\right)\right)\right] \cdot 10^{-6} \qquad (121)$$

Die Regressionsgleichungen für verschiedene W/Z-Werte und verschiedene Spannungsänderungen sind mit dem zugehörigen Regressions - maß in Tabelle 22 zusammengestellt. Durch den Grenzübergang auf den Zeitpunkt $t_R = \infty$ ergeben sich der viskose Verformungsanteil $\varepsilon_{vis}$ und die bleibende Verformung $\varepsilon_{bl}$. Mit diesen Werten wurden die rein elastischen, verzögert - elastischen, viskosen und bleibenden Verformungsanteile des Zemensteins ermittelt. Aus diesen in Tabelle 23 zusammengestellten Verformungsanteilen ist zu ersehen, daß für alle Spannungsänderungen die rein elastischen und verzögert - elastischen Anteile verhältnismäßig groß gegenüber den viskosen und bleibenden Formänderungen sind. Diese Ergebnisse bestätigen die Richtigkeit der Überlegungen bei der Herleitung der Spannungs-Stauchungs-Beziehung in Abschnitt 5.

## 9.2. Eigenschaften der Partikel

Die aus den Mittelwerten der Meßergebnisse gewonnenen Lastverformungslinien, siehe Bild 42, verlaufen bei allen Spannungsänderungen nahezu geradlinig. Der Be- und Entlastungsast des Zuschlags Basalt fallen im Gegensatz zu den Kurven des Granits auch bei geringen Belastungsgeschwindigkeiten fast zusammen. Ein Vergleich der Lastverformungslinien des Granits zeigt, daß der Einfluß der Belastungsgeschwindigkeit verhältnismäßig stark ausgeprägt ist, während dagegen bei Basalt mit einem etwa doppelt so großen E-Modul dieser Einfluß verhältnismäßig gering ist. Da Vorversuche zeigten, daß bei Basaltproben die Wasser- bzw. Luftlagerung keinen nennenswerten Einfluß auf den versuchsmäßig bestimmten E-Modul ausübte, wurden zur Begrenzung des Versuchsumfangs nur wassergelagerte Proben mit verschiedenen Spannungsänderungen untersucht. Der große Einfluß der Spannungsänderung auf den Sekantenmodul des Granits ist auch aus den Steigungen der in Bild 43 gezeigten Ausgleichsgeraden zu erkennen, die die Abhängigkeit des Moduls stat E $5_k$ von dem Logarithmus der Spannungsänderung angibt. Die Steigungen sind ähnlich groß wie bei den Ausgleichsgeraden für den Sekantenmodul des Zementsteins mit W/Z = o,4o (siehe Bild 26 und 27). Bei Belastungshöhen des o,22-fachen der

Druckfestigkeit nehmen die Sekantenmoduln für wassergelagerte Granitproben von 389ooo kp/cm$^2$ ($\dot{\sigma}$ = o,oo5 kp/cm$^2$s) auf 558ooo kp/cm$^2$ ($\dot{\sigma}$ = 5o kp/cm$^2$s) bzw. 6o3ooo kp/cm$^2$ ($\dot{\sigma}$ = 5oo kp/cm$^2$s) zu. Für luftgelagerten Granit vergrößert sich bei derselben Belastungshöhe und denselben Spannungsänderungen der Sekantenmodul von 43oooo kp/cm$^2$ auf 545ooo kp/cm$^2$ bzw. 576ooo kp/cm$^2$. Diese Zunahmenvon etwa 5o % und etwa 3o% sind erheblich größer als die für Basalt, bei dem dieser Modul von 1o39ooo kp/cm$^2$ ($\dot{\sigma}$= o,oo5 kp/cm$^2$s) auf 1122ooo kp/cm$^2$ ( $\dot{\sigma}$ = 5o kp/cm$^2$s ) bzw. 1143ooo kp/cm$^2$ ( $\dot{\sigma}$ = 5oo kp/cm$^2$s ) zunimmt [1)], was einer prozentualen Zunahme von etwa 8...1o % entspricht. Die Ergebnisse zeigen auch, daß bei bestimmten Zuschlägen, deren Sekantenmodul durch verschiedene Spannungsänderungen stärker beeinflußt wird, die Lagerungsart für das Verformungsverhalten berücksichtigt werden muß.

Die Abhängigkeit des Moduls stat E $5_k$ von der Prüfspannung bei verschiedenen Spannungsänderungen zeigt Bild 44 Bemerkenswert ist, daß für geringere Belastungsgeschwindigkeiten bei den Granitproben eine Verringerung der Dehnung mit größeren Belastungshöhen auftritt und damit eine Vergrößerung des Sekantenmoduls erfolgt. Dieses wurde auch von Nagel /63/ an einigen Granitarten festgestellt und dürfte durch Spannungsumlagerungen auf festere mineralogische Bestandteile zurückzuführen sein. Beim Zuschlag Basalt nehmen die Sekantenmoduln mit der Belastungshöhe bei allen Spannungsänderungen nahezu konstant ab, siehe Bild 44. Die Ausgleichsgeraden ermöglichen die Extrapolation auf den Tangentenmodul $E_{tang}$, der sich bei der größten versuchsmäßigen Spannungsänderung für wassergelagerten Granit zu 565ooo kp/cm$^2$, für luftgelagerten Granit zu 555ooo kp/cm$^2$ und für wassergelagerten Basalt zu 113oooo kp/cm$^2$ ergibt.

Da der Tangentenmodul im Ursprung der Spannungs-Stauchungs-Linie zunächst als rein elastische Kenngröße vorgesehen war, wurden diese

---

1) Die gemessenen und extrapolierten Werte sind in Tabelle 12 zusammengestellt.

Moduln auch analytisch durch Aufstellen der Spannungs-Verformungs-Funktion ihrer ersten Ableitung ermittelt. Die für diese Funktion gewählten Regressionsansätze, das Regressionsmaß RSQ und die errechneten Ursprungsmoduln sind in Tabelle 18 zusammengefaßt. Ein Vergleich dieser Tangentenmoduln mit den Sekantenmoduln des Granits bei verschiedenen Belastungshöhen ergibt nach Tabelle 18 für den Tangentenmodul geringere Werte. Dagegen ist dieser Modul für Basalt wie auch für Zementstein nach Tabelle 18 größer als die Sekantenmoduln. Da zur Lösung der Modellgleichungen in Abschnitt 6. nur derselbe Modul der Komponenten in Betracht kam, schied der Ursprungsmodul als rein elastische Kenngröße für alle Komponenten aus.

Zusätzlich sind in Tabelle 18 die möglichen E-Moduln für die Zuschläge, die als Kenngrößen des rein elastischen Verformungsverhalten herangezogen werden können, gegenübergestellt. Ein Vergleich ergibt, daß die verschiedenen statischen E-Moduln für lufttrockenen Granit und Basalt verhältnismäßig gut übereinstimmen. Dagegen liegt bei wassersattem Granit, bedingt durch den großen Einfluß der Belastungsgeschwindigkeit, der extrapolierte Grenzmodul $E\ 5_{500}$ um etwa 10...15% über den anderen E-Moduln.

## 9.3. Eigenschaften des Mörtels und Betons

### 9.3.1. Grafische Auswertung

#### 9.3.1.1. Ergebnisse der Versuchsreihe 3

In den Bildern 45, 46 und 47 ist der Sekantenmodul stat E 5 für verschiedene Spannungsänderungen in Abhängigkeit vom anteiligen Zementsteinvolumen $V_m$ aufgetragen. Aus den stetigen Funktionskurven ist zu erkennen, daß der Sekantenmodul bei allen Spannungsänderungen sowie bei Wasser- und Luftlagerung der Proben mit wachsendem anteiligen Zuschlagvolumen zunimmt, was durch die Kraftumlagerung von der Zementstein- auf die Zuschlagphase für die verhältnismäßig niedrigen Belastungshöhen der E-Modulbestimmung zu erklären ist. Deutlich ist zu erkennen, daß diese Umlagerung bei allen Spannungsänderungen schon mit niedrigem Zuschlaggehalt auftritt.

Ein Vergleich der Steigungen der Ausgleichgeraden in den Bildern 48 und 49 sowie der Verhältniszahl $\varphi_{EB}$[1] (siehe Bild 5o.1) läßt erkennen, daß bei Beton mit einem W/Z-Wert von o,4o und Wasserlagerung der Probekörper der Einfluß der Spannungsänderung auf den Sekantenmodul geringer als auf den der Komponenten ist. Dieses dürfte einerseits durch die Entlastung der Zementsteinphase infolge Kraftumlagerung auf die steifere Phase zu erklären sein. Andererseits werden sich die Verformungseigenschaften der Zementsteinschichten durch das Vermischen des Zementleims mit den feineren Kornfraktionen des Zuschlags und durch das Einwirken der Oberflächengrenzschichten verändern. Die Folge ist, daß anstelle der im reinen Zementstein vorhandenen kleineren Gelporen Poren mit größerem Durchmesser entstehen, bei denen das inkompressible Wasser leichter aus den Bereichen größerer Spannungen entweichen kann. Mit zunehmendem Zuschlaggehalt wirken sich die Verformungseigenschaften des Zuschlags Granit mehr und mehr aus, und der Einfluß der Belastungsgeschwindigkeit erhöht sich.

Im Gegensatz zur Wasserlagerung liegen die Größen $\varphi_{EB}$ bei Luftlagerung zwischen den niedrigeren Werten des Zementsteins und den größeren Werten des Zuschlags Granit (siehe Bild 5o.1). Vergleiche der

---

[1] Die Größe $\varphi_E$ wurde in Gleichung (88) und (89) für die Komponente Zementstein definiert ( $\varphi_{Em}$). Der zweite Index B besagt, daß $\varepsilon_{el}$ aus dem Belastungsast gewonnen wurde.

Ausgleichsgeraden und der Werte $\varphi_{EB}$ zeigen, daß mit wachsendem Zuschlaggehalt der Einfluß der Belastungsgeschwindigkeit unabhängig von der Lagerungsart nahezu gleich ist.

Mit zunehmendem W/Z-Wert und wachsendem Zuschlagvolumen wird der Einfluß der Belastungsgeschwindigkeit auf den Sekantenmodul für wasser- und luftgelagerte Proben kontinuierlich größer. Dieses ist dadurch zu erklären, daß die verschiedenen Spannungsänderungen diesen Modul des Granits stärker beeinflussen als den des Zementsteins und mit wachsendem Zuschlaganteil der Einfluß der Partikel zunimmt. Durch das Umschließen der kleineren Partikel mit Zementstein vergrößert sich zusätzlich der Einfluß des Zuschlags. Berücksichtigt man nämlich, daß die Korngruppe o/1 mit dem Zementleim während des Hydratationsvorganges gemeinsam den Feinstmörtel bildet, so wird auch der volumenmäßige Anteil des Anmachwassers geringer. Damit verkleinert sich der Anteil der verhältnismäßig großen Kapillarporen in der entstandenen Matrix gegenüber dem des reinen Zementsteins. Der Einfluß des inkompressiblen Wassers auf das Verformungsverhalten vergrößert sich. Dies bedeutet, daß sich der Einfluß der Spannungsänderung auf das Verformungsverhalten verschiedener Mörtel und Betone mit unterschiedlichen W/Z-Werten angleicht. Bestätigt wird dies durch einen Vergleich der Verhältniswerte $\varphi_{EB}$ in Bild 5o.1. Die Werte liegen für ein bestimmtes anteiliges Volumen $V_m$ verhältnismäßig dicht zusammen.

Das Verhältnis des dynamischen E-Moduls der Resonanzfrequenz zum Sekantenmodul stat E 5 ist in Bild 51 und 52 dargestellt. Ein Vergleich mit den Verhältniswerten der Komponenten (siehe Bild 39 und 4o) zeigt, daß die Werte des Zweistoffsystems größer sind. Die Extrapolation der Ausgleichsgeraden in Bild 51 ergibt für wassergelagerte Proben, daß bei Spannungsänderungen zwischen 1ooo $kp/cm^2s$ (für Mischung 15o67o751) und 5oooo $kp/cm^2s$ (für Mischung 17o33o751) der statische und dynamische E-Modul gleich werden. Eine Einteilung der Verhältniswerte nach bestimmten Stoffkenngrößen ist für wassersatte Proben jedoch nicht möglich.

Bei lufttrockenen Proben sind die Verhältniswerte um rd. 1o% geringer als bei den wassergelagerten. Da der Einfluß der Spannungsänderung auf den Sekantenmodul der luftgelagerten Proben etwas geringer als auf die Werte der wassergelagerten Proben ist, werden der statische und der dynamische E-Modul bei noch größeren Spannungsänderungen gleiche Werte annehmen. Für eine Spannungsänderung von 5o $kp/cm^2$s sind die Verhältniswerte dyn $E_R$ / stat E 5 als Funktion des anteiligen Stoffvolumens in Bild 53 aufgetragen. Diese Werte sind bei wassersatten Proben für das Zweistoffsystem größer als für die Komponenten. In abgeschwächter Form gilt dieses auch für die luftgelagerten Proben. Damit zeigt sich, daß das Verhältnis zwischen dynamischem E-Modul und Sekantenmodul auch vom Grad der Homogenität des untersuchten Materials abhängig ist. Je inhomogener der Baustoff ist,um so größer wird dieses Verhältnis.

9.3.1.2. Ergebnisse der Versuchsreihe 4

In den Bildern 48,54 ...56 ist der Modul stat E 5 der untersuchten wassersatten Mörtel- und Betonproben als Funktion der Spannungsänderung $\dot{\sigma}$ aufgetragen. Bei Mischungen, die sich nur durch das Größtkorn unterscheiden, zeigt sich, daß mit wachsendem Größtkorn und geringerem Zementleimgehalt dieser Modul zunimmt. Mischungen mit größerem Zementleimgehalt ergeben bei zunehmendem Größtkorn einen fast gleichbleibenden versuchsmäßig bestimmten E-Modul.

Der Einfluß der Spannungsänderung ist durch die Steigung der Ausgleichsgeraden in den Bildern 48, 54 , 55 und 56 sowie durch die Kenngrößen $\varphi_{EB}$ in den Bildern 57.1 und 57.2 zu erkennen. Ein Vergleich zeigt, daß der Einfluß der Spannungsänderung bei W/Z = o,4o und o,7o sowie größerem Zuschlaggehalt $V_k$ große Steuungen für unterschiedliches Größtkorn aufweist. Dagegen sind für abnehmenden Zuschlaggehalt die Kenngrößen $\varphi_{EB}$ bei allen Größtkorndurchmessern im Durchschnitt kleiner und liegen dichter zusammen. Dies bedeutet, daß der Einfluß der Belastungsgeschwindigkeit mit wachsendem Zementsteinvolumen bei allen Größtkorndurchmessern geringer wird. Aus Bild 57.1 ist weiterhin zu erkennen, daß für Mörtel und Beton mit geringem W/Z-Wert der Einfluß der Spannungsänderung auf den Sekantenmodul bei jedem Größtkorn kleiner als auf den der Komponenten ist. Bei größerem W/Z-Wert liegen die Größen $\varphi_{EB}$ für jedes Größtkorn zwischen den kleineren Werten des Zementsteins und den größeren Werten des Zuschlags Granit. Diese Beobachtung läßt sich wie die in Versuchsreihe 3 erklären.

#### 9.3.1.3. Ergebnisse der Versuchsreihe 5

Der Sekantenmodul der lufttrockenen Mörtel- und Betonproben ist als Funktion der Spannungsänderung in Bild 49, 58, 59 und 60 dargestellt. Ein Vergleich der Mischungen, die sich nur durch das Größtkorn unterscheiden, ergibt, daß der Sekantenmodul ähnlich wie bei den wassersatten Proben mit höherem Zuschlaggehalt und wachsendem Größtkorn zunimmt. Dagegen bleibt für Mischungen mit geringerem Zuschlaggehalt und verschiedenem Größtkorn dieser Modul mit wachsendem D nahezu unverändert oder verkleinert sich (siehe Bild 61). Bei verschiedenem Größtkorn und größerem Zuschlaggehalt streuen die Werte $\varphi_{EB}$ ähnlich wie bei den wassersatten Proben. Mit wachsendem Zementleimgehalt nimmt die Streuung dieser Werte für verschiedenes Größtkorn deutlich ab. Werden alle Größen $\varphi_{EB}$ miteinander verglichen (siehe Bild 57.1, 57.2 und 61.1, 61.2), so ist zu erkennen, daß bei luftgelagerten Proben der Einfluß der Spannungsänderung mit wachsendem Größtkorn geringer als bei wassergelagerten Proben ist.

#### 9.3.1.4. Betrachtung über die Lastabtragung bei verändertem Größtkorn

Sind die Partikel steifer als die Zementsteinschichten, so findet eine Kraftumlagerung vom Zementstein auf den Zuschlag statt. Dies geschieht nicht durch gleichmäßige Pressung des Zuschlagkornes, sondern durch örtlich konzentrierte Krafteinleitung, ähnlich wie dies in der Modellvorstellung von Reinius /64/ und Baker /44/ (siehe Bild 8) angenommen wird und wie dies auch den Überlegungen von Wischers /65/ zugrunde liegt. Der beschriebene Kraftfluß hat zur Folge, daß sich auch örtlich konzentrierte Verformungen ausbilden. Damit wird bei lufttrockenem Mörtel und Beton nur ein Teilbereich der Kornoberfläche beansprucht. Da die Zementleimschichten im Verhältnis zum Größtkorndurchmesser dünn sind (siehe Tabelle 15), wird mit wachsendem Größtkorn ein kleinerer Teil der Kornoberfläche als bei einem geringen Korndurchmesser beansprucht. Daher tritt der Einfluß des Größtkorns auf das Verformungsverhalten des Zweistoffsystems zurück. Dies bestätigen die Ergebnisse der Versuchsreihe 5 .

Bei wassersatten Probekörpern sind der gesamte Porenraum des Zementsteins sowie die Grenzschichten zwischen Zementstein und Partikel mit Wasser gefüllt. Da für wachsendes Größtkorn die Zementleimschichten dicker werden (siehe Tabelle 15), andererseits alle vorhandenen Porenräume mit Wasser gefüllt sind, werden die sich aus der Lastabtragung ergebenden Spannungsspitzen abgebaut. Die bei lufttrockenen Proben örtlich konzentrierte Krafteinleitung verteilt sich bei wassersatten Proben durch die Spannungsübertragung auf das im Porenraum befindliche Wasser und beansprucht eine bedeutend größere Fläche der Zuschläge, was sich wegen der Inkompressibilität des Wassers besonders bei größeren Spannungsänderungen auswirkt. Die Folge ist, daß mit wachsendem Größtkorn durch die größere Beanspruchungsfläche die Verformungseigenschaften der Zuschläge im Zweistoffsystem an Einfluß gewinnen. Diese Überlegungen werden durch die Ergebnisse der Versuchsreihe 4 bestätigt, bei denen mit wachsendem Größtkorn eine Zunahme des Einflusses der Belastungsgeschwindigkeit auf den Sekantenmodul des Zweistoffsystems festzustellen war.Dies wirkt sich besonders bei Zementstein mit kleineren Porendurchmessern aus, da hier das Wasser am stärksten beansprucht wird.

9.3.1.5. Ergebnisse der Versuchsreihe 6

Der Modul stat E 5 der Proben mit Zuschlag Basalt ist bei verschiedenen Spannungsänderungen $\dot{\sigma}$ in Abhängigkeit vom anteiligen Zementleimvolumen in Bild 62 und 63 dargestellt. Aus den Funktionskurven dieser Abbildungen ist wie in Bild 45 und 47 eine Zunahme des

Sekantenmoduls mit zunehmendem Zuschlagvolumen $V_k$ zu erkennen. Ein Vergleich des Moduls stat E 5 bei unterschiedlicher Zuschlagart zeigt, daß der Sekantenmodul von Proben mit Zuschlag Basalt um rd. 1o bis 2o % größer als der von Proben mit Zuschlag Granit ist. Dieses gilt sowohl für wassersatte als auch für lufttrockene Proben. Damit nimmt die Umlagerung der Spannungen in beschränktem Maße mit dem wachsenden Verhältnis $E_k(t) / E_m(t)$ zu.

In Bild 64 und 65 ist der Modul stat E 5 in Abhängigkeit von dem Logarithmus der Belastungsgeschwindigkeit aufgetragen. Auch hier lassen sich wie bei Mörtel mit Zuschlag Granit Ausgleichsgeraden zeichnen, die den linearen Zusammenhang zwischen dem Sekantenmodul E 5 und dem Logarithmus der Spannungsänderung zeigen.

Der Einfluß der Belastungsgeschwindigkeit ist auf das Verformungsverhalten des Zuschlags Basalt viel geringer als auf das des Zuschlags Granit (siehe Abschnitt 9.2.). Daher liegen die Kenngrößen $\varphi_{EB}$ bei luft- und wassergelagerten Proben und einem Zementstein größerer Dichtigkeit zwischen den verhältnismäßig großen Werten des Zementsteins und den kleinen Werten des Basalts, siehe Bild 5o.2. Jedoch wirkt sich der Einfluß der Spannungsänderung stärker auf das Verformungsverhalten des Zweistoffsystems aus, als es die geringen $\varphi_{EB}$-Werte für den Zuschlag Basalt vermuten lassen. Dieses zeigt sich besonders in Bild 5o.2 für wassersatte und lufttrockene Mörtel mit großem W/Z-Wert. Die $\varphi_{EB}$-Werte liegen bei dem Zweistoffsystem über denen der Komponenten. Ein Vergleich zwischen Bild 5o.1 und 5o.2 zeigt, daß sich die $\varphi_{EB}$-Werte für Mörtel mit Zuschlag Granit und Zuschlag Basalt nähern.

Diese Beobachtungen lassen sich durch die Vermischung des Zementleims mit den feineren Kornfraktionen der Zuschläge erklären. Bei Mörtelmischungen mit großem W/Z-Wert werden die Kapillarporen im Gegensatz zu denen des reinen Zementsteins mit gleich großem W/Z-Wert durch die eingebetteten Partikel stärker unterbrochen. Infolge der geringeren Wasseraufnahme des Basalts im Vergleich zum Granit kann das in den kleineren Poren des Basaltfeinmörtels eingeschlossene Wasser noch langsamer als bei Granitmörtel in Bereiche niedrigeren Drucks entweichen. Dies bedeutet für den Basaltmörtel eine Vergrößerung des Einflusses der Spannungsänderung auf das Verformungsverhalten.

### 9.3.2. Mechanisch begründete Betrachtungsweise zur Entwicklung einer Modellvorstellung für den statischen E-Modul

Die sich aus der Auswertung der Versuchsreihen 4 und 5 (siehe Abschnitt 9.3.1.2. und 9.3.1.3.) ergebende Beeinflussung der Lastabtragung durch das veränderte Größtkorn D kommt in den rheologischen Modellen (Herleitung siehe Abschnitt 5. und 6.) nur indirekt durch das veränderte anteilige Zementsteinvolumen $V_m$ bzw. Zuschlagvolumen $V_k$ zum Ausdruck. Zusätzlich erschwert der verhältnismäßig große rechnerische Aufwand die Anwendungsmöglichkeit dieser Modellgleichungen. Daher werden einfacher zu handhabende mechanisch begründbare Modelle entwickelt, deren Aufbau sich aus den vorhergehenden Abschnitten wie folgt begründen läßt:

Mit wachsendem anteiligen Zementsteinvolumen verkleinert sich der E-Modul des Zweistoffsystems, da die Zementleimschichtdicken größer werden. Damit vergrößert sich im Probekörper der Anteil der verformungsfähigen Schicht. Zusätzlich nimmt der Anteil des weniger beanspruchten Zementsteins in den Hohlräumen der Partikel bezogen auf den Anteil des Schichtdickenzementsteins ab. Dadurch verringert sich die Entlastung des Zementsteins durch das Zuschlaggerüst.

Mit größer werdendem E-Modul der Matrix - der stärker verformbaren Phase im Normalbeton - nimmt auch der E-Modul des Zweistoffsystems zu. Da diese Zunahme nur im Sonderfall proportional dem Modul $E_m(t)$ ist, wird als additives Korrekturglied $- E_m^2(t)$ vorgesehen. Die Einflußgröße $E_k(t)$ geht in Verbindung mit $E_m(t)$ in der Form $\left(\frac{E_k(t)}{10 E_m(t)}\right)^2$ ein, da mit wachsendem Verhältnis $E_k(t) / E_m(t)$ die

Entlastung des Zementsteins größer wird und damit der E-Modul des Zweistoffsystems zunimmt, siehe Bild 45, 46, 47, 62 und 63. Der quadratische Ansatz drückt aus, daß mit wachsendem Verhältnis die Spannungsübertragung durch Haftung (bei Scherspannungen) und Einleitung von Druckkräften (bei Normalspannungen) einem Grenzwert zustrebt. Die Größe $E_k(t)$ erscheint nicht direkt in dieser Modellbetrachtung, da bei Normalbeton mit seinen Bedingungen $E_k(t) > E_m(t)$ bzw. $\beta_{Dk}(t) > \beta_{Dm}(t)$ der Einfluß des E-Moduls der Partikel - im Gegensatz zum Leichtbeton - nicht so groß wie der des schwächeren Gliedes Zementstein ist. Zwischen dem E-Modul stat E 5 und der Spannungsänderung $\dot{\sigma}$ kann nach den Bildern 48, 49, 54, 55, 56, 58, 59, 64 und 65 ein linearer Zusammenhang angenommen werden, wenn die Spannungsänderung im logarithmischen Maßstab aufgetragen wird.

Je größer das Größtkorn D bei wassersatten Mischungen wird, um so größer wird die Krafteinleitungsfläche. Bei lufttrockenen Mischungen verringert sich nach Abschnitt 9.3.1.5. dieser Einfluß, daher erscheint die Einflußgröße D nur bei Wasserlagerung.

Aus diesen Überlegungen ergibt sich für wassergelagerte Proben der Regressionsansatz:[1)]

$$\text{stat } E(t) = f\left(-V_m,\ E_m(t),\ E_m^2(t),\ \left(\frac{E_k(t)}{10 E_m(t)}\right)^2,\ \log C\cdot\dot{\sigma},\ D\right) \qquad (122)$$

Für luftgelagerte Proben folgt:

$$\text{stat } E(t) = f\left(-V_m,\ E_m(t),\ E_m^2(t),\ \left(\frac{E_k(t)}{10 E_m(t)}\right)^2,\ \log C\cdot\dot{\sigma}\right) \qquad (123)$$

Der Regressionsansatz wurde mit dem Programm o2R /62/ durchgerechnet. Die Regressionsbetrachtung zwischen der Zielgröße stat E(t) und den Einflußgrößen ermöglicht nur eine Nullpunktregression. Die angesetzten Regressionsgleichungen erlauben keine Konstante, die zu den Kennwerten keinerlei Beziehung hat (siehe Abschnitt 9.1.2.).

---

1) C = 20,4

Für wassergelagerte Proben ergibt sich die Gleichung:

$$\text{stat } E(t) = -275671 \cdot V_m + 274285 \cdot \frac{E_m(t)}{10^5} - 58366 \cdot \left(\frac{E_m(t)}{10^5}\right)^2 + 15930 \cdot \left(\frac{E_k(t)}{10 E_m(t)}\right)^2 + 97764 \cdot \frac{10 + \log 20{,}4 \cdot \dot{\sigma}}{10}^{1)} + 1958 \cdot \frac{D}{10} \left[kp/cm^2\right] \quad (125)$$

und für luftgelagerte Proben folgt:

$$\text{stat } E(t) = -306182 \cdot V_m + 355139 \cdot \frac{E_m(t)}{10^5} - 103122 \cdot \left(\frac{E_m(t)}{10^5}\right)^2 + 1598 \cdot \left(\frac{E_k(t)}{10\, E_m(t)}\right)^2 + 103564 \cdot \frac{10 + \log 20{,}4 \cdot \dot{\sigma}}{10}^{1)} \left[kp/cm^2\right] \quad (126)$$

Die Güte dieser Regressionsbetrachtungen wird durch die Regressionsmaße RSQ = 99,50 % und RSQ = 99,00 % belegt.

Um die Brauchbarkeit des Regressionsansatzes für möglichst viele Einflußgrößen des Normalbetons nachzuweisen, wurde der Ansatz gemeinsam für den Modul von wasser- und luftgelagerten Proben angesetzt. Es ergibt sich die Beziehung:

$$\text{stat } E(t) = -286995 \cdot V_m + 278792 \cdot \frac{E_m(t)}{10^5} - 63899 \cdot \left(\frac{E_m(t)}{10^5}\right)^2 + 7550 \cdot \left(\frac{E_k(t)}{10\, E_m(t)}\right)^2 + 111203 \cdot \frac{10 + \log 20{,}4 \cdot \dot{\sigma}}{10}^{1)} + \frac{4352 \cdot D}{10} \left[kp/cm^2\right] \quad (127)$$

---

1) $\frac{10 + \log 20{,}4 \cdot \dot{\sigma}}{10} = \frac{11{,}31 + \log \dot{\sigma}}{10}$

mit einem Regressionsmaß RSQ = 99,18 %. Aus Tabelle 24 ist für diese Regressionsgleichungen der dominierende Einfluß des anteiligen Zementsteinvolumens $V_m$ und des Verformungsmoduls des Zementsteins mit einem anteiligen Regressionsmaß von etwa 93 bis 94 % zu erkennen. Damit wird analytisch der große Einfluß der verformungsfähigeren Phase Zementstein auf den E-Modul des Normalbetons bestätigt. Die Regressionsgleichungen 125, 126 und 127 sind in Tabelle 1 mit den nach Abschnitt 6. entwickelten Modellvorstellungen zusammengefaßt.

### 9.3.3. Mathematische Auswertung der Modellgleichungen

#### 9.3.3.1. Untersuchungen des Sekantenmoduls

Um die Brauchbarkeit der in Abschnitt 6. und 9.3.2. entwickelten Modellvorstellungen zu beurteilen, können nur die sich entsprechenden Modulwerte der Komponenten und die des zugehörigen Zweistoffsystems benutzt werden. Die analytische Auswertung wurde mit dem Sekantenmodul des ersten Belastungsastes stat E 5, siehe Bild 2o.2 , durchgeführt,der bei einer Spannungshöhe von rd. o,33 $ß_D$ bestimmt wurde. Dieser Modul wird neben dem Sekantenmodul bei einer Spannungshöhe von rd. o,5 $ß_D$ am häufigsten als Kenngröße für das Verformungsverhalten benutzt /66/.Von einer Wahl weiterer Sehnen- und Sekantenmoduln wurde einerseits wegen des großen Umfangs der Auswertung abgesehen. Andererseits ist anzunehmen, daß die E-Moduln unterschiedlicher Definition die Regression der entwickelten und hergeleiteten Modellvorstellungen nicht wesentlich beeinflussen dürften.

Die Mörtel- und Betonversuche sollten sich nach Möglichkeit nur auf vollkommen verdichtete Mischungen beziehen, da in den Modellvorstellungen veränderliche Verdichtungsporen nicht erfaßt werden können. Um eine möglichst große Zahl von Einflußgrößen für den Normalbeton zu erfassen, wurden auch Mischungen mit verhältnismäßig hohem Zementleimanspruch in das Versuchsprogramm aufgenommen. Die Moduln dieser Mischungen (siehe Tabelle 25) lassen sich nach der von Hansen /46/ angegebenen Beziehung

$$\text{verb } E = \frac{\text{beob } E}{(1 - V_l)^4} \qquad (128)$$

auf die Werte für verdichtete Mischungen umrechnen. Diese Gleichung wurde von demselben Verfasser /38/ aus mehreren Ansätzen ausgewählt und ist vornehmlich für den Einfluß von Verdichtungsporen auf den E-Modul des Betons gültig.

Die analytische Auswertung wurde mit einer elektronischen Rechenanlage vorgenommen. Dazu wurden die selbst aufgestellten Programme EM o1, EM o2 und EM o3 benutzt.

Die Retardationszeit $\tau_{Ke}$ läßt sich aus Gleichung (38), Abschnitt 5., bestimmen, wenn die Größen $\varepsilon(t)$, $\sigma$, E und $E/E_{Ke}$ bekannt sind. Werden nur die verzögert-elastischen und viskosen Verformungsanteile berücksichtigt, so folgt aus Gleichung (38) durch Umformung:

$$\frac{(\varepsilon_{vel}(t) + \varepsilon_{\overline{vis}}(t))\cdot E}{\dot{\sigma}\cdot t\cdot E/E_{Ke}} - 1 = \frac{-\tau_{Ke}}{t}\cdot(1 - e^{-\frac{t}{\tau_{Ke}}}) \qquad (129)$$

Da zur Ermittlung des E-Moduls vornehmlich der Spannungs-Verformungs-Versuch dient und sich daher die statischen Beanspruchungsformen in dieser Arbeit auf diese Versuchsart beschränkten,wird das Verhältnis $E/E_{Ke} = \varphi_\infty$ durch die Größe $\varphi_E$ ersetzt.Diese Größe ergibt sich ähnlich wie die Kriechzahl $\varphi_k$[1] aus dem Verhältnis von $\varepsilon_{vel}(t) + \varepsilon_{vis}(t)$, bestimmt bei möglichst geringer Belastungsgeschwindigkeit ,
zu $\varepsilon_{el}$, ermittelt bei möglichst großer Belastungsgeschwindigkeit.
Um den Einfluß der Belastungshöhe auszuschalten, wurden diese Werte bei der gleichen Belastungshöhe erfaßt. Die Herleitung der Größe $\varphi_E$ erfolgt in Abschnitt 13.2., Seite 1oo. Für den E-Modul des Federelements, E, wird bei der Auswertung der Modellgleichungen der versuchsmäßig bestimmte Modul stat E $6_{50}$ gewählt, der sich im Gegensatz zu den Sekantenmoduln stat E 4 und stat E 5 aus rein elastischen Verformungen ergibt (siehe Bild 2o.2).
Zur Lösung der transzendenten Gleichung (129) wurde das in der Maschinensprache ALGOL erstellte, selbst entwickelte Programm ETRANS benutzt.

---

1) Mit der Kriechzahl $\varphi_{k\ (t=\infty)} = \varphi_\infty$ wird das Verhältnis des Endwertes der sich aus dem Kriechversuch ergebenden Kriechdehnung $\varepsilon_k$ zur elastischen Dehnung $\varepsilon_{el}$ bezeichnet.Die Größe $\varphi_k$ wurde von Dischinger /4o/ zur Beschreibung von Kriechverformungen eingeführt.

Die Sekantenmoduln der Komponenten sind spannungsabhängig. Zur genauen Erfassung müßte daher der Spannungsverlauf im Probekörper bekannt sein. Wegen der versuchstechnischen Schwierigkeiten und der schwierigen Auswertung liegen nur qualitative Ergebnisse (Swamy /67/, Dantu /28/) vor. Die in diesen Versuchen für $E_k > E_m$ bestätigte Spannungsumlagerung vom Zementstein auf die Zuschlagkörner hat zur Folge, daß die Zementsteinschichten in Belastungsrichtung gegenüber den Partikeln unter einer geringeren mittleren Spannung stehen. Für die Anwendung der in Abschnitt 6. entwickelten Modellvorstellungen ist es wesentlich, möglichst einen konstanten, eindeutig definierbaren und leicht bestimmbaren E-Modul für die Komponenten vorzusehen. Für den Sekantenmodul des Zementsteins bieten sich die Werte bei rd. ein Drittel der Zementsteinfestigkeit oder die Werte bei der jeweiligen Prüfspannung der Mörtel- und Betonkörper an. Eine Untersuchung in /11/ ergab, daß die Spannung bei dem o,33 - fachen der Zementsteinfestigkeit der vorhandenen Matrixfestigkeit im Mörtel- und Betonkörper näher kam als die Prüfspannung. Da zur Vergleichsmöglichkeit der Versuchsergebnisse in dieser Arbeit dieselben W/Z-Werte, Zuschlagarten, Belastungshöhen und Probekörperabmessungen gewählt wurden, kann dieses Ergebnis übernommen werden.

Bei der Wahl eines Verformungsmoduls der Partikel ist zu beachten, daß sich durch die unterschiedlichen Matrixfestigkeiten verschiedene mittlere Prüfspannungen für die Zuschläge ergeben. Andererseits setzt die Benutzung der Modellgleichungen voraus, daß beide Phasen die gleiche Beanspruchungszeit besitzen. Nach Vergleichsrechnungen mit verschiedenen Belastungshöhen für die Zuschläge wurde bei Mörtel und Beton mit dem W/Z-Wert o,4o eine Belastungshöhe von $\frac{2}{9}\,\beta_{Dk}$ (Granit) bzw. $\frac{1}{9}\,\beta_{Dk}$ (Basalt) gewählt. Für Mörtel und Betone mit dem W/Z-Wert o,5o und o,7o betrugen die entsprechenden Belastungshöhen $\frac{1}{9}\,\beta_{Dk}$ (Granit) und $\frac{1}{18}\,\beta_{Dk}$ (Basalt). Eine weitere Unterteilung der Belastungshöhen für die Bestimmung von $E_k(t)$ wirkt sich nicht mehr nennenswert aus, da die Spannungs-Stauchungs-Linien der Zuschläge verhältnismäßig geradlinig verlaufen.

In den Tabellen 4 bis 9 des Anhangs A 2 sind die beobachteten Sekantenmoduln, beob E, und die nach den Modellen 1.1 bis 8.2 sowie 9 bis 11 berechneten Moduln, mod E, gegenübergestellt. In Tabelle 10 bis 13 desselben Anhangs sind die Abweichungen ΔE = beob E - mod E zusammengefaßt.

Eine gute Übersicht über die Brauchbarkeit der Modellvorstellungen erhält man, wenn man die prozentualen Abweichungen vom beobachteten Wert betrachtet und diese in vier Klassen mit den Werten ≤5%, >5% bis ≤1o%, >1o% bis ≤15% und >15% einteilt. Bei Abweichungen kleiner als 15% kann die Erklärung der Versuchswerte durch die Modellvorstellungen noch als befriedigend gelten. Die Ergebnisse für die rheologischen Modelle 1.1 bis 8.1 und 1.2 bis 8.2 sowie für die mechanisch strukturorientierten Modelle 9 , 1o und 11 sind in den Bildern 66 bis 68 und den Tabellen 14, 15 und 16 des Anhangs A 2 zusammengestellt.

Eine vergleichende Übersicht erlauben die Bilder 7 bis 25 im Anhang A 2, in denen die beobachteten Werte (aufgetragen auf der Ordinate) den berechneten Moduln (aufgetragen auf der Abszisse) gegenübergestellt sind.

Ein Vergleich für alle 160 Sekantenmoduln zeigt, daß von den rheologischen Modellen 1.1 bis 8.1 (die Gesamtverformungen in der Zuschlagphase werden als elastisch angesehen) nur das Modell 1.1 befriedigende Ergebnisse liefert. Nach Modell 1.1 übernimmt die Zementsteinphase durch Reihenschaltung mit der Zuschlagphase im Gegensatz zu den anderen Modellen genauso viele Kräfte wie die Zuschläge auf. Dadurch geht die verhältnismäßig große Verformung des Zementsteins in die Gesamtverformung des Modells ein. In der Fachliteratur wird dieses Modell für Zweistoffsysteme vorgeschlagen, bei denen der E-Modul der Matrix bedeutend kleiner als der der Partikel ist. Diese Bedingung liegt in den Versuchen dieser Arbeit vor. Bei den Modellen 2.1 bis 8.1 ist die Genauigkeit der Vorhersage erheblich eingeschränkt. Die Gegenüberstellungen zwischen beobachteten und berechneten Sekantenmoduln (siehe Bilder 7 bis 25, Anhang A 2) lassen erkennen, daß die berechneten Modellwerte im Durchschnitt größer als die beobachteten Werte sind.
Eine deutliche Verbesserung der Vorhersagegenauigkeit stellt sich ein, wenn bei den Zuschlägen auch die bei Kurzzeitbelastung auftretenden verzögert - elastischen und viskosen Verformungen berücksichtigt werden. Diese Verformungsanteile werden für Zuschlag Granit und andere

quarzitische Naturgesteine in der Fachliteratur /11/, /51/ für die Verformungsbetrachtungen häufig als vernachlässigbar angesehen. Die genauen Untersuchungsmethoden dieser Arbeit, die zur Trennung der elastischen Verformung von dem verzögert - elastischen und viskosen Verformungsanteil führten, widerlegen diese Aussage. Da die Zuschlagproben aus Basalt keine nennenswerten nichtelastischen Verformungsanteile aufwiesen, wurden die Modelle 1.2 bis 8.2 für Zuschlag Granit ausgewertet. Die geringsten Abweichungen $\Delta E$ weist das Modell 8.2 auf, bei dem 11 von 130 Werten oder 8,5 % der Werte eine größere Abweichung als 15 % vom beobachteten Wert besitzen. Dieses Modell berücksichtigt im Gegensatz zu den anderen die Querdehnung $\mu$. Befriedigende Ergebnisse liefern auch die Modelle 4.2 und 5.2, bei denen 25 bzw. 30 von 130 Werten eine größere Abweichung als 15 % von den beobachteten Werten aufweisen.

Noch günstigere Ergebnisse, auch für die Mischungen mit Zuschlag Basalt, liefern die mechanisch begründeten Modelle 9, 10 und 11. Nach Modell 9 besitzen 22 von 160 Werten, nach Modell 10 6 von 82 Werten oder 7,3 % der Werte und nach Modell 11 12 von 78 Werten eine größere Abweichung als 15 % vom beobachteten Wert. Die Brauchbarkeit dieser Modelle für Mischungen, getrennt nach Zuschlag Granit und Zuschlag Basalt, zeigt Bild 67. Von einer weiteren Aufteilung der Modellergebnisse nach den besonderen stoff- und versuchsbedingten Einflüssen wie W/Z-Wert, Zementleimgehalt, Größtkorndurchmesser und Spannungsänderung wird abgesehen, da die Modellvorstellungen einen möglichst großen Bereich des Normalbetons umfassen sollen.

Eine weitergehende Beurteilung über die Aussagekraft der entwickelten Modellvorstellungen erlaubt das in der Regressionsrechnung gebräuchliche Bestimmtheitsmaß. Nach den in dieser Arbeit benutzten Ausdrücken wird es wie folgt definiert:

$$B = \frac{\sum_i (\text{beob } \bar{E} - \text{beob } E_i)^2 - \sum_i (\text{beob } E - \text{mod } E_i)^2}{\sum_i (\text{beob } \bar{E} - \text{beob } E_i)^2} \cdot 100\ \% \qquad (130)$$

Die Bestimmtheitsmaße der untersuchten rheologischen Modellvorstellungen 1.1 bis 8.1 und 1.2 bis 8.2 und der strukturorientierten Modelle 9, 10 und 11 sind in Tabelle 26, 27 und 28 zusammengestellt.

9.3.3.2. Untersuchungen des dynamischen E-Moduls

Die in Tabelle 1 zusammengestellten Modellgleichungen 1.1 bis 8.1 und 1.2 bis 8.2 können für die dynamische E-Modulbestimmung benutzt werden. Die Ausdrücke $A_m(t)$ und $A_k(t)$ nehmen in diesem Fall den Wert 1 an. Die beobachteten dynamischen E-Moduln und die nach diesen Gleichungen berechneten E-Moduln sind in Tabelle 17, die Abweichungen $\Delta E$ = beob E - mod E in Tabelle 18 des Anhanges A 2 zusammengestellt. Zur Beurteilung der Modelle sind die prozentualen Abweichungen $\frac{\Delta E}{\text{beob } E} \cdot 100$ % in vier Gruppen - $\leq 5\%$, $> 5\%$ bis $\leq 10\%$, $> 10\%$ bis $\leq 15\%$ und $> 15\%$ - eingeteilt (siehe Bild 69). Die günstigsten Ergebnisse weisen die Modelle 4.o, 5.o und 7.o auf, bei denen von 44 Mischungen 5,6 und 6 Mischungen eine größere Abweichung als 15% aufweisen. Bis auf die beiden Grundmodelle 1.o und 2.o liefern auch die restlichen Modelle 3.o, 6.o und 8.o noch befriedigende Ergebnisse. Ein Vergleich der prozentualen Abweichungen in Bild 69 zeigt, daß die Modellgleichungen sowohl für wassergelagerte als auch für luftgelagerte Proben benutzt werden können.

9.4. Vereinfachte Verfahren zur Bestimmung des E-Moduls

Zur Festlegung eines für die Praxis einfach zu bestimmenden E-Moduls, der das rein elastische Verformungsverhalten eindeutig beschreibt, sind in Tabelle 29 die meisten der in dieser Arbeit ermittelten E-Moduln für Mörtel und Beton zusammengestellt. In Verbindung mit den Ergebnissen in Tabelle 18 folgt, daß unter Berücksichtigung der in der Praxis üblichen Beanspruchungshöhe von $\frac{1}{3}\,ß_D$ der Sekantenmodul stat E $5_{500}$ als Kenngröße für das rein elastische Verformungsverhalten angesehen werden kann. Die Beanspruchungszeiten zur Ermittlung dieses E-Moduls betragen nur Bruchteile von Sekunden und nähern sich damit den Belastungszeiten von schnell ablaufenden Beanspruchungen. Ohne Berücksichtigung der Belastungshöhe kann für Mörtel und Beton als Kenngröße des rein elastischen Verformungsverhaltens der nach Bild 70 grafisch ermittelte Tangentenmodul im Ursprung der Spannungs-Stauchungs-Linie angesehen werden. Der Sekantenmodul stat E $5_{500}$ ist - bezogen auf den grafisch ermittelten Ursprungsmodul - bei wassersattem Beton im Mittel um 8 % und bei lufttrockenem Beton im Mittel um 12 % kleiner als der E-Modul gra $E_{tang\ 50}$.

Von der Benutzung des rechnerisch ermittelten E-Moduls ber $E_{tang\ 5o}$, der noch etwas größer als gra $E_{tang\ 5o}$ ist, wird abgesehen, da bei seiner Bestimmung die bei sehr niedrigen Belastungen wirksamen Gefügestörungen nicht zu vermeiden sind. Diese Gefügeeigenschaften bewirken verhältnismäßig große Streuungen der Last-Verformungs-Werte, die bei der analytischen Ermittlung von ber $E_{tang\ 5o}$ in die Regressionsgleichungen eingehen.
Ebenfalls wird von dem dynamischen E-Modul dyn $E_R$ als Kenngröße für das rein elastische Verhalten abgesehen, da nach Bild 53 das Verhältnis zwischen dyn $E_R$ und stat E $5_{5o}$ neben der Belastungsgeschwindigkeit von dem anteiligen Stoffvolumen der Komponenten abhängig ist.

Um den Grenzmodul stat E $5_{5oo}$ der üblichen Baustellenbetone leicht zu erfassen, ist in Bild 71 zunächst der statische E-Modul des wasser - und luftgelagerten Zementsteins stat $E_m$ $5_{5oo}$ als Funktion des W/Z-Wertes aufgetragen. Der Einfluß der Zementart bei Wasserlagerung wurde aus den Versuchsergebnissen in /11/ übernommen, wobei in erster Näherung angenommen wurde, daß sich dieser Einfluß bei E $5_5$ und E $5_{5oo}$ gleich auswirkt. Die Konstante k zur Bestimmung des E-Moduls des wasser- und luftgelagerten Betons nach der Beziehung

$$\text{stat E } 5_{5oo} = k \cdot \text{stat } E_m\ 5_{5oo} \quad \left[ kp/cm^2 \right] \qquad (134)$$

ist im rechten Teilbild als Funktion des W/Z-Wertes für verschiedene Zementsteinvolumen angegeben. Damit braucht für die Bestimmung des E-Moduls von wassersattem und lufttrockenem Beton nur der W/Z-Wert bekannt zu sein. Ein Vergleich der statischen E-Moduln von Mischungen mit den Zuschlägen Granit und Basalt zeigt, daß bei vornehmlich lufttrockenen Proben und sehr großen Spannungsänderungen der Sekantenmodul nahezu unabhängig von den in dieser Arbeit gewählten Zuschlagarten ist. Für Mörtel und Beton mit Zuschlag Basalt läßt sich dies durch die Begrenzung der Kraftumlagerung bei Zuschlägen mit großem E-Modul erklären.

Die umfangreichen mathematischen Beziehungen zur Bestimmung des Sekantenmoduls stat E 5 bei verschiedenen Spannungsänderungen lassen sich durch die Benutzung der Bilder 72 bis 79 umgehen. Hier ist der nach Modell 1o und 11 rechnerisch ermittelte statische E-Modul stat E 5 bei verschiedenen Spannungsänderungen und verschiedenem Größtkorn als Funktion des anteiligen Zementsteinvolumens aufgetragen.
Gegenüber den C.E.B.-Richtlinien /68/, nach denen der E-Modul mittels der Beziehungen

$$E = 21\,000 \cdot \sqrt{\beta_D} \quad \text{(für Prüfzylinder)}$$

$$E = 21\,000 \cdot \sqrt{0{,}83 \cdot \beta_D} \quad \text{( für Würfel)}$$

als Funktion der Festigkeit angegeben wird, haben diese Diagramme den Vorteil, die Kenngröße E-Modul als Funktion der wesentlichen stoff- und versuchsbedingten Einflußgrößen direkt anzugeben. Da sich bestimmte stoffbedingte Einflüsse (u.a. anteiliges Zementsteinvolumen $V_m$, Art des Zuschlags) auf das Verformungsverhalten des Normalbetons anders als auf seine Druckfestigkeit $\beta_D$ auswirken, wird der Sekantenmodul in den oben genannten Richtlinien nicht so eindeutig beschrieben.
Aus den Diagrammen der Bilder 72 bis 79 ist deutlich der Einfluß der Spannungsänderung auf den Sekantenmodul zu ersehen. Im Vergleich dazu erscheint die in DIN 1o48, Blatt 3, E. 3. 1972, vorgesehene Spannungsänderung von $\dot{\sigma} = 5$ kp/cm$^2$s zur Ermittlung eines eindeutig definierten E-Moduls als zu gering angenommen. Bei dieser Spannungsänderung treten nämlich noch verzögert-elastische und viskose Verformungen auf, die die Bestimmung einer genau definierten Kenngröße erschweren.

Die über die Modellgleichungen berechneten Sekantenmoduln $E_{ber}$ stimmen üblicherweise nicht bei allen Werten der variierten Einflüsse gleich gut mit den versuchsmäßig bestimmten E-Moduln $E_{beob}$ überein. Daher erscheint es angebracht, auf einen versuchsmäßig leicht bestimmbaren, eindeutig definierten Modul zurückzugreifen.
Da die als brauchbar erscheinenden Moduln stat E $5_{500}$ und $E_{tang\ 50}$ nur mit größerem Versuchsaufwand zu ermitteln sind, wird für die praktische Anwendung der um eine Konstante k = 1,o5 vergrößerte Entlastungsmodul stat E $6_5$, bestimmt bei einer Belastungshöhe von o,33 $\beta_D$, vorgeschlagen. Die Entlastungsmoduln bieten sich als brauchbar an, da bei ihrer Bestimmung durch plötzliches Entlasten mit geringem Versuchsaufwand die rein elastischen, verzögert-elastischen und viskosen Verformungsanteile erfaßt werden können und damit eine eindeutige Definition des E-Moduls ermöglicht wird.

# 1o. Ausblick

Das Versuchsprogramm dieser Arbeit umfaßt bei Spannungs-Verformungs-Versuchen einen Bereich der Spannungsänderungen von $\dot{\sigma}$ = 5oo bis o,oo5 $kp/cm^2s$. Um die Lücke zum Langzeitverhalten zu schließen, müßten Versuche mit noch langsameren Spannungsänderungen durchgeführt werden. Da bei diesen Untersuchungen die verzögert-elastischen und viskosen Verformungsanteile, $\varepsilon_{vel}(t)$ und $\varepsilon_{vis}(t)$, gegenüber den rein elastischen Anteilen, $\varepsilon_{el}$, größer werden, nimmt die in Abschnitt 13.2. hergeleitete Kenngröße $\varphi_E$, die sich aus den Grenzwerten der Dehnung bei möglichst großer und möglichst geringer Belastungsgeschwindigkeit ergab, immer größere Werte an. Beträgt im Grenzfall die Spannungsänderung $\dot{\sigma} = 0$ und wird eine aufgebrachte Spannung für eine beliebig lange Zeit konstant gehalten, so strebt die Größe $\varphi_E$ gegen die Kriechzahl $\varphi_k$. Diese Kenngröße könnte als eindeutige, zeitunabhängige Stoffkenngröße angesehen werden, wenn in ihr die stoffbedingten Eigenschaften der Komponenten Zementstein und Zuschlag und die wesentlichen versuchsbedingten Eigenschaften berücksichtigt würden. Da bei den Kriechversuchen hauptsächlich die viskosen Verformungsanteile zunehmen, müßten bei den in Abschnitt 6. ermittelten Modellvorstellungen noch zusätzlich viskose Elemente eingefügt werden.

In dieser Arbeit beschränkten sich die variierten Zuschlagarten wegen der Begrenzung des Versuchsumfangs auf die natürlichen Zuschläge. Um die Aussagekraft der Modelle mit Parallelschaltung der Komponenten zu bestätigen, müßten die Untersuchungen dieser Abhandlung auch auf Leichtzuschläge ausgedehnt werden, bei denen $E_k \leq E_m$ ist.

Im Versuchsprogramm wurde wegen des großen Versuchsumfangs nur eine Zementart verwendet. Obwohl nach Härig /9/ die Zementart die elastischen Eigenschaften des Zementsteins nur unwesentlich verändert, wäre der Einfluß der Mahlfeinheit und der der Zusammensetzung auf die in dieser Arbeit behandelten Zusammenhänge noch zu klären.

## 11. Zusammenfassung

Zur Bestimmung des E-Moduls können Mörtel und Beton als viskoelastische Festkörper angesehen werden, deren Verformungen bei Druckbeanspruchung durch Zusammenwirken von elastischem und viskosem Verformungsverhalten beschrieben werden können. Da das elastische Verhalten durch das eines Federelementes und das viskose Verhalten durch das eines Dämpfungselementes beschrieben wird, läßt sich das viskoelastische Verhalten durch die Kombinaton beider Elemente erfassen. Die sich durch Mikrorisse und Setzen im Betongefüge ergebenden Verformungsanteile werden durch die Verformungseigenschaften von Friktionselementen beschrieben. Wegen des sehr geringen Verformungsanteils der Mikrorisse und der Gefügesetzungen bei der E-Modulbestimmung kann dieses Verformungsverhalten auch rein viskosen Verformungen zugewiesen werden. (Abschnitt 5.)

Die Betrachtungsweise als Zweistoffsystem ermöglicht, das Verformungsverhalten von Mörtel und Beton aus den stoffbedingten Verformungseigenschaften der Komponenten Zementstein und Zuschlag abzuleiten. Mittels Regressionsbetrachtungen lassen sich für den E-Modul des Zweistoffsystems mechanisch begründbare Modellvorstellungen entwickeln.

Um bei dieser Betrachtungsweise auch den bedeutsamen Einfluß der Spannungsänderung $\dot{\sigma}$ analytisch zu erfassen, wurden mechanisch begründbare Modellvorstellungen unter Berücksichtigung der Beanspruchungszeit entwickelt. Dazu wurden zunächst die Spannungs-Verformungs-Beziehungen bei vorgegebenem Verlauf der Spannung ermittelt (siehe Abschnitt 5.). Aus diesen Beziehungen ließen sich die Verformungsgleichungen von rheologischen Modellvorstellungen bestimmen. Dabei wurden die rein elastischen Formänderungen den Federelementen, die verzögert - elastischen und viskosen Formänderungen den Kelvineinheiten zugeordnet. Die Modellgleichungen weisen den allgemeinen Ansatz

$$E(t) = f\,(E_m, E_k, V_m, V_k, \tau_{Kem}, \tau_{Kek}, \varphi_{Em}, \varphi_{Ek})$$

auf. Die entwickelten rheologischen Modellvorstellungen können in Modelle mit und ohne Berücksichtigung der Querdehnung eingeteilt werden. Zusätzlich lassen sich Modellvorstellungen entwickeln, die die Analogien des mechanischen Verformungsverhaltens fester Stoffe zum elektrischen Widerstand in stromdurchflossenen Leitern berücksichtigen. Diese rheologischen Modellvorstellungen konnten durch umfangreiche Versuche bestätigt sowie in ihrer Vorhersagegenauigkeit klassifiziert werden.(Abschnitt 6.)

Ein Vergleich der an den Komponenten Zementstein und Zuschlag bestimmten rein elastischen Kenngrößen zeigt, daß der Entlastungsmodul bei plötzlicher Entlastung nach möglichst schneller Belastung als brauchbarer Kennwert benutzt werden kann (siehe Abschnitt 9.1 und 9.2). Mit Hilfe dieses Wertes wurden die rein elastischen Kenngrößen $E_m$ und $E_k$ in den rheologischen Modellvorstellungen bestimmt.

Da die Lösung dieser Gleichungen nur mit größerem rechnerischem Aufwand möglich ist, wurden in dieser Arbeit mittels Regressionsbetrachtungen kürzere, mechanisch begründbare Modelle entwickelt, die sich aus der Auswertung umfangreicher Versuche ergaben. Die zugehörigen Gleichungen weisen den Ansatz

$$E(t) = f\,(V_m,\ E_m(t),\ E_k(t),\ \dot{\sigma},\ D)$$

auf. (Abschnitt 9.)

Bei den Versuchen wurden die Einflußgrößen verändert, von denen begründet angenommen werden konnte, daß sie einen wesentlichen Einfluß auf das Verformungsverhalten des Mörtels und Betons ausüben und gleichzeitig zum Verständnis des Zweistoffsystems beitragen.

In den Versuchen wurden neben den Eigenschaften der Ausgangsstoffe die elastischen Kenngrößen bei statischer und dynamischer Prüfung an Zementstein-, Zuschlag-, Mörtel- und Betonproben bestimmt. Zusätzlich wurden die Festigkeiten und andere betontechnologische Kenngrößen geprüft.(Abschnitt 7.)

Die Meßwerte wurden mit Rechenprogrammen über eine elektronische Rechenanlage ausgewertet. Von jeder gemessenen oder ermittelten Eigenschaft wurden die statistischen Kenngrößen Mittelwert, Fehlerquadrat, Standardabweichung der Mittel- und Einzelwerte, Maßspanne und Probenumfang angegeben.(Abschnitt 8.)

Die Versuchsauswertung der Zementsteineigenschaften ergab einen funktionalen Zusammenhang zwischen der Zielgröße Verformungsmodul bzw. E-Modul und den stoffbedingten Einflußgrößen W/Z - Wert bzw. Dichtigkeit sowie den versuchsbedingten Einflußgrößen Spannungsänderung und Lagerungsart. Regressionsbetrachtungen erwiesen die für die Versuchsauswertung angesetzten Modellgleichungen als sinnvoll.

Der Vergleich zwischen dem dynamischen E-Modul der Resonanzfrequenz und dem Sekantenmodul stat $E_m$ 5 ergibt,daß für einen W/Z - Wert von o,4o bei Spannungsänderungen zwischen 5o und 5oo kp/cm$^2$s etwa gleiche Werte vorliegen. Bei höheren W/Z-Werten müßten dafür erheblich größere Spannungsänderungen von etwa 5ooo bis 5oooo kp/cm$^2$s gewählt werden. Bei Mörtelmischungen mit dem Größtkorn D = 7 mm liegen die erforderlichen Spannungsänderungen zur Bestimmung des statischen E-Moduls um rd. 3o % höher.(Abschnitt 9.1)

Bei den Zuschlaguntersuchungen zeigte es sich, daß das Verformungsverhalten des Granits sowohl bei Luft- als auch bei Wasserlagerung durch verschiedene Spannungsänderungen bedeutend stärker als das des Basalts beeinflußt wird.(Abschnitt 9.2)

Wird der Sekantenmodul von Zementstein, Zuschlag, Mörtel und Beton als Funktion des Logarithmus der Spannungsänderung $\dot{\sigma}$ aufgetragen, so ist eine nahezu lineare Zunahme dieses Moduls mit wachsender Spannungsänderung zu erkennen. Damit kann der statische E-Modul durch Extrapolation für Spannungsänderungen ermittelt werden, die größer als die in dieser Arbeit untersuchten sind.

Die analytische Auswertung der gerechneten und beobachteten E-Moduln des Zweistoffsytems zeigt, daß die rheologischen Modellvorstellungen bei Berücksichtigung der vorhandenen verzögert - elastischen und viskosen Verformungsanteile in beiden Komponenten den statischen E-Modul mit brauchbarer Genauigkeit wiedergeben. Ebenso kann die Vorhersagegenauigkeit für den dynamischen E-Modul bei Wasser- und Luftlagerung der Proben als befriedigend gelten. Die aus der grafischen Versuchsauswertung ermittelten mechanisch begründbaren Modelle ermöglichen bei allen benutzten Einflußgrößen eine gute Vorhersagegenauigkeit des Sekantenmoduls.

Die Versuche belegten die Hypothese, daß bei Wasserlagerung der statische E-Modul des Zweistoffsystems vom Größtkorn beeinflußt wird. Durch die sich vergrößernde Einleitungsfläche mit wachsendem Größtkorn wird die Kraftumlagerung auf die Partikel begünstigt. Dadurch vergrößern sich die E-Modulwerte und der Einfluß der Belastungsgeschwindigkeit. Bei Luftlagerung tritt dagegen dar Einfluß des Größtkorns zurück.(Abschnitt 9.3)

Für die praktische Anwendung wurde in Bild 71 ein Diagramm entwickelt, das die Bestimmung des E-Moduls, ermittelt aus der elastischen Verformung, für baustellenübliche wasser- und luftgelagerte Betone erlaubt, wenn der W/Z-Wert bekannt ist. Aus dem linken Teilbild ist der Sekantenmodul des Zementsteins, der bei einer Spannungsänderung von 500 $kp/cm^2s$ ermittelt wurde,als Funktion des W/Z-Wertes aufgetragen. Der Einfluß der Zementart bei Wasserlagerung wurde aus den Versuchsergebnissen in /11/ übernommen. Im rechten Teilbild ist der Verhältniswert k = stat E $5_{500}$/stat $E_m$ $5_{500}$ als Funktion des W/Z - Wertes für wasser- und luftgelagerte Betone mit einem Zementleimvolumen $V_m$ = 2oo, 3oo und 4oo $dm^3/m^3$ angegeben. Der E-Modul des Betons läßt sich nach der Beziehung

$$\text{stat } E\ 5_{500} = k \cdot \text{stat } E_m\ 5_{500}$$

berechnen.

Zur Vermeidung der umfangreichen mathematischen Beziehungen für die Bestimmung des Sekantenmoduls stat E 5 wurden in den Bildern 72 bis 79 Diagramme entwickelt, aus denen der Sekantenmodul bei verschiedenem Größtkorn und verändertem anteiligen Zementsteinvolumen unter Berücksichtigung der Spannungsänderung $\dot{\sigma}$ direkt abgelesen werden kann. Die Diagramme jeder Abbildung sind nach den W/Z-Werten unterteilt. Jedes Bild gilt für eine Zuschlag- und Lagerungsart sowie für einen Größtkorndurchmesser.

Gegenüber den C.E.B.-Richtlinien geben diese Diagramme die Kenngröße E-Modul als Funktion der wesentlichen stoff- und versuchsbedingten Einflußgrößen eindeutig an. Da einige stoffbedingte Einflußgrößen die Druckfestigkeit des Normalbetons anders als das Verformungsverhalten beeinflussen und in den oben genannten Richtlinien der E-Modul als Funktion der Druckfestigkeit aufgeführt ist, wird der E-Modul in den Diagrammen genauer als in den Richtlinien angegeben.

Zusätzlich lassen diese Diagramme erkennen, daß bei einer Spannungsänderung von etwa 5 $kp/cm^2s$, die in DIN 1o48, Blatt 3, E. 3. 1972, zur versuchsmäßigen E-Modulbestimmung vorgeschlagen wird, verzögert-elastische und viskose Verformungen auftreten. Diese Verformungen erschweren die Bestimmung der genau definierten Kenngröße E-Modul.

Da die in den Diagrammen angegebenen berechneten Moduln, $E_{ber}$, nicht bei allen Werten der variierten Einflüsse gleich gut mit den beobachteten Moduln, $E_{beob}$, übereinstimmen, wurden zur Ermittlung eines eindeutig definierten, versuchsmäßig leicht bestimmbaren E-Moduls die in dieser Arbeit bestimmten Moduln verglichen. Dabei zeigte sich, daß der versuchsmäßig einfach zu bestimmende Entlastungsmodul E $6_5$, vergrößert mit dem Faktor 1,o5, als Kenngröße des elastischen Verformungsverhaltens von Beton gewählt werden kann.(Abschnitt 9.4.)

Abschließend werden Themenkreise angeführt, denen sich weitere Forschungsarbeiten zuwenden könnten. (Abschnitt 1o.)

## 12. Literatur

/ 1/ Hansen, T.C.: Creep of Concrete. Svenska Forskningsinstitutet För Cement Och Betong, Vid Kungl. Tekniska Högskolan I, Stockholm, Meddelanden Nr.33, 1958

/ 2/ Pohl, R.W.: Einführung in die Mechanik, Akustik und Wärmelehre. 4. Auflage 1947, Springer Verlag

/ 3/ Sell, R.: Der E-Modul des Betons. Dissertation TH München 1959

/ 4/ Oberst, H.: Das ideal - elastische Verhalten fester Körper. Elastische und viskose Eigenschaften von Werkstoffen. Deutscher Verband für Materialprüfung, Beuth Vertrieb 1963

/ 5/ Timoshenko, P.: History of Strength of Materials. Mc Graw - Hill Book Company, London 1953

/ 6/ Becker, G.W., Meißner, J.: Viskoelastisches Verhalten und Fließen. Elastische und viskose Eigenschaften von Werkstoffen. Deutscher Verband für Materialprüfung, Beuth Vertrieb 1963

/ 7/ Grimsehl: Lehrbuch der Physik, Band 1,15. Auflage 1954, Teubner Verlagsgesellschaft

/ 8/ Wesche, K.: Betonprüfung mit Hilfe von Ultraschall. Beton- und Stahlbetonbau, 1953, Heft 5

/ 9/ Härig, S.: Die Beeinflussung des E-Moduls von Beton durch Zemente mit unterschiedlichem mineralischen Aufbau und durch natürliche und künstliche Zuschlagstoffe. Dissertation TH Stuttgart 1964

/1o/ Pickett G.: Equation for Computing Elastic Constants from Flexural and Torsional Resonant Frequencies of Vibration of Prisms and Cylinders. Proceedings of the American Society for Testing Materials, Vol. 45, 1945

/11/ Manns, W.: Über den Einfluß der elastischen Eigenschaften von Zementstein und Zuschlag auf die elastischen Eigen - schaften von Mörtel und Beton. Dissertation TH Aachen 1969, Forschungsberichte des Landes Nordrhein - Westfalen, Nr.2112 Westdeutscher Verlag, Köln und Opladen

/12/ Hsu,T.T., Slate, F.O., Sturman, G.M. und Winter,G.: Microcracking of Plain Concrete and the Shape of the Stress-Stain Curve. Journal of the American Concrete Institute, Februar 1963

/13/ Boes, A.: Über das Kriechen von Zementstein, Mörtel und Beton. Dissertation TH Aachen 1971, Forschungsberichte des Landes Nordrhein - Westfalen, Westdeutscher Verlag, Köln und Opladen

/14/ Watstein, D.: Effect of Straining Rate on the Compressive Strength and Elastic Properties of Concrete. Journal of the American Concrete Institute, Vol. 52, April 1953

/15/ Jones, P.G., Richart, F.E.: The Effect of Testing Speed on Strength and Elastic Properties of Concrete. Proceedings of the American Society for Testing Materials, Vol. 36, Teil II, 1936

/16/ Glanville, W.H.: Studies in Reinforced Concrete, Creep or Flow of Concrete under Load. Technical Paper No 12, Building Research Station,England 193o

/17/ Rüsch, H.: Researches toward a General Flexural Theory of Structural Concrete. Journal of the American Concrete Institute, Vol. 32, Juli 196o

/18/ Rasch, C.: Spannungsdehnungslinien des Betons bei konstanter Dehngeschwindigkeit. Heft 154, DAfSt , Berlin 1962

/19/ Horibe ,T., Kobayashi, R.: On Mechanical Behaviours of Rocks under Various Loading - Rates. Journal of the Society of Materials Science (Japan) Heft 6, 1965

/2o/ Dahms, J.: Die Schlagfestigkeit des Betons. Schriftenreihe der Zementindustrie, Heft 34, Düsseldorf 1968

/21/ Einstein, A.: Eine neue Bestimmung der Moleküldimensionen. Annalen der Physik, No 19, 19o6

/22/ Eshelby, J.D.: Elastic Inclusionsand Inhomogeneities,Progress in Solid Mechanics. North Holland Publishing Company, 1961,II, Chapter 3

/23/ Fröhlich, H., Sack, R.: Theory of the Rheological Properties of Dispersions.
Proceedings of the Royal Society, London, 1946

/24/ Hashin, Z.: The Moduli of an Elastic Solid reinforced by rigid particles. Bulletin of the Research Council of Israel. Vol.5C, Dezember 1955

/25/ Dewey, J.M.: Elastic Constant of Materials loaded with non - rigid Fillers.
Journal of Applied Physics, Vol. 18.1, 1947

/26/ Mackenzie, J.K.: The Elastic Constants of Solid containing Spherical Holes. Proceedings of the Physical Society, Vol. 62, 195o

/27/ Ishai, O.: The Time - dependent Deformational Behaviour of Cement Paste, Mortar and Concrete. International Conference of the Structure of Concrete. Imperial College, London, Paper G 2, September 1965

/28/ Dantu, P.: Etude des Contraintes dans les Milieux Heterogenes Application au Béton. Annales de l'Institut technique du Bâtiment et des Travaux Public, Vol. 11, No 121, Januar 1958

/29/ L Hermite, R.: Les Déformations du Béton. Editions Eyrolles Paris 1961

/3o/ Ishai, O.: Influence of Sand Concentration on Deformations of Mortar Beams under Low Stresses. Journal of the American Concrete Institute,Vol. 58, No 5, November 1961

/31/ Anson, M.: An Investigation into a Hypothetical Deformation and Failure Mechanism for Concrete. Magazine of Concrete Research, Vol. 16, No 47, Juni 1964

/32/ Illston, J.M.: The Delayed Elastic Deformation of Concrete as a Composite Material. International Conference of the Structure of Concrete. Imperial College, London, Paper A 3, September 1965

/33/ Mehmel, A.,Kern, E.: Elastische und plastische Stauchungen von Beton infolge Druckschwell- und Standbelastung, Heft 153, DAfSt, Berlin 1962

/34/ Counto, U.J.: The Effect of the Elastic Modulus of the Aggregate on the Elastic Modulus, Creep and Creep Recovery. Magazine of Concrete Research, Vol. 16, No 48,September 1964

/35/ Hirsch, T.J.: Modulus of Elasticity of Concrete Affected by Elastic Moduli of Cement Paste Matrix and Aggregate. Journal of the American Concrete Institute, Proceedings Vol. 59, No 3, März 1962

/36/ Dougill, J.W.: Diskussionsbeitrag zu: Modulus of Elasticty of Concrete affected by Elastic Moduli of Cement Paste Matrix and Aggregate, von T.J. Hirsch, Journal of the American Concrete Institute, Proceedings Vol. 59, No 9, September 1962

/37/ Hashin, Z.: The Elastic Modulus of Heterogeneous Materials. Journal of Applied Mechanics, Vol. 29, No 1, März 1962

/38/ Hansen, T.C.: Influence of Aggregate and Voids on the Modulus of Elasticity of Concrete, Cement Mortar and Cement Paste. Journal of the American Concrete Institute, Proceedings Vol. 62, No 2, Februar 1962

/39/ Hansen, T.C.: Thermal and Electrical Conductivity and Modulus of Elasticity of Two - phase Composite Materials. Rilem Bulletin, No 31, 1966

/4o/ Dischinger, F.: Elastische und plastische Verformungen der Eisenbetontragwerke und insbesondere der Bogenbrücken. Der Bauingenieur 2o, Heft 516, 1939

/41/ Collatz, L.: Differentialgleichungen für Ingenieure. 2. Auflage Stuttgart, Teubner Verlag, 196o

/42/ Bronstein, I.N., Semendjajew, K.A.: Taschenbuch der Mathematik, 6. Auflage Moskau, Staatlicher Verlag für Technisch - Theoretische Literatur, 1956

/43/ Trost, H.: Die Berechnung von Stabtragwerken nach einer linearen Theorie viskoelastischer Stäbe. Habilitationsschrift TH Hannover 1966

/44/ Baker, A.L.L.: An Analysis of Deformation and Failure Characteristics of Concrete. Magazine of Concrete Research, Vol. 11, No 33, November 1959

/45/ Maxwell, C.: A Treatise on Elasticity and Magnetism, Vol. 1, Clarendeon Press Series, Oxford 1873

/46/ Hansen,T.C.: Theories of Multi - phase Materials applied to Concrete, Cement Mortar and Cement Paste. International Conference of the Structure of Concrete. Imperial College, London, Paper A 2, September 1965

/47/ Anson, M., Newman, K.: The Effect of Mix Proportions and Method of Testing on Poisson's Ratio for Mortars and Concretes. Magazine of Concrete Research, Vol. 18, No 56, September 1966

/48/ Sasse, H.R.: Zum Problem des Bruchverhaltens betonähnlicher Zweistoffsysteme. Dissertation TH Aachen 1969, Forschungsberichte des Landes Nordrhein-Westfalen, Nr. 2192 Westdeutscher Verlag, Köln und Opladen

/49/ Powers, T.C.: The Chemistry of Cements, Vol. 1, Academic Press, New Jork 1964

/5o/ Davis, R.E., Davis, H.E.: Flow of Concrete under Sustained Compressive Stress. Proceedings of the American Society for Testing Materials, Part. II, 193o

/51/ Rüsch, H., Kordina, K., Hilsdorf, H.: Der Einfluß des mineralogischen Charakters der Zuschläge auf das Kriechen von Beton. DAfSt, Heft 146, Berlin 1962

/52/ Neville, A.M., Meyers B.L.: Creep of Concrete: Influencing Factors and Prediction. Symposium on Creep of Concrete, Houston 1964, Paper No 1, ACI - Publication SP - 9

/53/ Troxell,G.E., Raphael, I.M., Davis, R.E.: Long Time Creep and Shrinkage Tests of Plain and Reinforced Concrete. Proceedings of the American Society for Testing Materials, Vol. 58, 1958

/54/ Wagner, O.: Das Kriechen unbewehrten Betons. DAfSt, Heft 131, Berlin 1958

/55/ Verein Deutscher Zementwerke e.V.: Tätigkeitsbericht 1967 - 68. Beton - Verlag, Düsseldorf 1968

/56/ Czernin, W.: Zementchemie für Bauingenieure. 2. Auflage 1964, Bauverlag Wiesbaden

/57/ Kühl, H.: Zement - Chemie, Band II, 3. Auflage 1958, VEB Verlag Technik Berlin

/58/ Hummel, A.: Das Beton - ABC, 12. Auflage 1959, Verlag Wilhelm Ernst und Sohn

/59/ Powers, T.C.: The Non - evaporable Water Content of Hardened Portland Cement Pastes. Bulletin 29, 1949

/6o/ Powers, T.C.: The Physical Structure and Engineering Properties of Concrete. Bulletin 9o, Research and Development Laboratories, PCA, Juli 1958
Referat: Zement - Kalk - Gips 12, 1959

/61/ Ishai, O.:Elastic and Inelastic Behaviour of Hardened Mortar in Torsion. Symposium on Creep of Concrete. American Concrete Institute,Publication SP - 9, Houston, März 1964

/62/ BMD - Biomedical Computer Programs Manual. Health Sciences Computing Facility, Los Angeles/Calif. 1965

/63/ Nagel, J.: Beanspruchung und Prüfung von Gesteinssplitten. Dissertation TH Aachen 1969

/64/ Reinius, E.: A Theory of the Deformation and the Failure of Concrete. Magazine of Concrete Research, November 1959

/65/ Wischers, G.: Aufnahme von Druckkräften in Schwerbeton und in Leichtbeton. beton, Herstellung und Verwendung, Beton - Verlag Düsseldorf, Heft 5, 1957

/66/ Wesche, K., Manns, W.: Résultats d'une Enquête internationale sur la Détermination du Module d'Elasticité du Béton en Compression. Matériaux et Constructions, No 15, Volume 3, Mai - Juni 197o (abgedruckt in den Mitteilungen des Instituts für Bauforschung der Technischen Hochschule Aachen, Jahrgang 197o)

/67/ Swamy, N.: Aggregate - Matrix Interaction in Concrete Systems. Structure, Solid Mechanics and Engineering Design. Civil Engineering Materials. Conference in Southampton, Part 2, April 1969

/68/ C.E.B. (Europäisches Beton-Komitee): Empfehlungen zur Berechnung und Ausführung von Stahlbetonbauwerken. Deutscher Beton-Verein e.V., 2. Auflage 1966

# 13. Mathematische Ableitungen

## 13.1. Lösung der Differentialgleichung (30)

Nach Bronstein - Semendjajew /42/ wird eine lineare inhomogene Differentialgleichung 1. Ordnung

$$\dot{\varepsilon}(t) + a \cdot \varepsilon(t) = f(t) \qquad (31)$$

entweder durch Superposition einer speziellen inhomogenen Lösung zu der allgemeinen homogenen Lösung oder direkt durch Integration

$$\varepsilon(t) = e^{-at} \cdot \left(\int f(t) \cdot e^{at} \cdot dt + C\right) \qquad (32)$$

gelöst.

Im Fall der Gleichung (30) ist

$$a = \frac{1}{\tau_{Ke}} \qquad (33)$$

und

$$f(t) = \dot{\sigma} \cdot t \cdot \frac{1 + E/E_{Ke}}{E \cdot \tau_{Ke}} + \dot{\sigma} \cdot \frac{1}{E} \qquad (34)$$

Damit ergibt sich die Lösung der Differentialgleichung (30) zu:

$$\varepsilon(t) = \frac{\dot{\sigma}}{E} \cdot \tau_{Ke} + \frac{\dot{\sigma} \cdot (1 + E/E_{Ke})}{E} \cdot (t - \tau_{Ke}) + C \cdot e^{-\frac{t}{\tau_{Ke}}} \qquad (35a)$$

$$= -\frac{\dot{\sigma}}{E} \cdot \tau_{Ke} + \frac{\dot{\sigma} \cdot (1 + E/E_{Ke})}{E} \cdot t + C \cdot e^{-\frac{t}{\tau_{Ke}}} \qquad (35b)$$

Die Konstante C bestimmt sich aus der Randbedingung zum Zeitpunkt t = o :

$$\varepsilon(o) = o$$

Man erhält durch Einsetzen in Gleichung (35b):

$$C = \frac{\dot{\sigma}}{E} \cdot \tau_{Ke} \cdot \frac{E}{E_{Ke}} \tag{36}$$

Damit ergibt sich die Lösung:

$$\varepsilon(t) = \frac{\dot{\sigma}}{E} \cdot \tau_{Ke} \cdot \frac{E}{E_{Ke}} \cdot (e^{-\frac{t}{\tau_{Ke}}} - 1) + \frac{\dot{\sigma}}{E} \cdot (1 + \frac{E}{E_{Ke}}) \cdot t \tag{37}$$

Durch Umformen ergibt sich Gleichung (38)

## 13.2. Definition der Kenngröße $\varphi_E$

Für die Kenngröße $\varphi_E$ gilt :

$$\varphi_E = \frac{\varepsilon_{vel}(t) + \varepsilon_{\overline{vis}}(t)}{\varepsilon_{el}} = \frac{\varepsilon(t) - \varepsilon_{el}}{\varepsilon_{el}}$$

Zur eindeutigen Bestimmung von $\varphi_E$ müssen die Verformungen $\varepsilon_{vel}(t)$, $\varepsilon_{\overline{vis}}(t)$ und $\varepsilon_{el}$ bei derselben Belastungshöhe bestimmt werden. Da diese Bedingung bei der Ermittlung der E-Moduln eingeschaltet wurde, können die einzelnen Verformungen mit Hilfe des Verformungsmoduls $E(t) = \frac{\sigma(t)}{\varepsilon(t)}$ und des E-Moduls $E = \frac{\sigma(t)}{\varepsilon_{el}}$ durch die versuchsmäßig ermittelten statischen E-Moduln ausgedrückt werden.
Damit ergibt sich:

$$\varphi_E = \frac{\dfrac{\sigma(t)}{\text{stat } E(t)}}{\dfrac{\sigma(t)}{\text{stat } E}} - 1 = \frac{\text{stat } E}{\text{stat } E(t)} - 1$$

# 14. Zusammenstellung der Tabellen

Tabelle 1 : Zusammenstellung der Modellgleichungen für den Verformungsmodul und E-Modul eines Zweistoffsystems unter Berücksichtigung der Belastungsgeschwindigkeit

| Gleichungen[1)] mit Angabe der Numerierung im Text | | Bezeichnung |
|---|---|---|
| 1 | | 2 |
| $E(t) = \dfrac{1}{\dfrac{1-V_K}{E_m}\cdot A_m(t) + \dfrac{V_K}{E_K}}$ | (50) | Modell 1.1 |
| $E(t) = \dfrac{1}{\dfrac{1-V_K}{E_m}\cdot A_m(t) + \dfrac{V_K}{E_K}\cdot A_K(t)}$ | (49) | Modell 1.2 |
| $E(t) = \dfrac{(1-V_K)\cdot E_m}{A_m(t)} + V_K\cdot E_K$ | (53) | Modell 2.1 |
| $E(t) = \dfrac{(1-V_K)\cdot E_m}{A_m(t)} + \dfrac{V_K\cdot E_K}{A_K(t)}$ | (52) | Modell 2.2 |
| $E(t) = \dfrac{1}{\dfrac{1-\sqrt[3]{V_K}}{E_m}\cdot A_m(t) + \dfrac{\sqrt[3]{V_K}}{\sqrt[3]{V_K^2}\cdot E_K + \dfrac{(1-\sqrt[3]{V_K^2})\cdot E_m}{A_m(t)}}}$ | (55) | Modell 3.1 |
| $E(t) = \dfrac{1}{\dfrac{1-\sqrt[3]{V_K}}{E_m}\cdot A_m(t) + \dfrac{\sqrt[3]{V_K}}{\dfrac{\sqrt[3]{V_K^2}\cdot E_K}{A_K(t)} + \dfrac{(1-\sqrt[3]{V_K^2})\cdot E_m}{A_m(t)}}}$ | (54) | Modell 3.2 |

1) Zur übersichtlichen Darstellung werden die Ausdrücke $1 + \frac{E_m}{E_{Kem}}[1 - \frac{\tau_{Kem}}{t}(1 - e^{-\frac{t}{\tau_{Kem}}})]$ und $1 + \frac{E_K}{E_{KeK}}[1 - \frac{\tau_{KeK}}{t}(1 - e^{-\frac{t}{\tau_{KeK}}})]$ durch $A_m(t)$ und $A_K(t)$ ersetzt.

Fortsetzung 1 von Tabelle 1

| 1 | 2 |
| --- | --- |
| $E(t) = \frac{(1-\sqrt[3]{V_K^2})\cdot E_m}{A_m(t)} + \frac{\sqrt[3]{V_K^2}}{\frac{1-\sqrt[3]{V_K}}{E_m}\cdot A_m(t) + \frac{\sqrt[3]{V_K}}{E_K}}$ (57) | Modell 4.1 |
| $E(t) = \frac{(1-\sqrt[3]{V_K^2})\cdot E_m}{A_m(t)} + \frac{\sqrt[3]{V_K^2}}{\frac{1-\sqrt[3]{V_K}}{E_m}\cdot A_m(t) + \frac{\sqrt[3]{V_K}}{E_K}\cdot A_K(t)}$ (56) | Modell 4.2 |
| $E(t) = \frac{1}{\frac{1-\sqrt{V_K}}{E_m}\cdot A_m(t) + \frac{\sqrt{V_K}}{\sqrt{V_K}\cdot E_K + \frac{(1-\sqrt{V_K})\cdot E_m}{A_m(t)}}}$ (59) | Modell 5.1 |
| $E(t) = \frac{1}{\frac{1-\sqrt{V_K}}{E_m}\cdot A_m(t) + \frac{\sqrt{V_K}}{\frac{\sqrt{V_K}\cdot E_K}{A_K(t)} + \frac{(1-\sqrt{V_K})\cdot E_m}{A_m(t)}}}$ (58) | Modell 5.2 |
| $E(t) = \frac{1}{\frac{0{,}5}{\frac{(1-V_K)\cdot E_m}{A_m(t)} - V_K\cdot E_K} + 0{,}5\left(\frac{1-V_K}{E_m}\cdot A_m(t) + \frac{V_K}{E_K}\right)}$ (61) | Modell 6.1 |
| $E(t) = \frac{1}{\frac{0{,}5}{\frac{(1-V_K)\cdot E_m}{A_m(t)} + \frac{V_K\cdot E_K}{A_K(t)}} + 0{,}5\left(\frac{1-V_K}{E_m}\cdot A_m(t) + \frac{V_K}{E_K}\cdot A_K(t)\right)}$ (60) | Modell 6.2 |

Fortsetzung 2 von Tabelle 1

| 1 | 2 |
|---|---|
| $E(t) = \dfrac{\dfrac{2 E_m \cdot (1 - V_K)}{A_m(t)} + E_K \cdot (1 + 2 V_K)}{\dfrac{E_m (2 + V_K)}{A_m(t)} + E_K \cdot (1 - V_K)} \cdot \dfrac{E_m}{A_m(t)}$ (64) | Modell 7.1 |
| $E(t) = \dfrac{\dfrac{2 E_m (1 - V_K)}{A_m(t)} + \dfrac{E_K \cdot (1 + 2 V_K)}{A_K(t)}}{\dfrac{E_m (2 + V_K)}{A_m(t)} + \dfrac{E_K \cdot (1 - V_K)}{A_K(t)}} \cdot \dfrac{E_m}{A_m(t)}$ (63) | Modell 7.2 |
| $E(t) = \dfrac{\dfrac{E_m \cdot (1 - V_K)}{A_m(t)} + E_K \cdot (1 + V_K)}{\dfrac{E_m \cdot (1 + V_K)}{A_m(t)} + E_K \cdot (1 - V_K)} \cdot \dfrac{E_m}{A_m(t)}$ (66) | Modell 8.1 |
| $E(t) = \dfrac{\dfrac{E_m (1 - V_K)}{A_m(t)} + \dfrac{E_K \cdot (1 + V_K)}{A_K(t)}}{\dfrac{E_m (1 + V_K)}{A_m(t)} + \dfrac{E_K \cdot (1 - V_K)}{A_K(t)}} \cdot \dfrac{E_m}{A_m(t)}$ (65) | Modell 8.2 |
| $E(t) = -286\,995 \cdot V_m + 278\,792 \cdot \dfrac{E_m(t)}{10^5} - 63\,899 \left(\dfrac{E_m(t)}{10^5}\right)^2 + 7550 \left(\dfrac{E_K(t)}{10\, E_m(t)}\right)^2 + 111\,203 \cdot \dfrac{10 + \log 20{,}4 \cdot \ddot{\varepsilon}}{10} + 4352 \dfrac{D}{10}$ (127) | Modell 9 |
| $E(t) = -275\,671 \cdot V_m + 274\,285 \cdot \dfrac{E_m(t)}{10^5} - 58\,366 \left(\dfrac{E_m(t)}{10^5}\right)^2 + 15\,930 \left(\dfrac{E_K(t)}{10\, E_m(t)}\right)^2 + 97\,764 \cdot \dfrac{10 + \log 20{,}4 \cdot \ddot{\varepsilon}}{10} + 1958 \dfrac{D}{10}$ (125) | Modell 10 |
| $E(t) = -306\,182 \cdot V_m + 355\,139 \cdot \dfrac{E_m(t)}{10^5} - 103\,122 \left(\dfrac{E_m(t)}{10^5}\right)^2 + 1598 \left(\dfrac{E_K(t)}{10\, E_m(t)}\right)^2 + 103\,564 \cdot \dfrac{10 + \log \tau}{10}$ (126) | Modell 11 |

**Tabelle 2 :** Zusammenstellung der Zementsteinkörper, Versuchsreihe 1

| Lfd. Nr. | Zement-art | Wasserzementwert W/Z | | | Lagerung der Probekörper | | Spannungsänderung in kp/cm²s | | | | Kennzeichnung |
|---|---|---|---|---|---|---|---|---|---|---|---|
| | PZ 275 | 0,40 | 0,50 | 0,70 | Wasser | Luft | 0,05 | 0,5 | 5 | 50 | |
| 1 | 2 | 3 | 4 | 5 | 6 | 7 | 8 | 9 | 10 | 11 | 12 |
| 1 | x | x | | | x | | x | | | | 040990001 |
| 2 | x | x | | | x | | | x | | | 040990001 |
| 3 | x | x | | | x | | | | x | | 040990001 |
| 4 | x | x | | | x | | | | | x | 040990001 |
| 5 | x | | x | | x | | x | | | | 050990001 |
| 6 | x | | x | | x | | | x | | | 050990001 |
| 7 | x | | x | | x | | | | x | | 050990001 |
| 8 | x | | x | | x | | | | | x | 050990001 |
| 9 | x | | | x | x | | x | | | | 070990001 |
| 10 | x | | | x | x | | | x | | | 070990001 |
| 11 | x | | | x | x | | | | x | | 070990001 |
| 12 | x | | | x | x | | | | | x | 070990001 |
| 13 | x | x | | | | x | x | | | | 040990002 |
| 14 | x | x | | | | x | | x | | | 040990002 |
| 15 | x | x | | | | x | | | x | | 040990002 |
| 16 | x | x | | | | x | | | | x | 040990002 |

Fortsetzung von Tabelle 2

| 1 | 2 | 3 | 4 | 5 | 6 | 7 | 8 | 9 | 10 | 11 | 12 |
|---|---|---|---|---|---|---|---|---|---|---|---|
| 17 | x | | x | | | x | x | | | | 050990002 |
| 18 | x | | x | | | x | | x | | | 050990002 |
| 19 | x | | x | | | x | | | x | | 050990002 |
| 20 | x | | x | | | x | | | | x | 050990002 |
| 21 | x | | | x | | x | x | | | | 070990002 |
| 22 | x | | | x | | x | | x | | | 070990002 |
| 23 | x | | | x | | x | | | x | | 070990002 |
| 24 | x | | | x | | x | | | | x | 070990002 |

Tabelle 3: Zusammenstellung der verwendeten Natursteinkörper, Versuchsreihe 2

| Lfd. Nr. | Zuschlagart | | Lagerung der Probekörper | | Spannungsänderung in $kp/cm^2s$ | | | | Vorkommen | Kennzeichnung |
|---|---|---|---|---|---|---|---|---|---|---|
| | Granit | Basalt | Wasser | Luft | 0,05 | 0,5 | 5 | 50 | | |
| 1 | 2 | 3 | 4 | 5 | 6 | 7 | 8 | 9 | 10 | 11 |
| 1 | x | | x | | x | | | | | 100000001 |
| 2 | x | | x | | | x | | | | 100000001 |
| 3 | x | | x | | | | x | | | 100000001 |
| 4 | x | | x | | | | | x | Klinger- | 100000001 |
| 5 | x | | | x | x | | | | reuth/ | 100000002 |
| 6 | x | | | x | | x | | | Hauzen- | 100000002 |
| 7 | x | | | x | | | x | | berg | 100000002 |
| 8 | x | | | x | | | | x | | 100000002 |
| 9 | | x | x | | x | | | | Willme- | 200000001 |
| 10 | | x | x. | | | x | | | roth/ | 200000001 |
| 11 | | x | x | | | . | x | | Siegkreis | 200000001 |
| 12 | | x | x | | | | | x | | 200000001 |

Tabelle 4 : Zusammenstellung der Mörtelkörper, Versuchsreihe 3

| Lfd. Nr. | Zement-art | Zuschlagart | | Wasserzementwert W/Z | | | Zementleimgehalt in Vol.-% | | Größtkorn D in mm | | | | Lagerung 1) | | Spannungsänderung in kp/cm$^2$s | | | | Kennzeichnung |
|---|---|---|---|---|---|---|---|---|---|---|---|---|---|---|---|---|---|---|---|
| | PZ 275 | Granit | Basalt | 0,40 | 0,50 | 0,70 | 33 | 67 | 1 | 3 | 7 | 15 | W | L | 0,05 | 0,5 | 5 | 50 | |
| 1 | 2 | 3 | 4 | 5 | 6 | 7 | 8 | 9 | 10 | 11 | 12 | 13 | 14 | 15 | 16 | 17 | 18 | 19 | 20 |
| 1 | x | x | | x | | | x | | | | x | | x | | x | | | | 140330751 |
| 2 | x | x | | x | | | x | | | | x | | x | | | x | | | 140330751 |
| 3 | x | x | | x | | | x | | | | x | | x | | | | x | | 140330751 |
| 4 | x | x | | x | | | x | | | | x | | x | | | | | x | 140330751 |
| 5 | x | x | | | x | | x | | | | x | | x | | x | | | | 150330751 |
| 6 | x | x | | | x | | x | | | | x | | x | | | x | | | 150330751 |
| 7 | x | x | | | x | | x | | | | x | | x | | | | x | | 150330751 |
| 8 | x | x | | | x | | x | | | | x | | x | | | | | x | 150330751 |
| 9 | x | x | | | | x | x | | | | x | | x | | x | | | | 170330751 |
| 10 | x | x | | | | x | x | | | | x | | x | | | x | | | 170330751 |
| 11 | x | x | | | | x | x | | | | x | | x | | | | x | | 170330751 |
| 12 | x | x | | | | x | x | | | | x | | x | | | | | x | 170330751 |

1) W entspricht Wasserlagerung, L entspricht Luftlagerung

**Fortsetzung 1 von Tabelle 4**

| 1 | 2 | 3 | 4 | 5 | 6 | 7 | 8 | 9 | 10 | 11 | 12 | 13 | 14 | 15 | 16 | 17 | 18 | 19 | 20 |
|---|---|---|---|---|---|---|---|---|---|---|---|---|---|---|---|---|---|---|---|
| 13 | x | x | | x | | | | x | | | x | | x | | x | | | | 140670751 |
| 14 | x | x | | x | | | | x | | | x | | x | | | x | | | 140670751 |
| 15 | x | x | | x | | | | x | | | x | | x | | | | x | | 140670751 |
| 16 | x | x | | x | | | | x | | | x | | x | | | | | x | 140670751 |
| 17 | x | x | | | x | | | x | | | x | | x | | x | | | | 150670751 |
| 18 | x | x | | | x | | | x | | | x | | x | | | x | | | 150670751 |
| 19 | x | x | | | x | | | x | | | x | | x | | | | x | | 150670751 |
| 20 | x | x | | | x | | | x | | | x | | x | | | | | x | 150670751 |
| 21 | x | x | | | | x | | x | | | x | | x | | x | | | | 170670751 |
| 22 | x | x | | | | x | | x | | | x | | x | | | x | | | 170670751 |
| 23 | x | x | | | | x | | x | | | x | | x | | | | x | | 170670751 |
| 24 | x | x | | | | x | | x | | | x | | x | | | | | x | 170670751 |
| 25 | x | x | | x | | | x | | | | x | | | x | x | | | | 140330752 |
| 26 | x | x | | x | | | x | | | | x | | | x | | x | | | 140330752 |
| 27 | x | x | | x | | | x | | | | x | | | x | | | x | | 140330752 |
| 28 | x | x | | x | | | x | | | | x | | | x | | | | x | 140330752 |
| 29 | x | x | | | x | | x | | | | x | | | x | x | | | | 150330752 |
| 30 | x | x | | | x | | x | | | | x | | | x | | x | | | 150330752 |
| 31 | x | x | | | x | | x | | | | x | | | x | | | x | | 150330752 |
| 32 | x | x | | | x | | x | | | | x | | | x | | | | x | 150330752 |

Fortsetzung 2 von Tabelle 4

| 1 | 2 | 3 | 4 | 5 | 6 | 7 | 8 | 9 | 10 | 11 | 12 | 13 | 14 | 15 | 16 | 17 | 18 | 19 | 20 |
|---|---|---|---|---|---|---|---|---|---|---|---|---|---|---|---|---|---|---|---|
| 33 | x | x | | | | x | x | | | | x | | | x | x | | | | 170330752 |
| 34 | x | x | | | | x | x | | | | x | | | x | | x | | | 170330752 |
| 35 | x | x | | | | x | x | | | | x | | | x | | | x | | 170330752 |
| 36 | x | x | | | | x | x | | | | x | | | x | | | | x | 170330752 |
| 37 | x | x | | x | | | | x | | | x | | | x | x | | | | 140670752 |
| 38 | x | x | | x | | | | x | | | x | | | x | | x | | | 140670752 |
| 39 | x | x | | x | | | | x | | | x | | | x | | | x | | 140670752 |
| 40 | x | x | | x | | | | x | | | x | | | x | | | | x | 140670752 |
| 41 | x | x | | | x | | | x | | | x | | | x | x | | | | 150670752 |
| 42 | x | x | | | x | | | x | | | x | | | x | | x | | | 150670752 |
| 43 | x | x | | | x | | | x | | | x | | | x | | | x | | 150670752 |
| 44 | x | x | | | x | | | x | | | x | | | x | | | | x | 150670752 |
| 45 | x | x | | | | x | | x | | | x | | | x | x | | | | 170670752 |
| 46 | x | x | | | | x | | x | | | x | | | x | | x | | | 170670752 |
| 47 | x | x | | | | x | | x | | | x | | | x | | | x | | 170670752 |
| 48 | x | x | | | | x | | x | | | x | | | x | | | | x | 170670752 |

**Tabelle 5 :** Zusammenstellung der Mörtel- und Betonkörper, Versuchsreihe 4

| Lfd. Nr. | Zement-art | Zuschlagart | | Wasserzementwert W/Z | | | Zementleimgehalt in Vol.-% | | Größtkorn D in mm | | | | Lagerung 1) | | Spannungsänderung in $kp/cm^2s$ | | | | Kennzeichnung |
|---|---|---|---|---|---|---|---|---|---|---|---|---|---|---|---|---|---|---|---|
| | PZ 275 | Granit | Basalt | 0,40 | 0,50 | 0,70 | 33 | 67 | 1 | 3 | 7 | 15 | W | L | 0,05 | 0,5 | 5 | 50 | |
| 1 | 2 | 3 | 4 | 5 | 6 | 7 | 8 | 9 | 10 | 11 | 12 | 13 | 14 | 15 | 16 | 17 | 18 | 19 | 20 |
| 49 | x | x | | x | | | x | | x | | | | x | | x | | | | 140330151 |
| 50 | x | x | | x | | | x | | x | | | | x | | | | x | | 140330151 |
| 51 | x | x | | x | | | x | | x | | | | x | | | | | x | 140330151 |
| 52 | x | x | | | | x | x | | x | | | | x | | x | | | | 170330151 |
| 53 | x | x | | | | x | x | | x | | | | x | | | x | | | 170330151 |
| 54 | x | x | | | | x | x | | x | | | | x | | | | x | | 170330151 |
| 55 | x | x | | | | x | x | | x | | | | x | | | | | x | 170330151 |
| 56 | x | x | | x | | | | x | x | | | | x | | x | | | | 140670151 |
| 57 | x | x | | x | | | | x | x | | | | x | | | x | | | 140670151 |
| 58 | x | x | | x | | | | x | x | | | | x | | | | x | | 140670151 |
| 59 | x | x | | x | | | | x | x | | | | x | | | | | x | 140670151 |
| 60 | x | x | | | | x | | x | x | | | | x | | x | | | | 170670151 |
| 61 | x | x | | | | x | | x | x | | | | x | | | | x | | 170670151 |
| 62 | x | x | | | | x | | x | x | | | | x | | | | | x | 170670151 |

1) W entspricht Wasserlagerung, L entspricht Luftlagerung

**Fortsetzung 1 von Tabelle 5**

| 1 | 2 | 3 | 4 | 5 | 6 | 7 | | | 10 | 11 | 12 | 13 | 14 | 15 | 16 | 17 | 18 | 19 | 20 |
|---|---|---|---|---|---|---|---|---|---|---|---|---|---|---|---|---|---|---|---|
| 63 | x | x | | x | | | x | | | x | | | x | | x | | | | 140330351 |
| 64 | x | x | | x | | | x | | | x | | | x | | | x | | | 140330351 |
| 65 | x | x | | x | | | x | | | x | | | x | | | | x | | 140330351 |
| 66 | x | x | | x | | | x | | | x | | | x | | | | | x | 140330351 |
| 67 | x | x | | | | x | x | | | x | | | x | | x | | | | 170330351 |
| 68 | x | x | | | | x | x | | | x | | | x | | | | x | | 170330351 |
| 69 | x | x | | | | x | x | | | x | | | x | | | | | x | 170330351 |
| 70 | x | x | | x | | | | x | | x | | | x | | x | | | | 140670351 |
| 71 | x | x | | x | | | | x | | x | | | x | | | x | | | 140670351 |
| 72 | x | x | | x | | | | x | | x | | | x | | | | x | | 140670351 |
| 73 | x | x | | x | | | | x | | x | | | x | | | | | x | 140670351 |
| 74 | x | x | | | | x | | x | | x | | | x | | x | | | | 170670351 |
| 75 | x | x | | | | x | | x | | x | | | x | | | | x | | 170670351 |
| 76 | x | x | | | | x | | x | | x | | | x | | | | | x | 170670351 |
| 1 | x | x | | x | | | x | | | | x | | x | | x | | | | 140330751 |
| 2 | x | x | | x | | | x | | | | x | | x | | | x | | | 140330751 |
| 3 | x | x | | x | | | x | | | | x | | x | | | | x | | 140330751 |
| 4 | x | x | | x | | | x | | | | x | | x | | | | | x | 140330751 |

Fortsetzung 2 von Tabelle 5

| 1 | 2 | 3 | 4 | 5 | 6 | 7 | 8 | 9 | 10 | 11 | 12 | 13 | 14 | 15 | 16 | 17 | 18 | 19 | 20 |
|---|---|---|---|---|---|---|---|---|---|---|---|---|---|---|---|---|---|---|---|
| 9 | x | x | | | | x | x | | | | x | | x | | x | | | | 170330751 |
| 10 | x | x | | | | x | x | | | | x | | x | | | x | | | 170330751 |
| 11 | x | x | | | | x | x | | | | x | | x | | | | x | | 170330751 |
| 12 | x | x | | | | x | x | | | | x | | x | | | | | x | 170330751 |
| 13 | x | x | | x | | | | x | | | x | | x | | x | | | | 140670751 |
| 14 | x | x | | x | | | | x | | | x | | x | | | x | | | 140670751 |
| 15 | x | x | | x | | | | x | | | x | | x | | | | x | | 140670751 |
| 16 | x | x | | x | | | | x | | | x | | x | | | | | x | 140670751 |
| 21 | x | x | | | | x | | x | | | x | | x | | x | | | | 170670751 |
| 22 | x | x | | | | x | | x | | | x | | x | | | x | | | 170670751 |
| 23 | x | x | | | | x | | x | | | x | | x | | | | x | | 170670751 |
| 24 | x | x | | | | x | | x | | | x | | x | | | | | x | 170670751 |
| 77 | x | x | | x | | | x | | | | | x | x | | x | | | | 140331551 |
| 78 | x | x | | x | | | x | | | | | x | x | | | x | | | 140331551 |
| 79 | x | x | | x | | | x | | | | | x | x | | | | x | | 140331551 |
| 80 | x | x | | x | | | x | | | | | x | x | | | | | x | 140331551 |
| 81 | x | x | | | | x | x | | | | | x | x | | x | | | | 170331551 |
| 82 | x | x | | | | x | x | | | | | x | x | | | x | | | 170331551 |
| 83 | x | x | | | | x | x | | | | | x | x | | | | x | | 170331551 |
| 84 | x | x | | | | x | x | | | | | x | x | | | | | x | 170331551 |

Fortsetzung 3 von Tabelle 5

| 1 | 2 | 3 | 4 | 5 | 6 | 7 | 8 | 9 | 10 | 11 | 12 | 13 | 14 | 15 | 16 | 17 | 18 | 19 | 20 |
|---|---|---|---|---|---|---|---|---|---|---|---|---|---|---|---|---|---|---|---|
| 85 | x | x | | x | | | | x | | | | x | x | | x | | | | 140671551 |
| 86 | x | x | | x | | | | x | | | | x | x | | | x | | | 140671551 |
| 87 | x | x | | x | | | | x | | | | x | x | | | | x | | 140671551 |
| 88 | x | x | | x | | | | x | | | | x | x | | | | | x | 140671551 |
| 89 | x | x | | | | x | | x | | | | x | x | | x | | | | 170671551 |
| 90 | x | x | | | | x | | x | | | | x | x | | | x | | | 170671551 |
| 91 | x | x | | | | x | | x | | | | x | x | | | | x | | 170671551 |
| 92 | x | x | | | | x | | x | | | | x | x | | | | | x | 170671551 |

<u>**Tabelle 6 :**</u> Zusammenstellung der Mörtel- und Betonkörper, Versuchsreihe 5

| Lfd. Nr. | Ze-ment-art | Zuschlagart | | Wasserzementwert W/Z | | | Zement-leim-gehalt in Vol.-% | | Größtkorn D in mm | | | | Lage-rung 1) | | Spannungsänderung in $kp/cm^2s$ | | | | Kennzeichnung |
|---|---|---|---|---|---|---|---|---|---|---|---|---|---|---|---|---|---|---|---|
| | PZ 275 | Gra-nit | Ba-salt | 0,40 | 0,50 | 0,70 | 33 | 67 | 1 | 3 | 7 | 15 | W | L | 0,05 | 0,5 | 5 | 50 | |
| 1 | 2 | 3 | 4 | 5 | 6 | 7 | 8 | 9 | 10 | 11 | 12 | 13 | 14 | 15 | 16 | 17 | 18 | 19 | 20 |
| 93 | x | x | | x | | | x | | x | | | | | x | x | | | | 140330152 |
| 94 | x | x | | x | | | x | | x | | | | | x | | | x | | 140330152 |
| 95 | x | x | | x | | | x | | x | | | | | x | | | | x | 140330152 |
| 96 | x | x | | | | x | x | | x | | | | | x | x | | | | 170330152 |
| 97 | x | x | | | | x | x | | x | | | | | x | | | x | | 170330152 |
| 98 | x | x | | | | x | x | | x | | | | | x | | | | x | 170330152 |
| 99 | x | x | | x | | | | x | x | | | | | x | x | | | | 140670152 |
| 100 | x | x | | x | | | | x | x | | | | | x | | | x | | 140670152 |
| 101 | x | x | | x | | | | x | x | | | | | x | | | | x | 140670152 |
| 102 | x | x | | | | x | | x | x | | | | | x | x | | | | 170670152 |
| 103 | x | x | | | | x | | x | x | | | | | x | | | x | | 170670152 |
| 104 | x | x | | | | x | | x | x | | | | | x | | | | x | 170670152 |
| 105 | x | x | | x | | | x | | | x | | | | x | x | | | | 140330352 |
| 106 | x | x | | x | | | x | | | x | | | | x | | | x | | 140330352 |
| 107 | x | x | | x | | | x | | | x | | | | x | | | | x | 140330352 |

1) W entspricht Wasserlagerung, L entspricht Luftlagerung

Fortsetzung 1 von Tabelle 6

| 1 | 2 | 3 | 4 | 5 | 6 | 7 | 8 | 9 | 10 | 11 | 12 | 13 | 14 | 15 | 16 | 17 | 18 | 19 | 20 |
|---|---|---|---|---|---|---|---|---|---|---|---|---|---|---|---|---|---|---|---|
| 108 | x | x | | | | x | x | | | x | | | | x | x | | | | 170330352 |
| 109 | x | x | | | | x | x | | | x | | | | x | | | x | | 170330352 |
| 110 | x | x | | | | x | x | | | x | | | | x | | | | x | 170330352 |
| 111 | x | x | | x | | | | x | | x | | | | x | x | | | | 140670352 |
| 112 | x | x | | x | | | | x | | x | | | | x | | x | | | 140670352 |
| 113 | x | x | | x | | | | x | | x | | | | x | | | x | | 140670352 |
| 114 | x | x | | x | | | | x | | x | | | | x | | | | x | 140670352 |
| 115 | x | x | | | | x | | x | | x | | | | x | x | | | | 170670352 |
| 116 | x | x | | | | x | | x | | x | | | | x | | | x | | 170670352 |
| 117 | x | x | | | | x | | x | | x | | | | x | | | | x | 170670352 |
| 25 | x | x | | x | | | x | | | | x | | | x | x | | | | 140330752 |
| 26 | x | x | | x | | | x | | | | x | | | x | | x | | | 140330752 |
| 27 | x | x | | x | | | x | | | | x | | | x | | | x | | 140330752 |
| 28 | x | x | | x | | | x | | | | x | | | x | | | | x | 140330752 |
| 33 | x | x | | | | x | x | | | | x | | | x | x | | | | 170330752 |
| 34 | x | x | | | | x | x | | | | x | | | x | | x | | | 170330752 |
| 35 | x | x | | | | x | x | | | | x | | | x | | | x | | 170330752 |
| 36 | x | x | | | | x | x | | | | x | | | x | | | | x | 170330752 |
| 37 | x | x | | x | | | | x | | | x | | | x | x | | | | 140670752 |
| 38 | x | x | | x | | | | x | | | x | | | x | | x | | | 140670752 |
| 39 | x | x | | x | | | | x | | | x | | | x | | | x | | 140670752 |
| 40 | x | x | | x | | | | x | | | x | | | x | | | | x | 140670752 |

**Fortsetzung** 2 von **Tabelle** 6

| 1 | 2 | 3 | 4 | 5 | 6 | 7 | 8 | 9 | 10 | 11 | 12 | 13 | 14 | 15 | 16 | 17 | 18 | 19 | 20 |
|---|---|---|---|---|---|---|---|---|---|---|---|---|---|---|---|---|---|---|---|
| 45 | x | x | | | | x | | x | | | x | | | x | x | | | | 170670752 |
| 46 | x | x | | | | x | | x | | | x | | | x | | x | | | 170670752 |
| 47 | x | x | | | | x | | x | | | x | | | x | | | x | | 170670752 |
| 48 | x | x | | | | x | | x | | | x | | | x | | | | x | 170670752 |
| 117 | x | x | | x | | | x | | | x | | x | | x | x | | | | 140331552 |
| 118 | x | x | | x | | | x | | | x | | x | | x | | | x | | 140331552 |
| 119 | x | x | | x | | | x | | | x | | x | | x | | | | x | 140331552 |
| 120 | x | x | | | | x | x | | | x | | x | | x | x | | | | 170331552 |
| 121 | x | x | | | | x | x | | | x | | x | | x | | x | | | 170331552 |
| 122 | x | x | | | | x | x | | | x | | x | | x | | | x | | 170331552 |
| 123 | x | x | | | | x | x | | | x | | x | | x | | | | x | 170331552 |
| 124 | x | x | | x | | | | x | | x | | x | | x | x | | | | 140671552 |
| 125 | x | x | | x | | | | x | | x | | x | | x | | x | | | 140671552 |
| 126 | x | x | | x | | | | x | | x | | x | | x | | | x | | 140671552 |
| 127 | x | x | | x | | | | x | | x | | x | | x | | | | x | 140671552 |
| 128 | x | x | | | | x | | x | | x | | x | | x | x | | | | 170671552 |
| 129 | x | x | | | | x | | x | | x | | x | | x | | | x | | 170671552 |
| 130 | x | x | | | | x | | x | | x | | x | | x | | | | x | 170671552 |

Tabelle 7 : Zusammenstellung der Mörtelkörper, Versuchsreihe 6

| Lfd. Nr. | Zement-art | Zuschlagart | | Wasserzementwert W/Z | | | Zementleimgehalt in Vol.-% | | Größtkorn D in mm | | | | Lagerung 1) | | Spannungsänderung in $kp/cm^2s$ | | | | Kennzeichnung |
|---|---|---|---|---|---|---|---|---|---|---|---|---|---|---|---|---|---|---|---|
| | PZ 275 | Granit | Basalt | 0,40 | 0,50 | 0,70 | 33 | 67 | 1 | 3 | 7 | 15 | W | L | 0,05 | 0,5 | 5 | 50 | |
| 1 | 2 | 3 | 4 | 5 | 6 | 7 | 8 | 9 | 10 | 11 | 12 | 13 | 14 | 15 | 16 | 17 | 18 | 19 | 20 |
| 1 | x | x | | x | | | x | | | | x | | x | | x | | | | 140330751 |
| 2 | x | x | | x | | | x | | | | x | | x | | | x | | | 140330751 |
| 3 | x | x | | x | | | x | | | | x | | x | | | | x | | 140330751 |
| 4 | x | x | | x | | | x | | | | x | | x | | | | | x | 140330751 |
| 9 | x | x | | | | x | x | | | | x | | x | | x | | | | 170330751 |
| 10 | x | x | | | | x | x | | | | x | | x | | | x | | | 170330751 |
| 11 | x | x | | | | x | x | | | | x | | x | | | | x | | 170330751 |
| 12 | x | x | | | | x | x | | | | x | | x | | | | | x | 170330751 |
| 13 | x | x | | x | | | | x | | | x | | x | | x | | | | 140670751 |
| 14 | x | x | | x | | | | x | | | x | | x | | | x | | | 140670751 |
| 15 | x | x | | x | | | | x | | | x | | x | | | | x | | 140670751 |
| 16 | x | x | | x | | | | x | | | x | | x | | | | | x | 140670751 |

1) W entspricht Wasserlagerung, L entspricht Luftlagerung

**Fortsetzung** 1 von **Tabelle** 7

| 1 | 2 | 3 | 4 | 5 | 6 | 7 | 8 | 9 | 10 | 11 | 12 | 13 | 14 | 15 | 16 | 17 | 18 | 19 | 20 |
|---|---|---|---|---|---|---|---|---|---|---|---|---|---|---|---|---|---|---|---|
| 21 | x | x | | | | x | | x | | | x | | x | | x | | | | 170670751 |
| 22 | x | x | | | | x | | x | | | x | | x | | | x | | | 170670751 |
| 23 | x | x | | | | x | | x | | | x | | x | | | | x | | 170670751 |
| 24 | x | x | | | | x | | x | | | x | | x | | | | | x | 170670751 |
| 131 | x | | x | x | | | x | | | | x | | x | | x | | | | 240330751 |
| 132 | x | | x | x | | | x | | | | x | | x | | | x | | | 240330751 |
| 133 | x | | x | x | | | x | | | | x | | x | | | | x | | 240330751 |
| 134 | x | | x | x | | | x | | | | x | | x | | | | | x | 240330751 |
| 135 | x | | x | | | x | x | | | | x | | x | | x | | | | 270330751 |
| 136 | x | | x | | | x | x | | | | x | | x | | | x | | | 270330751 |
| 137 | x | | x | | | x | x | | | | x | | x | | | | x | | 270330751 |
| 138 | x | | x | | | x | x | | | | x | | x | | | | | x | 270330751 |
| 139 | x | | x | x | | | | x | | | x | | x | | x | | | | 240670751 |
| 140 | x | | x | x | | | | x | | | x | | x | | | x | | | 240670751 |
| 141 | x | | x | x | | | | x | | | x | | x | | | | x | | 240670751 |
| 142 | x | | x | x | | | | x | | | x | | x | | | | | x | 240670751 |
| 143 | x | | x | | | x | | x | | | x | | x | | x | | | | 270670751 |
| 144 | x | | x | | | x | | x | | | x | | x | | | x | | | 270670751 |
| 145 | x | | x | | | x | | x | | | x | | x | | | | x | | 270670751 |
| 146 | x | | x | | | x | | x | | | x | | x | | | | | x | 270670751 |

Fortsetzung 2 von Tabelle 7

| 1 | 2 | 3 | 4 | 5 | 6 | 7 | 8 | 9 | 10 | 11 | 12 | 13 | 14 | 15 | 16 | 17 | 18 | 19 | 20 |
|---|---|---|---|---|---|---|---|---|---|---|---|---|---|---|---|---|---|---|---|
| 25 | x | x | | x | | | x | | | | x | | | x | x | | | | 140330752 |
| 26 | x | x | | x | | | x | | | | x | | | x | | x | | | 140330752 |
| 27 | x | x | | x | | | x | | | | x | | | x | | | x | | 140330752 |
| 28 | x | x | | x | | | x | | | | x | | | x | | | | x | 140330752 |
| 33 | x | x | | | | x | x | | | | x | | | x | x | | | | 170330752 |
| 34 | x | x | | | | x | x | | | | x | | | x | | x | | | 170330752 |
| 35 | x | x | | | | x | x | | | | x | | | x | | | x | | 170330752 |
| 36 | x | x | | | | x | x | | | | x | | | x | | | | x | 170330752 |
| 37 | x | x | | x | | | | x | | | x | | | x | x | | | | 140670752 |
| 38 | x | x | | x | | | | x | | | x | | | x | | x | | | 140670752 |
| 39 | x | x | | x | | | | x | | | x | | | x | | | x | | 140670752 |
| 40 | x | x | | x | | | | x | | | x | | | x | | | | x | 140670752 |
| 45 | x | x | | | | x | | x | | | x | | | x | x | | | | 170670752 |
| 46 | x | x | | | | x | | x | | | x | | | x | | x | | | 170670752 |
| 47 | x | x | | | | x | | x | | | x | | | x | | | x | | 170670752 |
| 48 | x | x | | | | x | | x | | | x | | | x | | | | x | 170670752 |
| 147 | x | | x | x | | | x | | | | x | | | x | x | | | | 240330752 |
| 148 | x | | x | x | | | x | | | | x | | | x | | x | | | 240330752 |
| 149 | x | | x | x | | | x | | | | x | | | x | | | x | | 240330752 |
| 150 | x | | x | x | | | x | | | | x | | | x | | | | x | 240330752 |

Fortsetzung 3 von Tabelle 7

| 1 | 2 | 3 | 4 | 5 | 6 | 7 | 8 | 9 | 10 | 11 | 12 | 13 | 14 | 15 | 16 | 17 | 18 | 19 | 20 |
|---|---|---|---|---|---|---|---|---|---|---|---|---|---|---|---|---|---|---|---|
| 151 | x | | x | | | x | x | | | | x | | | x | x | | | | 270330752 |
| 152 | x | | x | | | x | x | | | | x | | | x | | x | | | 270330752 |
| 153 | x | | x | | | x | x | | | | x | | | x | | | x | | 270330752 |
| 154 | x | | x | | | x | x | | | | x | | | x | | | | x | 270330752 |
| 155 | x | | x | x | | | | x | | | x | | | x | x | | | | 240670752 |
| 156 | x | | x | x | | | | x | | | x | | | x | | | x | | 240670752 |
| 157 | x | | x | x | | | | x | | | x | | | x | | | | x | 240670752 |
| 158 | x | | x | | | x | | x | | | x | | | x | x | | | | 270670752 |
| 159 | x | | x | | | x | | x | | | x | | | x | | | x | | 270670752 |
| 160 | x | | x | | | x | | x | | | x | | | x | | | | x | 270670752 |

Tabelle 8 : Zusammenstellung der verwendeten Kornzusammensetzungen

| Kennzeichnung der Sieblinie | Größtkorn D | Exponent n | Siebdurchgang in Vol.-% durch die Siebe | | | | |
|---|---|---|---|---|---|---|---|
| | mm | | 0,2 (DIN 4188) | 1 (DIN 1170) | 3 (DIN 1170) | 7 (DIN 1170) | 15 (DIN 1170) |
| 1 | 2 | 3 | 4 | 5 | 6 | 7 | 8 |
| 015 | 1 | 0,5 | 19,0 | 100,0 | 100,0 | 100,0 | 100,0 |
| 035 | 3 | 0,5 | 9,3 | 48,3 | 100,0 | 100,0 | 100,0 |
| 075 | 7 | 0,5 | 5,6 | 29,3 | 60,8 | 100,0 | 100,0 |
| 155 | 15 | 0,5 | 3,7 | 19,2 | 39,8 | 65,4 | 100,0 |

<u>Tabelle 9:</u> Eigenschaften der verwendeten Kornhaufwerke

| Zuschlag-art | Kennzeichnung der Kornzusammensetzung | Kornrohdichte 1) k kg/dm³ | Haufwerkporenraum 2) $p_H$ Vol.-% | spezifische Oberfläche 3) O m²/kg |
|---|---|---|---|---|
| 1 | 2 | 3 | 4 | 5 |
| Granit | 015 | 2,63 | 32,8 | 10,97 |
| Granit | 035 | 2,63 | 31,2 | 6,40 |
| Granit | 075 | 2,63 | 29,3 | 4,22 |
| Granit | 155 | 2,64 | 24,4 | 2,88 |
| Basalt | 075 | 3,02 | 31,6 | 3,68 |

1) Die Werte wurden aus den Kornrohdichten der Korngruppen und ihren Anteilen bestimmt.

2) Die Werte wurden aus der Schüttdichte und der Kornrohdichte rechnerisch bestimmt, die als Mittelwert aus je drei Versuchen ermittelt wurde.

3) Die Werte wurden nach der Formel $O = \frac{a_f}{k} \cdot \sum \frac{a_i}{100} \cdot \frac{1}{d_m}$ mit einem Kornfaktor $a_f = 11$ bestimmt.

Tabelle 10 : Trockenrohdichte und Wasseraufnahme der verwendeten Zuschläge

| Zuschlagart | Trockenrohdichte [1] $\varrho_{tr}$ kg/dm³ | Wasseraufnahme unter Atmosphärendruck [2] $W_a$ Vol.-% |
|---|---|---|
| 1 | 2 | 3 |
| Granit | 2,64 | 1,11 |
| Basalt | 3,04 | 0,75 |

[1] Die Trockenrohdichte wurde an Bohrkernen Ø 5 cm, h = 20 cm durch Ausmessen nach DIN 52102 bestimmt.

[2] Die Wasseraufnahme unter Atmosphärendruck wurde an Bohrkernen Ø 5 cm, h = 20 cm nach DIN 52103 ermittelt.

Tabelle 11: Mischungsverhältnisse der Mörtel- und Betonkörper

| Kennzeichnung | Mischungsverhältnisse in Masseteilen | | |
|---|---|---|---|
| | Zement | Zuschlag | Wasser |
| | z | k | w |
| 1 | 2 | 3 | 4 |
| 140330151<br>140330152 | 1 | 3,85 | 0,40 |
| 170330151<br>170330152 | 1 | 5,45 | 0,70 |
| 140670151<br>140670152 | 1 | 0,94 | 0,40 |
| 170670151<br>170670152 | 1 | 1,33 | 0,70 |
| 140330351<br>140330352 | 1 | 3,85 | 0,40 |
| 170330351<br>170330352 | 1 | 5,45 | 0,70 |
| 140670351<br>140670352 | 1 | 0,94 | 0,40 |
| 170670351<br>170670352 | 1 | 1,33 | 0,70 |
| 140330751<br>140330752 | 1 | 3,85 | 0,40 |
| 150330751<br>150330752 | 1 | 4,39 | 0,50 |
| 170330751<br>170330752 | 1 | 5,45 | 0,70 |

Fortsetzung von Tabelle 11

| 1 | 2 | 3 | 4 |
|---|---|---|---|
| 140670751<br>140670752 | 1 | 0,94 | 0,40 |
| 150670751<br>150670752 | 1 | 1,07 | 0,50 |
| 170670751<br>170670752 | 1 | 1,33 | 0,70 |
| 140331551<br>140331552 | 1 | 3,86 | 0,40 |
| 170331551<br>170331552 | 1 | 5,46 | 0,70 |
| 140671551<br>140671552 | 1 | 0,94 | 0,40 |
| 170671551<br>170671552 | 1 | 1,33 | 0,70 |
| 240330751<br>240330752 | 1 | 4,43 | 0,40 |
| 270330751<br>270330752 | 1 | 6,25 | 0,70 |
| 240670751<br>240670752 | 1 | 1,09 | 0,40 |
| 270670751<br>270670752 | 1 | 1,54 | 0,70 |

Tab. 12: Zusammenstellung der Mittelwerte der statischen E-Moduln stat E 5 und der Prüfspannung σ

| Versuchsreihe | Kennzeichnung | statischer E-Modul stat E 5 in $10^2$ kp/cm$^2$ und Prüfspannung σ bei einer Spannungsänderung von | | | | | | | | | | | | | | | | | |
|---|---|---|---|---|---|---|---|---|---|---|---|---|---|---|---|---|---|---|---|
| | | 0,005 kp/cm$^2$s [1)] | | | 0,05 kp/cm$^2$s | | | 0,5 kp/cm$^2$s | | | 5 kp/cm$^2$s | | | 50 kp/cm$^2$s | | | 500 kp/cm$^2$s [1)] | | |
| | | stat E 5 | σ kp/cm$^2$ | σ %$\beta_D$ | stat E 5 | σ kp/cm$^2$ | σ %$\beta_D$ | stat E 5 | σ kp/cm$^2$ | σ %$\beta_D$ | stat E 5 | σ kp/cm$^2$ | σ %$\beta_D$ | stat E 5 | σ kp/cm$^2$ | σ % D | stat E 5 | σ kp/cm$^2$ | σ % D |
| 1 | 2 | 3 | 4 | 5 | 6 | 7 | 8 | 9 | 10 | 11 | 12 | 13 | 14 | 15 | 16 | 17 | 18 | 19 | 20 |
| | 040990001 | - | - | - | 1758 | 76 | 12,0 | 1924 | 80 | 11,2 | 2070 | 84 | 11,6 | 2200 | 88 | 11,6 | - | - | - |
| | 040990001 | - | - | - | 1672 | 149 | 23,4 | 1868 | 160 | 22,4 | 1948 | 166 | 22,2 | 2129 | 175 | 23,0 | - | - | - |
| | 040990001 | 1439 | - | - | 1605 | 224 | 35,2 | 1782 | 238 | 33,3 | 1901 | 252 | 33,7 | 2120 | 263 | 34,6 | 2286 | - | - |
| | 040990001 | - | - | - | 1536 | 331 | 52,1 | 1725 | 359 | 50,2 | 1858 | 383 | 51,2 | 2096 | 394 | 51,8 | - | - | - |
| | 050990001 | - | - | - | 1235 | 50 | 11,4 | 1259 | 50 | 11,1 | 1359 | 51 | 10,6 | 1415 | 53 | 10,7 | - | - | - |
| | 050990001 | - | - | - | 1210 | 100 | 22,8 | 1232 | 99 | 22,0 | 1341 | 103 | 21,3 | 1371 | 106 | 21,4 | - | - | - |
| 1 | 050990001 | 1105 | - | - | 1166 | 149 | 34,1 | 1217 | 149 | 33,1 | 1293 | 154 | 31,9 | 1346 | 159 | 32,2 | 1407 | - | - |
| | 050990001 | - | - | - | 1119 | 222 | 50,7 | 1204 | 222 | 49,3 | 1313 | 228 | 47,2 | 1331 | 234 | 47,4 | - | - | - |
| | 070990001 | - | - | - | 782 | 19 | 10,6 | 922 | 21 | 11,1 | 850 | 21 | 10,7 | 857 | 23 | 11,6 | - | - | - |
| | 070990001 | - | - | - | 876 | 38 | 21,2 | 856 | 41 | 21,7 | 872 | 43 | 22,0 | 862 | 45 | 22,6 | - | - | - |
| | 070990001 | 774 | - | - | 801 | 57 | 31,6 | 833 | 61 | 32,2 | 854 | 67 | 33,8 | 885 | 68 | 34,3 | 912 | - | - |
| | 070990001 | - | - | - | 766 | 86 | 47,8 | 798 | 93 | 49,1 | 818 | 97 | 49,5 | 833 | 98 | 49,5 | - | - | - |

1) Die Ergebnisse wurden rechnerisch durch Extrapolation der gemessenen Werte ermittelt.

Tab. 12: Fortsetzung 1

| Versuchsreihe | Kennzeichnung | statischer E-Modul stat E 5 in $10^2$ kp/$cm^2$ und Prüfspannung σ bei einer Spannungsänderung von 0,005 kp/$cm^2$s [1)] | | | 0,05 kp/$cm^2$s | | | 0,5 kp/$cm^2$s | | | 5 kp/$cm^2$s | | | 50 kp/$cm^2$s | | | 500 kp/$cm^2$s [1)] | | |
|---|---|---|---|---|---|---|---|---|---|---|---|---|---|---|---|---|---|---|---|
| | | stat E 5 | σ kp/$cm^2$ | σ %$\beta_D$ | stat E 5 | σ kp/$cm^2$ | σ %$\beta_D$ | stat E 5 | σ kp/$cm^2$ | σ %$\beta_D$ | stat E 5 | σ kp/$cm^2$ | σ %$\beta_D$ | stat E 5 | σ kp/$cm^2$ | σ %$\beta_D$ | stat E 5 | σ kp/$cm^2$ | σ %$\beta_D$ |
| 1 | 2 | 3 | 4 | 5 | 6 | 7 | 8 | 9 | 10 | 11 | 12 | 13 | 14 | 15 | 16 | 17 | 18 | 19 | 20 |
| | 040990002 | - | - | - | 1622 | 70 | 11,0 | 1595 | 77 | 11,1 | 1701 | 81 | 10,7 | 1742 | 84 | 11,0 | - | - | - |
| | 040990002 | - | - | - | 1525 | 139 | 21,9 | 1561 | 154 | 22,2 | 1565 | 164 | 21,8 | 1720 | 168 | 22,0 | - | - | - |
| | 040990002 | 1335 | - | - | 1424 | 208 | 32,8 | 1512 | 232 | 33,5 | 1602 | 247 | 32,5 | 1675 | 252 | 33,0 | 1764 | - | - |
| | 040990002 | - | - | - | 1327 | 311 | 49,1 | 1365 | 361 | 52,1 | 1430 | 371 | 48,9 | 1507 | 370 | 48,4 | - | - | - |
| | 050990002 | - | - | - | 1242 | 49 | 10,6 | 1186 | 50 | 10,7 | 1247 | 51 | 10,6 | 1324 | 59 | 11,2 | - | - | - |
| | 050990002 | - | - | - | 1143 | 199 | 21,4 | 1146 | 100 | 21,4 | 1185 | 103 | 21,4 | 1281 | 118 | 22,4 | - | - | - |
| 1 | 050990002 | 1007 | - | - | 1071 | 149 | 32,3 | 1111 | 152 | 32,6 | 1158 | 154 | 32,0 | 1264 | 177 | 33,7 | 1327 | - | - |
| | 050990002 | - | - | - | 993 | 223 | 48,3 | 1000 | 222 | 47,6 | 1067 | 235 | 48,9 | 1230 | 263 | 50,1 | - | - | - |
| | 070990002 | - | - | - | 680 | 19 | 11,2 | 681 | 20 | 11,5 | 759 | 22 | 12,2 | 676 | 21 | 11,2 | - | - | - |
| | 070990002 | - | - | - | 667 | 38 | 22,4 | 659 | 40 | 23,0 | 704 | 44 | 24,4 | 667 | 41 | 21,8 | - | - | - |
| | 070990002 | 595 | - | - | 613 | 58 | 34,1 | 640 | 58 | 33,4 | 653 | 61 | 33,7 | 669 | 61 | 32,5 | 687 | - | - |
| | 070990002 | - | - | - | 550 | 90 | 52,9 | 572 | 96 | 55,3 | 608 | 98 | 54,2 | 640 | 82 | 43,7 | - | - | - |
| | 100000001 | 3889 | - | - | 4289 | 162 | 11,3 | 4860 | 169 | 11,3 | 5330 | 170 | 10,7 | 5495 | 189 | 11,0 | 5895 | - | - |
| | 100000001 | 3886 | - | - | 4328 | 320 | 22,3 | 4698 | 323 | 21,6 | 5435 | 339 | 21,4 | 5584 | 380 | 22,2 | 6026 | - | - |
| | 100000001 | - | - | - | 4364 | 478 | 32,0 | 4700 | 482 | 33,6 | 5265 | 510 | 32,1 | 5616 | 571 | 23,2 | - | - | - |
| 2 | 100000001 | - | - | - | 4538 | 727 | 50,7 | 4747 | 710 | 47,5 | 5222 | 756 | 47,6 | 5467 | 859 | 50,0 | - | - | - |
| | 100000001 | - | - | - | 4493 | 1051 | 73,3 | 4895 | 1067 | 71,4 | 5205 | 975 | 61,4 | 5465 | 1123 | 65,5 | - | - | - |
| | 100000002 | 3833 | - | - | 4248 | 154 | 10,0 | 5123 | 170 | 10,7 | 5238 | 190 | 11,3 | 5613 | 198 | 11,1 | 6028 | - | - |
| | 100000002 | 4296 | - | - | 4504 | 311 | 20,2 | 5040 | 337 | 21,3 | 5366 | 387 | 23,1 | 5454 | 398 | 22,2 | 5762 | - | - |

Tab. 12: Fortsetzung 2

| Versuchsreihe | Kennzeichnung | statischer E-Modul stat E 5 in $10^2$ kp/cm² und Prüfspannung σ bei einer Spannungsänderung von 0,005 kp/cm²s [1)] | | | 0,05 kp/cm²s | | | 0,5 kp/cm²s | | | 5 kp/cm²s | | | 50 kp/cm²s | | | 500 kp/cm²s [1)] | | |
|---|---|---|---|---|---|---|---|---|---|---|---|---|---|---|---|---|---|---|---|
| | | stat E 5 | σ kp/cm² | σ $\%\beta_D$ | stat E 5 | σ kp/cm² | σ $\%\beta_D$ | stat E 5 | σ kp/cm² | σ $\%\beta_D$ | stat E 5 | σ kp/cm² | σ $\%\beta_D$ | stat E 5 | σ kp/cm² | σ $\%\beta_D$ | stat E 5 | σ kp/cm² | σ $\%\beta_D$ |
| 1 | 2 | 3 | 4 | 5 | 6 | 7 | 8 | 9 | 10 | 11 | 12 | 13 | 14 | 15 | 16 | 17 | 18 | 19 | 20 |
| 2 | 100000002 | - | - | - | 4619 | 470 | 30,5 | 4936 | 507 | 32,0 | 5292 | 562 | 33,5 | 5544 | 605 | 33,7 | - | - | - |
| | 100000002 | - | - | - | 4887 | 701 | 45,5 | 5177 | 760 | 48,0 | 5437 | 840 | 50,2 | 5531 | 860 | 48,0 | - | - | - |
| | 100000002 | - | - | - | 4946 | 1057 | 68,5 | 5323 | 1147 | 72,3 | 5684 | 1261 | 75,2 | 5807 | 1269 | 70,7 | - | - | - |
| | 200000001 | 11212 | - | - | 11540 | 122 | 4,2 | 11727 | 123 | 4,2 | 12192 | 125 | 4,3 | 12145 | 127 | 4,3 | 12473 | - | - |
| | 200000001 | 10386 | - | - | 10591 | 243 | 8,3 | 10882 | 247 | 8,4 | 11077 | 250 | 8,5 | 11220 | 254 | 8,6 | 11425 | - | - |
| | 200000001 | - | - | - | 10440 | 364 | 12,5 | 10499 | 366 | 12,5 | 10748 | 375 | 12,5 | 11034 | 380 | 12,9 | - | - | - |
| | 200000001 | - | - | - | 10328 | 728 | 25,0 | 10538 | 739 | 25,3 | 10742 | 749 | 25,5 | 10811 | 760 | 25,8 | - | - | - |
| | 200000001 | - | - | - | 10242 | 1092 | 37,5 | 10480 | 1108 | 37,8 | 10613 | 1124 | 38,3 | 10750 | 1139 | 38,8 | - | - | - |
| 3 | 140330751 | 2724 | - | - | 2900 | 154 | 33,4 | 3038 | 160 | 33,2 | 3181 | 169 | 33,3 | 3431 | 186 | 32,7 | 3607 | - | - |
| | 150330751 | 2264 | - | - | 2447 | 129 | 32,9 | 2589 | 142 | 32,7 | 2833 | 150 | 33,0 | 2977 | 162 | 32,8 | 3159 | - | - |
| | 170330751 | 1902 | - | - | 2040 | 84 | 32,4 | 2211 | 89 | 33,0 | 2369 | 96 | 32,1 | 2454 | 105 | 32,9 | 2592 | - | - |
| | 140670751 | 1797 | - | - | 1949 | 179 | 33,6 | 2141 | 192 | 33,9 | 2305 | 206 | 33,1 | 2407 | 218 | 33,2 | 2559 | - | - |
| | 150670751 | 1490 | - | - | 1614 | 120 | 33,1 | 1700 | 124 | 33,6 | 1844 | 131 | 33,3 | 1960 | 136 | 33,3 | 2084 | - | - |
| | 170670751 | 1118 | - | - | 1194 | 52 | 32,7 | 1275 | 54 | 32,7 | 1340 | 59 | 33,4 | 1427 | 63 | 33,2 | 1504 | - | - |
| | 140330752 | 2779 | - | - | 2966 | 159 | 33,1 | 3069 | 165 | 32,7 | 3306 | 175 | 33,1 | 3472 | 195 | 34,8 | 3659 | - | - |
| | 150330752 | 2303 | - | - | 2467 | 152 | 33,0 | 2683 | 159 | 33,1 | 2874 | 161 | 33,1 | 2960 | 166 | 33,0 | 3124 | - | - |
| | 170330752 | 1751 | - | - | 1862 | 102 | 33,3 | 1940 | 103 | 33,1 | 2067 | 107 | 33,3 | 2188 | 109 | 33,0 | 2299 | - | - |
| | 140670752 | 2007 | - | - | 2110 | 211 | 33,2 | 2235 | 215 | 33,2 | 2292 | 228 | 32,9 | 2433 | 235 | 32,8 | 2536 | - | - |
| | 150670752 | 1269 | - | - | 1370 | 126 | 33,9 | 1498 | 130 | 33,0 | 1601 | 130 | 32,5 | 1675 | 137 | 33,1 | 1776 | - | - |
| | 170670752 | 977 | - | - | 1034 | 55 | 33,3 | 1100 | 60 | 33,3 | 1140 | 62 | 33,2 | 1211 | 64 | 33,2 | 1268 | - | - |

Tab. 12: Fortsetzung 3

| Versuchsreihe | Kennzeichnung | statischer E-Modul stat E 5 in $10^2$ kp/cm² und Prüfspannung σ bei einer Spannungsänderung von 0,005 kp/cm²s 1) | | | 0,05 kp/cm²s | | | 0,5 kp/cm²s | | | 5 kp/cm²s | | | 50 kp/cm²s | | | 500 kp/cm²s 1) | | |
|---|---|---|---|---|---|---|---|---|---|---|---|---|---|---|---|---|---|---|---|
| | | stat E 5 | σ kp/cm² | σ % $\beta_D$ | stat E 5 | σ kp/cm² | σ % $\beta_D$ | stat E 5 | σ kp/cm² | σ % $\beta_D$ | stat E 5 | σ kp/cm² | σ % $\beta_D$ | stat E 5 | σ kp/cm² | σ % $\beta_D$ | stat E 5 | σ kp/cm² | σ % $\beta_D$ |
| 1 | 2 | 3 | 4 | 5 | 6 | 7 | 8 | 9 | 10 | 11 | 12 | 13 | 14 | 15 | 16 | 17 | 18 | 19 | 20 |
| 4 | 140330151 | 1233 | - | - | 1346 | 48 | 33,1 | - | - | - | 1557 | 51 | 33,1 | 1685 | 55 | 33,3 | 1798 | - | - |
| | 170330151 | 1317 | - | - | 1414 | 48 | 34,1 | 1492 | 51 | 32,3 | 1630 | 55 | 33,1 | 1693 | 58 | 33,2 | 1790 | - | - |
| | 140670151 | 2208 | - | - | 2344 | 198 | 32,3 | 2476 | 212 | 33,4 | 2527 | 225 | 33,2 | 2771 | 261 | 33,3 | 2907 | - | - |
| | 170670151 | 1230 | - | - | 1278 | 64 | 35,2 | - | - | - | 1347 | 73 | 35,4 | 1424 | 78 | 34,5 | 1472 | - | - |
| | 140330351 | 2146 | - | - | 2316 | 93 | 35,1 | 2444 | 99 | 35,5 | 2612 | 107 | 32,4 | 2822 | 111 | 31,6 | 2992 | - | - |
| | 170330351 | 1870 | - | - | 1988 | 73 | 32,9 | - | - | - | 2200 | 79 | 33,7 | 2343 | 84 | 33,8 | 2461 | - | - |
| | 140670351 | 1902 | - | - | 2049 | 174 | 34,6 | 2179 | 213 | 34,5 | 2390 | 228 | 33,0 | 2475 | 244 | 33,9 | 2622 | - | - |
| | 170670351 | 1126 | - | - | 1200 | 49 | 30,2 | - | - | - | 1324 | 59 | 31,2 | 1427 | 62 | 31,4 | 1501 | - | - |
| | 140331551 | 2631 | - | - | 2898 | 193 | 33,2 | 3181 | 203 | 32,6 | 3380 | 208 | 32,3 | 3716 | 231 | 33,0 | 3983 | - | - |
| | 170331551 | 1961 | - | - | 2127 | 68 | 32,2 | 2280 | 74 | 33,1 | 2399 | 78 | 32,1 | 2636 | 84 | 33,0 | 2802 | - | - |
| | 140671551 | 1934 | - | - | 2089 | 179 | 33,0 | 2251 | 193 | 32,7 | 2401 | 203 | 33,1 | 2555 | 218 | 32,7 | 2710 | - | - |
| | 170671551 | 1188 | - | - | 1256 | 63 | 34,5 | 1357 | 64 | 34,4 | 1416 | 66 | 33,6 | 1465 | 76 | 33,6 | 1533 | - | - |
| 5 | 140330152 | 1324 | - | - | 1432 | 74 | 32,8 | - | - | - | 1594 | 79 | 33,0 | 1764 | 86 | 37,8 | 1873 | - | - |
| | 170330152 | 1450 | - | - | 1523 | 45 | 33,5 | - | - | - | 1656 | 53 | 33,2 | 1745 | 55 | 33,2 | 1818 | - | - |
| | 140670152 | 1990 | - | - | 2114 | 229 | 33,0 | - | - | - | 2359 | 248 | 33,6 | 2485 | 265 | 33,5 | 2608 | - | - |
| | 170670152 | 934 | - | - | 991 | 73 | 33,1 | - | - | - | 1119 | 76 | 31,9 | 1168 | 83 | 33,1 | 1227 | - | - |
| | 140330352 | 2040 | - | - | 2151 | 110 | 32,9 | - | - | - | 2367 | 119 | 32,8 | 2485 | 122 | 32,9 | 2596 | - | - |
| | 170330352 | 1846 | - | - | 1942 | 71 | 32,8 | - | - | - | 2147 | 76 | 33,4 | 2229 | 81 | 32,8 | 2325 | - | - |
| | 140670352 | 1909 | - | - | 2016 | 215 | 33,2 | 2093 | 220 | 32,6 | 2276 | 228 | 32,5 | 2318 | 242 | 32,6 | 2425 | - | - |
| | 170670352 | 1040 | - | - | 1097 | 63 | 33,3 | - | - | - | 1215 | 67 | 32,8 | 1269 | 74 | 33,9 | 1327 | - | - |

Tab. 12: Fortsetzung 4

| Versuchsreihe | Kennzeichnung | statischer E-Modul stat E 5 in $10^2$ kp/cm² und Prüfspannung σ bei einer Spannungsänderung von 0,005 kp/cm²s [1)] | | | 0,05 kp/cm²s | | | 0,5 kp/cm²s | | | 5 kp/cm²s | | | 50 kp/cm²s | | | 500 kp/cm²s [1)] | | |
|---|---|---|---|---|---|---|---|---|---|---|---|---|---|---|---|---|---|---|---|
| | | stat E 5 | σ kp/cm² | σ $\%\beta_D$ | stat E 5 | σ kp/cm² | σ $\%\beta_D$ | stat E 5 | σ kp/cm² | σ $\%\beta_D$ | stat E 5 | σ kp/cm² | σ $\%\beta_D$ | stat E 5 | σ kp/cm² | σ $\%\beta_D$ | stat E 5 | σ kp/cm² | σ $\%\beta_D$ |
| 1 | 2 | 3 | 4 | 5 | 6 | 7 | 8 | 9 | 10 | 11 | 12 | 13 | 14 | 15 | 16 | 17 | 18 | 19 | 20 |
| 5 | 140331552 | 3085 | - | - | 3207 | 236 | 32,5 | - | - | - | 3446 | 252 | 33,7 | 3574 | 275 | 33,2 | 3696 | - | - |
| | 170331552 | 2074 | - | - | 2194 | 71 | 31,4 | 2325 | 84 | 33,2 | 2430 | 91 | 33,5 | 2558 | 98 | 33,6 | 2678 | - | - |
| | 140671552 | 1945 | - | - | 2056 | 206 | 34,1 | 2142 | 210 | 34,2 | 2259 | 213 | 33,1 | 2385 | 223 | 33,1 | 2496 | - | - |
| | 170671552 | 916 | - | - | 965 | 69 | 33,9 | - | - | - | 1071 | 74 | 34,1 | 1111 | 83 | 34,0 | 1160 | - | - |
| 6 | 240330751 | 3006 | - | - | 3170 | 126 | 33,3 | 3331 | 151 | 31,5 | 3442 | 162 | 32,4 | 3672 | 185 | 32,1 | 3836 | - | - |
| | 270330751 | 2258 | - | - | 2454 | 86 | 32,4 | 2657 | 94 | 32,4 | 2821 | 103 | 31,2 | 3051 | 107 | 29,8 | 3247 | - | - |
| | 240670751 | 2007 | - | - | 2259 | 206 | 33,0 | 2485 | 213 | 32,4 | 2648 | 222 | 32,0 | 3032 | 233 | 32,2 | 3284 | - | - |
| | 270670751 | 1326 | - | - | 1405 | 77 | 32,8 | 1506 | 79 | 32,8 | 1582 | 83 | 31,9 | 1647 | 87 | 33,0 | 1726 | - | - |
| | 240330752 | 2806 | - | - | 2924 | 140 | 33,0 | 3063 | 167 | 33,1 | 3186 | 184 | 33,1 | 3181 | 192 | 33,0 | 3399 | - | - |
| | 270330752 | 2198 | - | - | 2308 | 103 | 33,0 | 2442 | 106 | 33,3 | 2544 | 111 | 33,3 | 2644 | 119 | 32,6 | 2754 | - | - |
| | 240670752 | 2156 | - | - | 2274 | 213 | 33,5 | - | - | - | 2555 | 225 | 33,0 | 2622 | 245 | 33,0 | 2740 | - | - |
| | 270670752 | 971 | - | - | 1040 | 71 | 32,8 | - | - | - | 1125 | 74 | 33,3 | 1192 | 78 | 33,3 | 1261 | - | - |

**Tabelle 13:** Zusammenstellung der Mittelwerte der statischen E-Moduln stat E 6 und der Prüfspannung σ

| Versuchsreihe | Kennzeichnung | statischer E-Modul stat E 6 in $10^2$ kp/cm² und Prüfspannung σ bei einer Spannungsänderung von | | | | | | | | | | | |
|---|---|---|---|---|---|---|---|---|---|---|---|---|---|
| | | 0,05 kp/cm²s | | | 0,5 kp/cm²s | | | 5 kp/cm²s | | | 50 kp/cm²s | | |
| | | stat E 6 | σ kp/cm² | σ % $\beta_D$ | stat E 6 | σ kp/cm² | σ % $\beta_D$ | stat E6 | σ kp/cm² | σ % $\beta_D$ | stat E 6 | σ kp/cm² | σ % $\beta_D$ |
| 1 | 2 | 3 | 4 | 5 | 6 | 7 | 8 | 9 | 10 | 11 | 12 | 13 | 14 |
| 1 | 040990001 | 1858 | 224 | 35,2 | 1872 | 238 | 33,3 | 1941 | 252 | 33,7 | 2159 | 263 | 34,6 |
| | 040990001 | 1810 | 331 | 52,1 | 1936 | 359 | 50,2 | 1958 | 383 | 51,2 | 2127 | 394 | 51,8 |
| | 050990001 | 1283 | 149 | 34,1 | 1290 | 149 | 33,1 | 1355 | 154 | 31,9 | 1360 | 159 | 32,2 |
| | 050990001 | 1297 | 222 | 50,7 | 1353 | 222 | 49,3 | 1384 | 228 | 47,2 | 1356 | 234 | 47,4 |
| | 070990001 | 927 | 57 | 31,6 | 881 | 61 | 32,2 | 880 | 67 | 33,8 | 923 | 68 | 34,3 |
| | 070990001 | 910 | 86 | 47,8 | 882 | 93 | 49,1 | 850 | 97 | 49,5 | 864 | 98 | 49,5 |
| | 040990002 | 1568 | 208 | 32,8 | 1686 | 232 | 33,5 | 1724 | 247 | 32,5 | 1705 | 252 | 33,0 |
| | 040990002 | 1530 | 311 | 49,1 | 1575 | 361 | 52,1 | 1538 | 371 | 48,9 | 1575 | 370 | 48,4 |
| | 050990002 | 1071 | 149 | 32,3 | 1166 | 152 | 32,6 | 1203 | 154 | 32,0 | 1293 | 177 | 33,7 |
| | 050990002 | 1204 | 223 | 48,3 | 1110 | 222 | 47,6 | 1148 | 235 | 48,9 | 1284 | 263 | 50,1 |
| | 070990002 | 681 | 58 | 34,1 | 692 | 58 | 33,4 | 681 | 61 | 33,7 | 683 | 61 | 32,5 |
| | 070990002 | 637 | 90 | 52,9 | 633 | 96 | 55,3 | 668 | 98 | 54,2 | 674 | 82 | 43,7 |

Fortsetzung 1 von Tabelle 13

| 1 | 2 | 3 | 4 | 55 | 6 | 7 | 8 | 9 | 10 | 11 | 12 | 13 | 14 |
|---|---|---|---|---|---|---|---|---|---|---|---|---|---|
| | 100000001 | 4789 | 478 | 32,0 | 4875 | 482 | 33,6 | 5433 | 510 | 32,1 | 5764 | 571 | 33,2 |
| | 100000001 | 4832 | 727 | 50,7 | 4918 | 710 | 47,5 | 5498 | 756 | 47,6 | 5547 | 859 | 50,0 |
| | 100000001 | 4810 | 1051 | 73,3 | 5219 | 1067 | 71,4 | 5434 | 975 | 61,4 | 5594 | 1123 | 65,5 |
| | 100000002 | 4987 | 470 | 30,5 | 5073 | 507 | 32,0 | 5627 | 562 | 33,5 | 5792 | 605 | 33,7 |
| 2 | 100000002 | 5122 | 701 | 45,5 | 5323 | 760 | 48,0 | 5685 | 840 | 50,2 | 5807 | 860 | 48,0 |
| | 100000002 | 5167 | 1057 | 68,5 | 5394 | 1147 | 72,3 | 5786 | 1261 | 75,2 | 5653 | 1269 | 70,7 |
| | 200000001 | 10440 | 364 | 12,5 | 10499 | 366 | 12,5 | 10748 | 375 | 12,8 | 11035 | 380 | 12,9 |
| | 200000001 | 10328 | 728 | 25,0 | 10538 | 739 | 25,3 | 10742 | 749 | 25,5 | 10884 | 760 | 25,8 |
| | 200000001 | 10242 | 1092 | 37,5 | 10480 | 1108 | 37,8 | 10613 | 1124 | 38,3 | 10816. | 1139 | 38,8 |
| | 140330751 | 3318 | 154 | 33,4 | 3381 | 160 | 33,2 | 3358 | 169 | 33,3 | 3570 | 186 | 32,7 |
| | 150330751 | 3025 | 129 | 32,9 | 2803 | 142 | 32,7 | 2985 | 150 | 33,0 | 3110 | 162 | 32,8 |
| | 170330751 | 2388 | 84 | 32,4 | 2451 | 89 | 33,0 | 2489 | 96 | 32,1 | 2605 | 105 | 32,9 |
| | 140670751 | 2238 | 179 | 33,6 | 2373 | 192 | 33,9 | 2460 | 206 | 33,1 | 2500 | 218 | 33,2 |
| 3 | 150670751 | 1905 | 120 | 33,1 | 1847 | 124 | 33,6 | 1928 | 131 | 33,3 | 2003 | 136 | 33,3 |
| | 170670751 | 1359 | 52 | 32,7 | 1386 | 54 | 32,7 | 1408 | 59 | 33,4 | 1480 | 63 | 33,2 |
| | 140330752 | 3419 | 159 | 33,1 | 3376 | 165 | 32,7 | 3527 | 175 | 33,1 | 3676 | 195 | 34,8 |
| | 150330752 | 2942 | 152 | 33,0 | 3003 | 159 | 33,1 | 3093 | 161 | 33,1 | 3190 | 166 | 33,0 |
| | 170330752 | 2432 | 102 | 33,3 | 2149 | 103 | 33,1 | 2323 | 107 | 33,3 | 2424 | 109 | 33,0 |

**Fortsetzung 2 von Tabelle 13**

| 1 | 2 | 3 | 4 | 5 | 6 | 7 | 8 | 9 | 10 | 11 | 12 | 13 | 14 |
|---|---|---|---|---|---|---|---|---|---|---|---|---|---|
| | 140670752 | 2372 | 211 | 33,2 | 2439 | 215 | 33,2 | 2450 | 228 | 32,9 | 2546 | 235 | 32,8 |
| 3 | 150670752 | 1623 | 126 | 33,9 | 1595 | 130 | 33,0 | 1711 | 130 | 32,5 | 1767 | 137 | 33,1 |
| | 170670752 | 1300 | 55 | 33,3 | 1229 | 69 | 33,3 | 1246 | 62 | 33,2 | 1283 | 64 | 33,2 |
| | 140330151 | 1450 | 48 | 33,1 | - | - | - | 1596 | 51 | 33,1 | 1718 | 55 | 33,3 |
| | 170330151 | 1523 | 48 | 34,1 | 1533 | 51 | 32,3 | 1675 | 55 | 33,1 | 1712 | 58 | 33,2 |
| | 140670151 | 2648 | 198 | 32,3 | 2709 | 212 | 33,4 | 2636 | 225 | 33,2 | 2844 | 261 | 33,3 |
| | 170670151 | 1481 | 64 | 35,2 | - | - | - | 1407 | 73 | 35,4 | 1443 | 78 | 34,5 |
| | 140330351 | 2519 | 93 | 35,1 | 2609 | 99 | 35,6 | 2718 | 107 | 32,4 | 2843 | 111 | 31,6 |
| | 170330351 | 2280 | 73 | 32,9 | - | - | - | 2348 | 79 | 33,7 | 2423 | 84 | 33,8 |
| 4 | 140670351 | 2707 | 174 | 34,6 | 2442 | 213 | 34,5 | 2528 | 228 | 33,0 | 2598 | 244 | 33,9 |
| | 170670351 | 1339 | 49 | 30,2 | - | - | - | 1428 | 59 | 31,2 | 1489 | 62 | 31,4 |
| | 140331551 | 3527 | 193 | 33,2 | 3485 | 203 | 32,6 | 3627 | 208 | 32,3 | 3827 | 231 | 33,0 |
| | 170331551 | 2351 | 68 | 32,2 | 2470 | 74 | 33,1 | 2578 | 78 | 32,1 | 2798 | 84 | 33,0 |
| | 140671551 | 2603 | 179 | 33,0 | 2503 | 193 | 32,7 | 2536 | 203 | 33,1 | 2664 | 218 | 32,7 |
| | 170671551 | 1440 | 63 | 34,5 | 1466 | 64 | 34,4 | 1508 | 66 | 33,6 | 1541 | 76 | 33,6 |
| | 140330152 | 1650 | 74 | 32,8 | - | - | - | 1713 | 79 | 33,0 | 1850 | 86 | 37,8 |
| | 170330152 | 1718 | 45 | 33,5 | - | - | - | 1809 | 53 | 33,2 | 1858 | 55 | 33,2 |
| 5 | 140670152 | 2529 | 229 | 33,0 | - | - | - | 2507 | 248 | 33,6 | 2600 | 265 | 33,5 |
| | 170670152 | 1124 | 73 | 33,1 | - | - | - | 1210 | 76 | 31,9 | 1233 | 83 | 33,5 |

Fortsetzung 3 von Tabelle 13

| 1 | 2 | 3 | 4 | 5 | 6 | 7 | 8 | 9 | 10 | 11 | 12 | 13 | 14 |
|---|---|---|---|---|---|---|---|---|---|---|---|---|---|
| | 140330352 | 2490 | 110 | 32,9 | - | - | - | 2595 | 119 | 32,8 | 2619 | 122 | 32,9 |
| | 170330352 | 2229 | 71 | 32,8 | - | - | - | 2147 | 76 | 33,4 | 2318 | 81 | 32,8 |
| | 140670352 | 2401 | 215 | 33,2 | 2736 | 220 | 32,6 | 2516 | 228 | 32,5 | 2459 | 241 | 32,6 |
| | 170670352 | 1254 | 63 | 33,3 | - | - | - | 1321 | 67 | 32,8 | 1348 | 74 | 33,9 |
| 5 | 140331552 | 3719 | 236 | 32,5 | - | - | - | 3755 | 252 | 33,7 | 3858 | 275 | 33,2 |
| | 170331552 | 2655 | 71 | 31,4 | 2787 | 84 | 33,2 | 2799 | 91 | 33,5 | 2799 | 98 | 33,6 |
| | 140671552 | 2317 | 206 | 34,1 | 2323 | 210 | 34,2 | 2349 | 213 | 33,1 | 2470 | 223 | 33,1 |
| | 170671552 | 1107 | 69 | 33,9 | - | - | - | 1202 | 74 | 34,1 | 1143 | 83 | 34,0 |
| | 240330751 | 3685 | 126 | 33,3 | 3568 | 151 | 31,5 | 3609 | 162 | 32,4 | 3740 | 185 | 32,1 |
| | 270330751 | 2737 | 86 | 32,4 | 2773 | 94 | 32,4 | 2881 | 103 | 31,2 | 3127 | 107 | 29,8 |
| | 240670751 | 2648 | 205 | 33,0 | 2734 | 213 | 32,4 | 2810 | 222 | 32,0 | 3079 | 233 | 32,2 |
| | 270670751 | 1586 | 77 | 32,8 | 1580 | 79 | 32,8 | 1640 | 83 | 31,9 | 1684 | 87 | 33,0 |
| 6 | 240330752 | 3263 | 140 | 33,0 | 3265 | 167 | 33,1 | 3333 | 184 | 33,1 | 3405 | 192 | 33,0 |
| | 270330752 | 2878 | 103 | 33,0 | 2714 | 106 | 33,3 | 2781 | 111 | 33,3 | 2792 | 119 | 32,6 |
| | 240670752 | 2635 | 213 | 33,5 | - | - | - | 2710 | 225 | 33,0 | 2754 | 245 | 33,0 |
| | 270670752 | 1251 | 71 | 32,8 | - | - | - | 1199 | 74 | 33,3 | 1285 | 78 | 33,3 |

**Tabelle 14** : Zusammenstellung der Mittelwerte der angegebenen Eigenschaften

| Versuchs-reihe | Kennzeichnung | Alter A h | Rohdichte $kg/m^3$ | Wasser-aufnahme $W_a$ $kg/m^3$ | Frequenz n Hertz | dyn. E-Modul aus Resonanz-frequenz dyn $E_R$ $10^2$ $kp/cm^2$ | Schall-geschwin-digkeit v m/s | dyn. E-Modul aus Schall-geschwindigkeit dyn $E_S$ $10^2$ $kp/cm^2$ | Proben-zahl n |
|---|---|---|---|---|---|---|---|---|---|
| 1 | 2 | 3 | 4 | 5 | 6 | 7 | 8 | 9 | 10 |
| 1 | 040990001 | 673 | 2049 | 64 | 8164 | 2195 | 3563 | 2653 | 27 |
| | 050990001 | 672 | 1906 | 57 | 7314 | 1574 | 3128 | 1904 | 25 |
| | 070990001 | 672 | 1741 | 32 | 6040 | 1015 | 2666 | 1263 | 23 |
| | 040990002 | 673 | 1938 | - 48 | 7927 | 1974 | 3417 | 2310 | 27 |
| | 050990002 | 672 | 1732 | -134 | 7312 | 1406 | 2997. | 1587 | 26 |
| | 070990002 | 673 | 1449 | -253 | 5867 | 814 | 2519 | 938 | 22 |
| 2 | 100000001 | - | 2701 | 4 | 12648 | 6969 | 5661 | 8825 | 22 |
| | 100000002 | - | 2698 | - | 12253 | 6586 | 5199 | 7442 | 22 |
| | 200000001 | - | 3122 | 1 | 14627 | 10757 | 6617 | 13910 | 20 |
| 3 | 140330751 | 673 | 2429 | 20 | 10352 | 4521 | 4635 | 5322 | 21 |
| | 150330751 | 673 | 2392 | 22 | 9967 | 4151 | 4424 | 4775 | 22 |
| | 170330751 | 671 | 2358 | 16 | 9235 | 3520 | 4115 | 4072 | 22 |

**Fortsetzung 1 von Tabelle 14**

| 1 | 2 | 3 | 4 | 5 | 6 | 7 | 8 | 9 | 10 |
|---|---|---|---|---|---|---|---|---|---|
| | 140670751 | 673 | 2250 | 38 | 9108 | 3205 | 4113 | 3880 | 22 |
| | 150670751 | 670 | 2163 | 34 | 7845 | 2517 | 3815 | 3210 | 24 |
| | 170670751 | 672 | 2079 | 32 | 7105 | 1872 | 3337 | 2364 | 21 |
| | 140330752 | 673 | 2393 | - 21 | 9928 | 4221 | 4335 | 4585 | 22 |
| 3 | 150330752 | 673 | 2337 | - 32 | 9559 | 3669 | 4153 | 4112 | 21 |
| | 170330752 | 670 | 2262 | - 78 | 8516 | 2936 | 3749 | 3241 | 22 |
| | 140670752 | 675 | 2171 | - 34 | 8834 | 2917 | 3979 | 3505 | 21 |
| | 150670752 | 673 | 2051 | - 84 | 7711 | 2194 | 3446 | 2484 | 24 |
| | 170670752 | 672 | 1851 | -180 | 6484 | 1447 | 2895 | 1583 | 21 |
| | 140330151 | 673 | 2121 | 144 | 7280 | 2100 | 3378 | 2470 | 16 |
| | 170330151 | 673 | 2105 | 55 | 7800 | 2332 | 3608 | 2798 | 16 |
| | 140670151 | 675 | 2243 | 42 | 9031 | 3305 | 4196 | 4026 | 22 |
| | 170670151 | 673 | 2034 | 25 | 7175 | 1803 | 3321 | 2289 | 18 |
| 4 | 140330351 | 674 | 2275 | 48 | 9230 | 3453 | 4255 | 4204 | 21 |
| | 170330351 | 672 | 2304 | 15 | 8922 | 3281 | 4051 | 3856 | 16 |
| | 140670351 | 673 | 2251 | 42 | 8828 | 3224 | 4205 | 4064 | 25 |
| | 170670351 | 672 | 2055 | 23 | 7058 | 1807 | 3317 | 2307 | 19 |
| | 140331551 | 672 | 2446 | 23 | 10224 | 4692 | 4755 | 5638 | 22 |
| | 170331551 | 672 | 2359 | 15 | 8924 | 3450 | 4135 | 4113 | 26 |

**Fortsetzung 2 von Tabelle 14**

| 1 | 2 | 3 | 4 | 5 | 6 | 7 | 8 | 9 | 10 |
|---|---|---|---|---|---|---|---|---|---|
| 4 | 140671551 | 674 | 22255 | 44 | 9060 | 3225 | 4073 | 3816 | 21 |
| | 170671551 | 674 | 2066 | 26 | 7540 | 1974 | 3408 | 2448 | 22 |
| | | | 1974 | | | | | | |
| 5 | 140330152 | 674 | 1974 | - 20 | 7248 | 1973 | 3417 | 2355 | 17 |
| | 170330152 | 673 | 1934 | - 82 | 6646 | 1585 | 3071 | 1871 | 16 |
| | 140670152 | 673 | 2167 | - 34 | 8703 | 2928 | 3891 | 3344 | 17 |
| | 170670152 | 673 | 1835 | -186 | 6742 | 1453 | 2975 | 1656 | 17 |
| | 140330352 | 673 | 2213 | - 20 | 8963 | 3000 | 3873 | 3386 | 17 |
| | 170330352 | 673 | 2200 | - 83 | 8577 | 2692 | 3615 | 2933 | 16 |
| | 140670352 | 673 | 2176 | - 31 | 8690 | 2844 | 3804 | 3211 | 21 |
| | 170670352 | 674 | 1866 | -161 | 6912 | 1542 | 3043 | 1764 | 18 |
| | 140331552 | 673 | 2393 | - 21 | 9928 | 4583 | 4335 | 5265 | 17 |
| | 170331552 | 672 | 2257 | - 82 | 8509 | 2985 | 3815 | 3351 | 25 |
| | 140671552 | 672 | 2171 | - 34 | 8814 | 2923 | 3908 | 3382 | 22 |
| | 170671552 | 673 | 1888 | -165 | 7139 | 1645 | 3165 | 1932 | 18 |
| 6 | 240330751 | 672 | 2599 | 39 | 9592 | 4254 | 4483 | 5326 | 21 |
| | 270330751 | 672 | 2573 | 22 | 8708 | 3678 | 4042 | 4286 | 21 |
| | 240670751 | 672 | 2373 | 51 | 9235 | 3481 | 4193 | 4253 | 22 |
| | 270670751 | 672 | 2201 | 27 | 7306 | 2044 | 3458 | 2685 | 21 |

**Fortsetzung** 3 von Tabelle 14

| 1 | 2 | 3 | 4 | 5 | 6 | 7 | 8 | 9 | 10 |
|---|---|---|---|---|---|---|---|---|---|
| | 240330752 | 673 | 2552 | - 19 | 9091 | 3901 | 4202 | 4595 | 21 |
| | 270330752 | 672 | 2505 | - 73 | 8528 | 3235 | 3751 | 3593 | 21 |
| 6 | 240670752 | 672 | 2302 | - 35 | 8818 | 3186 | 4022 | 3796 | 21 |
| | 270670752 | 671 | 2000 | -175 | 6876 | 1630 | 3027 | 1870 | 16 |

**Tabelle 15 :** Zusammenstellung der Mittelwerte der angegebenen Eigenschaften

| Versuchsreihe | Kennzeichnung | Ausschalrohdichte | Zementgehalt | Stoffraum Zement | Stoffraum Wasser | Stoffraum Zuschlag | Zementleimvolumen | Frischbetonporen | Festbetonporen | Zementsteindichtigkeit | Zementsteinporenraum | Zementleimschichtdicke | Zementleimschichtdicke | Probenzahl |
|---|---|---|---|---|---|---|---|---|---|---|---|---|---|---|
| | | $A$ | $Z$ | $V_z$ | $V_w$ | $V_k$ | $V_m$ | $V_l$ | $P_b$ | $d_H$ | $p_H$ | $d_m$ | $d_m'$ | $n$ |
| | | $\frac{kg}{dm^3}$ | $\frac{kg}{m^3}$ | $\frac{dm^3}{m^3}$ | $\frac{l}{m^3}$ | $\frac{dm^3}{m^3}$ | $\frac{dm^3}{m^3}$ | Vol.-% | $\frac{dm^3}{m^3}$ | – | – | mm | mm | |
| 1 | 2 | 3 | 4 | 5 | 6 | 7 | 8 | 9 | 10 | 11 | 12 | 13 | 14 | 15 |
| 1 | 040990001 | 1,98 | 1417 | 456 | 567 | - | - | - 2,3 | 253 | 0,75 | 0,25 | -- | - | 27 |
| | 050990001 | 1,85 | 1231 | 396 | 615 | - | - | - 1,1 | 296 | 0,70 | 0,30 | - | - | 25 |
| | 070990001 | 1,70 | 998 | 321 | 699 | - | - | - 2,0 | 410 | 0,59 | 0,41 | - | - | 23 |
| | 040990002 | 1,98 | 1417 | 456 | 567 | - | - | - 2,3 | 253 | 0,75 | 0,25 | - | - | 27 |
| | 050990002 | 1,85 | 1235 | 398 | 618 | - | - | - 1,5 | 293 | 0,71 | 0,29 | - | - | 26 |
| | 070990002 | 1,70 | 1004 | 323 | 703 | - | - | - 2,6 | 407 | 0,59 | 0,41 | - | - | 22 |
| 3 | 140330751 | 2,41 | 459 | 148 | 183 | 671 | 329 | - 0,3 | 87 | 0,74 | 0,26 | 0,04 | 0,01 | 21 |
| | 150330751 | 2,37 | 403 | 130 | 202 | 671 | 329 | - 0,2 | 99 | 0,70 | 0,30 | 0,04 | 0,01 | 22 |
| | 170330751 | 2,34 | 328 | 106 | 229 | 679 | 321 | - 1,4 | 127 | 0,60 | 0,40 | 0,04 | 0,01 | 22 |

**Fortsetzung** 1 von Tabelle 15

| 1 | 2 | 3 | 4 | 5 | 6 | 7 | 8 | 9 | 10 | 11 | 12 | 13 | 14 | 15 |
|---|---|---|---|---|---|---|---|---|---|---|---|---|---|---|
| 3 | 140670751 | 2,21 | 945 | 305 | 378 | 338 | 662 | - 2,0 | 164 | 0,75 | 0,25 | 0,18 | 0,14 | 22 |
| | 150670751 | 2,13 | 828 | 267 | 414 | 337 | 663 | - 1,8 | 191 | 0,71 | 0,29 | 0,18 | 0,14 | 24 |
| | 170670751 | 2,05 | 677 | 218 | 473 | 342 | 658 | - 3,4 | 258 | 0,61 | 0,39 | 0,17 | 0,14 | 21 |
| | 140330752 | 2,42 | 460 | 148 | 184 | 674 | 326 | - 0,6 | 84 | 0,74 | 0,26 | 0,04 | 0,01 | 22 |
| | 150330752 | 2,37 | 403 | 130 | 202 | 671 | 329 | - 0,2 | 100 | 0,70 | 0,30 | 0,04 | 0,01 | 21 |
| | 170330752 | 2,34 | 327 | 105 | 229 | 678 | 322 | - 1,3 | 129 | 0,60 | 0,40 | 0,04 | 0,01 | 22 |
| | 140670752 | 2,21 | 942 | 303 | 377 | 337 | 663 | - 1,7 | 167 | 0,75 | 0,25 | 0,18 | 0,14 | 21 |
| | 150670752 | 2,13 | 828 | 267 | 414 | 337 | 663 | - 1,7 | 191 | 0,71 | 0,29 | 0,18 | 0,14 | 24 |
| | 170670752 | 2,03 | 670 | 216 | 469 | 339 | 661 | - 2,4 | 265 | 0,60 | 0,40 | 0,18 | 0,14 | 21 |
| 4 | 140330151 | 1,97 | 375 | 121 | 150 | 549 | 451 | 18,0 | 254 | 0,44 | 0,56 | 0,03 | 0,01 | 16 |
| | 170330151 | 2,04 | 285 | 92 | 208 | 591 | 409 | 11,8 | 241 | 0,41 | 0,59 | 0,02 | 0,01 | 16 |
| | 140670151 | 2,20 | 940 | 303 | 376 | 336 | 664 | - 1,5 | 168 | 0,75 | 0,25 | 0,07 | 0,05 | 22 |
| | 170670151 | 2,02 | 666 | 214 | 466 | 337 | 663 | - 1,8 | 269 | 0,59 | 0,41 | 0,07 | 0,05 | 18 |
| | 140330351 | 2,24 | 426 | 137 | 170 | 623 | 377 | 6,9 | 152 | 0,60 | 0,40 | 0,04 | 0,01 | 21 |
| | 170330351 | 2,28 | 319 | 103 | 224 | 662 | 338 | 1,1 | 149 | 0,56 | 0,44 | 0,03 | 0,01 | 16 |
| | 140670351 | 2,21 | 944 | 304 | 378 | 337 | 663 | - 1,9 | 165 | 0,75 | 0,25 | 0,12 | 0,09 | 25 |
| | 170670351 | 2,03 | 671 | 216 | 470 | 339 | 661 | - 2,5 | 264 | 0,60 | 0,40 | 0,12 | 0,09 | 19 |
| | 140331551 | 2,43 | 461 | 148 | 184 | 677 | 323 | - 0,9 | 80 | 0,75 | 0,25 | 0,06 | 0,02 | 22 |
| | 170331551 | 2,34 | 327 | 105 | 229 | 680 | 320 | - 1,4 | 127 | 0,60 | 0,40 | 0,06 | 0,02 | 26 |

Fortsetzung 2 von Tabelle 15

| 1 | 2 | 3 | 4 | 5 | 6 | 7 | 8 | 9 | 10 | 11 | 12 | 13 | 14 | 15 |
|---|---|---|---|---|---|---|---|---|---|---|---|---|---|---|
| 4 | 140671551 | 2,21 | 945 | 304 | 378 | 338 | 662 | - 2,0 | 164 | 0,75 | 0,25 | 0,26 | 0,22 | 21 |
| | 170671551 | 2,04 | 673 | 217 | 471 | 340 | 660 | - 2,9 | 262 | 0,60 | 0,40 | 0,26 | 0,21 | 22 |
| 5 | 140330152 | 1,99 | 379 | 122 | 152 | 555 | 445 | 17,1 | 245 | 0,45 | 0,55 | 0,03 | 0,01 | 17 |
| | 170330152 | 2,02 | 282 | 91 | 198 | 585 | 415 | 12,7 | 249 | 0,40 | 0,60 | 0,02 | 0,01 | 16 |
| | 140670152 | 2,20 | 941 | 303 | 376 | 336 | 664 | - 1,5 | 168 | 0,75 | 0,25 | 0,07 | 0,05 | 17 |
| | 170670152 | 2,02 | 667 | 215 | 467 | 337 | 663 | - 1,9 | 269 | 0,59 | 0,41 | 0,07 | 0,05 | 17 |
| | 140330352 | 2,22 | 423 | 136 | 169 | 620 | 380 | 7,5 | 157 | 0,59 | 0,41 | 0,04 | 0,01 | 17 |
| | 170330352 | 2,28 | 319 | 103 | 223 | 660 | 340 | 1,4 | 151 | 0,55 | 0,45 | 0,03 | 0,01 | 16 |
| | 140670352 | 2,20 | 939 | 302 | 376 | 336 | 664 | - 1,4 | 169 | 0,75 | 0,25 | 0,12 | 0,09 | 21 |
| | 170670352 | 2,03 | 669 | 215 | 468 | 338 | 662 | - 2,2 | 267 | 0,60 | 0,40 | 0,12 | 0,09 | 18 |
| | 140331552 | 2,43 | 462 | 149 | 185 | 678 | 322 | - 1,2 | 78 | 0,76 | 0,24 | 0,06 | 0,02 | 17 |
| | 170331552 | 2,34 | 327 | 105 | 229 | 679 | 321 | - 1,3 | 128 | 0,60 | 0,40 | 0,06 | 0,02 | 25 |
| | 140671552 | 2,21 | 945 | 304 | 378 | 338 | 662 | - 2,0 | 164 | 0,75 | 0,25 | 0,26 | 0,22 | 22 |
| | 170671552 | 2,05 | 677 | 218 | 474 | 342 | 658 | - 3,4 | 258 | 0,61 | 0,39 | 0,25 | 0,21 | 18 |
| 6 | 240330751 | 2,56 | 439 | 141 | 176 | 739 | 261 | - 5,6 | 30 | 0,89 | 0,11 | 0,03 | 0,00 | 21 |
| | 270330751 | 2,55 | 321 | 103 | 225 | 763 | 237 | - 9,0 | 48 | 0,80 | 0,20 | 0,03 | 0,00 | 21 |
| | 240670751 | 2,32 | 933 | 300 | 373 | 387 | 613 | - 6,0 | 122 | 0,80 | 0,20 | 0,14 | 0,10 | 22 |
| | 270670751 | 2,17 | 671 | 216 | 470 | 393 | 607 | - 7,9 | 210 | 0,65 | 0,35 | 0,14 | 0,10 | 21 |

Fortsetzung 3 von Tabelle 15

| 1 | 2 | 3 | 4 | 5 | 6 | 7 | 8 | 9 | 10 | 11 | 12 | 13 | 14 | 15 |
|---|---|---|---|---|---|---|---|---|---|---|---|---|---|---|
| 6 | 240330752 | 2,57 | 440 | 142 | 176 | 742 | 259 | - 5,9 | 27 | 0,90 | 0,10 | 0,03 | 0,00 | 21 |
| | 270330752 | 2,57 | 324 | 104 | 227 | 769 | 231 | - 9,9 | 40 | 0,83 | 0,17 | 0,03 | 0,00 | 21 |
| | 240670752 | 2,34 | 939 | 302 | 375 | 389 | 611 | - 6,7 | 117 | 0,81 | 0,19 | 0,14 | 0,10 | 21 |
| | 270670752 | 2,17 | 670 | 216 | 469 | 393 | 607 | - 7,8 | 211 | 0,65 | 0,35 | 0,14 | 0,10 | 16 |

Tabelle 16 : Zementsteindichtigkeit $d_P$ und Zementsteinporenraum $p_P$

| Kennzeichnung | Zementstein-dichtigkeit $d_P$ | Zementstein-porigkeit $p_P$ |
|---|---|---|
| 1 | 2 | 3 |
| 040990001 | 0,67 | 0,33 |
| 040990002 | 0,67 | 0,33 |
| 050990001 | 0,63 | 0,37 |
| 050990002 | 0,63 | 0,37 |
| 070990001 | 0,52 | 0,48 |
| 070990002 | 0,53 | 0,47 |

Tabelle 17: Zusammenstellung der Mittelwerte der Festigkeiten

| Versuchsreihe | Kennzeichnung | Festigkeiten in $kp/cm^2$ und Probenumfang n bei einer Spannungsänderung von 0,05 $kp/cm^2s$ σ | n | 0,5 $kp/cm^2s$ σ | n | 5 $kp/cm^2s$ σ | n | 50 $kp/cm^2s$ σ | n |
|---|---|---|---|---|---|---|---|---|---|
| 1 | 2 | 3 | 4 | 5 | 6 | 7 | 8 | 9 | 10 |
| 1 | 040990001 | 636 | 6 | 715 | 6 | 748 | 7 | 761 | 8 |
| | 050990001 | 438 | 6 | 450 | 7 | 483 | 6 | 494 | 6 |
| | 070990001 | 179 | 5 | 189 | 6 | 196 | 6 | 199 | 6 |
| | 040990002 | 634 | 6 | 693 | 7 | 759 | 7 | 765 | 7 |
| | 050990002 | 462 | 6 | 467 | 7 | 481 | 6 | 526 | 7 |
| | 070990002 | 170 | 5 | 174 | 5 | 181 | 6 | 188 | 6 |
| 2 | 100000001 | 1435 | 5 | 1495 | 5 | 1589 | 5 | 1715 | 7 |
| | 100000002 | 1541 | 5 | 1585 | 5 | 1677 | 6 | 1792 | 6 |
| | 200000001 | 2914 | 5 | 2924 | 5 | 2933 | 5 | 2938 | 5 |
| 3 | 140330751 | 462 | 5 | 483 | 5 | 508 | 5 | 569 | 6 |
| | 150330751 | 392 | 5 | 434 | 5 | 454 | 6 | 494 | 6 |
| | 170330751 | 260 | 5 | 270 | 5 | 299 | 6 | 319 | 6 |

Fortsetzung 1 von Tabelle 17

| 1 | 2 | 3 | 4 | 5 | 6 | 7 | 8 | 9 | 10 |
|---|---|---|---|---|---|---|---|---|---|
| | 140670751 | 532 | 5 | 566 | 6 | 622 | 5 | 658 | 6 |
| | 150670751 | 363 | 5 | 369 | 6 | 394 | 6 | 409 | 7 |
| | 170670751 | 159 | 5 | 165 | 5 | 177 | 5 | 190 | 6 |
| | 140330752 | 481 | 5 | 505 | 5 | 529 | 6 | 560 | 6 |
| 3 | 150330752 | 460 | 5 | 480 | 5 | 487 | 5 | 503 | 6 |
| | 170330752 | 306 | 5 | 311 | 5 | 321 | 6 | 330 | 6 |
| | 140670752 | 636 | 5 | 648 | 5 | 694 | 5 | 717 | 6 |
| | 150670752 | 371 | 5 | 396 | 6 | 406 | 6 | 414 | 7 |
| | 170670752 | 165 | 5 | 180 | 5 | 187 | 5 | 193 | 6 |
| | 140330151 | 145 | 5 | - | - | 154 | 5 | 165 | 6 |
| | 170330151 | 141 | 5 | - | - | 170 | 5 | 175 | 6 |
| | 140670151 | 614 | 5 | 634 | 5 | 678 | 5 | 783 | 7 |
| | 170670151 | 182 | 6 | - | - | 206 | 6 | 226 | 6 |
| | 140330351 | 265 | 5 | 278 | 5 | 331 | 5 | 351 | 6 |
| | 170330351 | 222 | 5 | - | - | 234 | 5 | 249 | 6 |
| 4 | 140670351 | 502 | 6 | 617 | 6 | 690 | 6 | 719 | 7 |
| | 170670351 | 162 | 6 | - | - | 189 | 6 | 197 | 7 |
| | 140331551 | 583 | 5 | 623 | 5 | 645 | 5 | 700 | 7 |
| | 170331551 | 211 | 6 | 224 | 6 | 243 | 7 | 255 | 7 |
| | 140671551 | 543 | 5 | 591 | 5 | 613 | 5 | 666 | 6 |
| | 170671551 | 183 | 5 | 186 | 5 | 196 | 6 | 226 | 6 |

Fortsetzung 2 von Tabelle 17

| 1 | 2 | 3 | 4 | 5 | 6 | 7 | 8 | 9 | 10 |
|---|---|---|---|---|---|---|---|---|---|
| 5 | 140330152 | 226 | 5 | - | - | 239 | 5 | 228 | 7 |
| | 170330152 | 134 | 5 | - | - | 160 | 5 | 166 | 6 |
| | 140670152 | 694 | 5 | - | - | 737 | 5 | 790 | 7 |
| | 170670152 | 221 | 5 | - | - | 238 | 6 | 251 | 6 |
| | 140330352 | 334 | 6 | - | - | 363 | 5 | 371 | 6 |
| | 170330352 | 216 | 5 | - | - | 228 | 5 | 247 | 6 |
| | 140670352 | 648 | 5 | 675 | 5 | 701 | 5 | 739 | 6 |
| | 170670352 | 189 | 6 | - | - | 204 | 5 | 218 | 7 |
| | 140331552 | 726 | 5 | - | - | 749 | 6 | 829 | 6 |
| | 170331552 | 226 | 6 | 253 | 6 | 272 | 6 | 291 | 7 |
| | 140671552 | 604 | 5 | 614 | 6 | 644 | 5 | 674 | 6 |
| | 170671552 | 204 | 6 | - | - | 217 | 6 | 244 | 6 |
| 6 | 240330751 | 379 | 5 | 480 | 5 | 500 | 5 | 576 | 6 |
| | 270330751 | 266 | 5 | 290 | 5 | 330 | 5 | 359 | 6 |
| | 240670751 | 624 | 5 | 658 | 5 | 693 | 6 | 724 | 6 |
| | 270670751 | 234 | 5 | 241 | 5 | 260 | 5 | 263 | 6 |
| | 240330752 | 424 | 5 | 505 | 5 | 555 | 5 | 581 | 6 |
| | 270330752 | 312 | 5 | 319 | 5 | 333 | 5 | 365 | 6 |
| | 240670752 | 636 | 5 | 647 | 5 | 682 | 5 | 743 | 6 |
| | 270670752 | 216 | 5 | - | - | 222 | 5 | 234 | 6 |

**Tabelle 18** : Gleichungen der Spannungs-Stauchungs-Linie[1)] sowie statische und dynamische E-Moduln von Zementstein und Zuschlag

| Kennzeichnung | Gleichung der Spannungs-Stauchungs-Linie | Regressionsmaß RSQ % | berechneter Tangentenmodul ber $E_{tang50}$ $10^3$ $kp/cm^2$ | grafisch ermittelter Tangentenmod. gra $E_{tang50}$ $10^3$ $kp/cm^2$ | Sekantenmodul $E\,5_{500}$ $10^3$ $kp/cm^2$ | Sekantenmodul $E\,6_5$ $10^3$ $kp/cm^2$ | Sekantenmodul $E\,6_{50}$ $10^3$ $kp/cm^2$ | dynamischer E-Modul dyn $E_R$ $10^3$ $kp/cm^2$ | dyn $E_S$ |
|---|---|---|---|---|---|---|---|---|---|
| 1 | 2 | 3 | 4 | 5 | 6 | 7 | 8 | 9 | 10 |
| 040990001 | $\sigma = 213765\varepsilon - \varepsilon^2$ | 99,60 | 214 | 221 | 229 | 194 | 216 | 220 | 265 |
| 050990001 | $\sigma = 153391\varepsilon - 255\varepsilon^2 + \varepsilon^3$ | 99,81 | 153 | 145 | 141 | 136 | 136 | 157 | 190 |
| 070990001 | $\sigma = 89884\varepsilon - 119\varepsilon^2 + \varepsilon^3$ | 99,70 | 90 | 95 | 91 | 88 | 92 | 102 | 126 |
| 040990002 | $\sigma = 168798\varepsilon + 63\varepsilon^2$ | 99,91 | 169 | 180 | 176 | 172 | 171 | 197 | 231 |
| 050990002 | $\sigma = 141251\varepsilon - 233\varepsilon^2 + \varepsilon^3$ | 99,96 | 141 | 135 | 133 | 120 | 129 | 141 | 159 |
| 070990002 | $\sigma = 71594\varepsilon - 131\varepsilon^2 + \varepsilon^3$ | 99,89 | 72 | 78 | 69 | 68 | 68 | 81 | 94 |
| 100000001 | $\sigma = 486646\varepsilon + 284\varepsilon^2$ | 99,82 | 487 | 565 | 630 | 543 | 576 | 697 | 883 |
| 100000002 | $\sigma = 514812\varepsilon - 24\varepsilon^2$ | 99,57 | 515 | 555 | 576 | 563 | 579 | 659 | 744 |
| 200000001 | $\sigma = 1182303\varepsilon - 1955\varepsilon^2$ | 99,91 | 1182 | 1130 | 1143 | 1074 | 1088 | 1076 | 1399 |

[1)] Die Gleichungen der Spannungs-Stauchungs-Linie und die Tangentenmoduln im Ursprung wurden bei einer Spannungsänderung von 50 $kp/cm^2s$ bestimmt.

**Tabelle 19** : Zusammenstellung der Regressionsgleichungen für den Sekantenmodul E 5 des Zementsteins unter Berücksichtigung des Einflusses der Spannungsänderung $\dot{\sigma}$

| Regressionsgleichungen für die Zielgröße mit Angabe der Numerierung im Text | | Lagerung der Proben | Koeffizienten und (Anteile am Regressionsmaß) | | | | | Probenumfang | Regressionsmaß |
|---|---|---|---|---|---|---|---|---|---|
| allgemeine Form | spezielle Form | | Dichtigkeit $d$ % | W/Z-Wert $w$ | Wasseraufnahme $f$ kg/m³ | Spann.-änderung $\dot{\sigma}$ kp/cm²s | Druckfestigkeit $\beta_{Dm}(t)$ kp/cm² | $n$ | RSQ % |
| 1 | 2 | 3 | 4 | 5 | 6 | 7 | 8 | 9 | 10 |
| $\text{stat } E_m(t) = C1 \cdot \log F\dot{\sigma} + C2 \cdot \frac{1}{w^2}$ (92) | $\text{stat } E_m(t) = 8918 \log 20{,}4\dot{\sigma} + \frac{24298}{w^2}$ (93) | Wasser | | 24298 (89,86) | | 8918 (5,10) | | 44 | 94,96 |
| | $\text{stat } E_m(t) = 5923 \log 20{,}4\dot{\sigma} + \frac{21886}{w^2}$ (94) | Luft | | 21886 (94,12) | | 5923 (2,87) | | 43 | 96,99 |
| $\text{stat } E_m(t) = C1 \cdot \log F\dot{\sigma} + C2 \cdot \frac{1}{w^2} + C3 \cdot (1+f)$ (90) | $\text{stat } E_m(t) = 7585 \log 20{,}4\dot{\sigma} + \frac{23707}{w^2} + 11910\,(1+f)$ (91) | Wasser und Luft | | 23707 (97,86) | 11910 (0,14) | 7585 (0,93) | | 87 | 98,93 |
| $\text{stat } E_m(t) = C1 \cdot (1+\log F\dot{\sigma}) + C2 \cdot C3^{d_H} + C4/(1+f)$ (95) | $\text{stat } E_m(t) = 8626\,(1+\log 20{,}4\dot{\sigma}) + 17704 \cdot 30^{d_H} - \frac{67803}{1+f}$ (96) | Wasser | 17704 (97,58) | | -67803 (0,65) | 8626 (0,47) | | 44 | 98,70 |

**Fortsetzung** 1 von Tabelle 19

| 1 | 2 | 3 | 4 | 5 | 6 | 7 | 8 | 9 | 10 |
|---|---|---|---|---|---|---|---|---|---|
| **stat** $E_m(t) = C1\cdot(1+\log F\dot{\sigma}) + C2\cdot C3^{d_H} + \frac{C4}{1+f}$ (95) | stat $E_m(t) = 6182\cdot(1+\log 20{,}4\dot{\sigma}) + 15051\cdot 30^{d_H} - \frac{45231}{1+f}$ (97) | Luft | 15051 (97,96) | | -45231 (1,33) | 6182 (0,32) | | 43 | 99,61 |
| | stat $E_m(t) = 7684\cdot(1+\log 20{,}4\dot{\sigma}) + 16482\cdot 30^{d_H} - \frac{56889}{1+f}$ (98) | Wasser und Luft | 16482 (97,17) | | -56889 (1,31) | 7684 (0,43) | | 87 | 98,91 |
| **stat** $E_m(t) = C1\cdot(1+\log F\dot{\sigma}) + C2\cdot C3^{d_P} + \frac{C4}{1+f}$ (99) | stat $E_m(t) = 7648\cdot(1+\log 20{,}4\dot{\sigma}) + 21335\cdot 30^{d_P} - \frac{65537}{1+f}$ (1oo) | Wasser und Luft | 21335 (97,14) | | -65537 (0,44) | 7648 (0,44) | | 87 | 99,07 |

**Fortsetzung** 2 von Tabelle 19

| 1 | 2 | 3 | 4 | 5 | 6 | 7 | 8 | 9 | 10 |
|---|---|---|---|---|---|---|---|---|---|
| **stat** $E_m(t) = C1 \cdot \beta_{Dm}(t) + C2(1+\log F\dot{\sigma}) + C3 \cdot \frac{1}{1+f}$ (1o1) | stat $E_m(t) = 185{,}6\ \beta_{Dm}(t) + 3658 \cdot (1+\log 20{,}4\dot{\sigma}) + \frac{26093}{1+f}$ (1o2) | Wasser und Luft | | | 26093 (1,80) | 3658 (0,10) | 185,6 (96,57) | 87 | 98,47 |

**Tabelle 20 :** Zusammenstellung der Regressionsgleichungen für die Druckfestigkeit des Zementsteins bei verschiedenen Spannungsänderungen

| Regressionsgleichungen für die Zielgröße mit Angabe der Numerierung im Text: allgemeine Form | spezielle Form | Lagerung der Proben | Koeffizienten und (Anteile am Regressionsmaß): Dichtigkeit % | W/Z-wert w | Spannungsänder. $\sigma$ $kp/cm^2s$ | Wasseraufnahme $f$ $kg/m^3$ | Probenumfang n | Regessionsmaß RSQ % |
|---|---|---|---|---|---|---|---|---|
| 1 | 2 | 3 | 4 | 5 | 6 | 7 | 8 | 9 |
| $\beta_{Dm}(t) = C1 \cdot C2^{d_H} + C3 \cdot \log F\dot{\sigma} + C4 \cdot (1+f)$ (1o3) | $\beta_{Dm}(t) = 97{,}18 \cdot 30^{d_H} + 19{,}23 \cdot \log 20{,}4\dot{\sigma} - 551{,}36 \cdot (1 + f)$ (1o4) | Wasser | 97,18 (94,26) | | 19,23 (0,18) | -551,36 (5,01) | 12 | 99,45 |
| | $\beta_{Dm}(t) = 138{,}79 \cdot 30^{d_H} + 14{,}97 \cdot \log 20{,}4\dot{\sigma} - 1191{,}56 \cdot (1 + f)$ (1o5) | Luft | 138,79 (93,92) | | 14,97 (0,11) | -1191,56 (5,05) | 12 | 999,08 |
| | $\beta_{Dm}(t) = 88{,}21 \cdot 30^{d_H} + 9{,}85 \cdot \log 20{,}4\dot{\sigma} - 491{,}65 \cdot (1 + f)$ (1o6) | Wasser und Luft | 88,21 (94,09) | | 9,85 (0,05) | -491,65 (3,31) | 24 | 97,45 |

Tabelle 21 : Zusammenstellung der Regressionsgleichungen für den dynamischen E-Modul des Zementsteins bei Wasser- und Luftlagerung

| Regressionsgleichungen für die Zielgröße mit Angabe der Numerierung im Text: allgemeine Form | spezielle Form | Lagerung der Proben | Koeffizienten und (Anteile am Bestimmtheitsmaß): Dichtigkeit % | W/Z-Wert w | Wasseraufnahme f kg/m³ | Probenumfang n | Bestimmtheitsmaß B % |
|---|---|---|---|---|---|---|---|
| 1 | 2 | 3 | 4 | 5 | 6 | 7 | 8 |
| $dyn\ E_{mR} = C1 \cdot \frac{1}{w}$ (107) | $dyn\ E_{mR} = 82348 \cdot \frac{1}{w}$ (108) | Wasser | | 82348 (99,27) | | 76 | 99,27 |
| | $dyn\ E_{mR} = 73018 \cdot \frac{1}{w}$ (109) | Luft | | 73018 (98,69) | | 75 | 98,69 |
| $dyn\ E_{mR} = C1 \cdot \frac{1}{w} + C2(1+f)$ (110) | $dyn\ E_{mR} = 102343 \cdot \frac{1}{w} - 48479(1+f)$ (111) | Wasser und Luft | | 102343 (98,66) | -48479 (0,78) | 151 | 99,44 |
| $dyn\ E_{mR} = C1 \cdot \frac{1}{w} + \frac{C2}{1+f}$ (112) | $dyn\ E_{mR} = 103859 \cdot \frac{1}{w} - \frac{51911}{1+f}$ (113) | Wasser und Luft | | 103859 (98,59) | -51911 (1,11) | 87[1] | 99,70 |
| $dyn\ E_{mR} = C1 \cdot C2^{d_H}$ (114) | $dyn\ E_{mR} = 15725 \cdot 30^{d_H}$ (115) | Wasser | 15725 (98,87) | | | 76 | 98,87 |
| | $dyn\ E_{mR} = 13856 \cdot 30^{d_H}$ (116) | Luft | 13856 (98,16) | | | 75 | 98,16 |
| $dyn\ E_{mR} = C1 \cdot C2^{d_H} + \frac{C3}{1+f}$ (117) | $dyn\ E_{mR} = 20426 \cdot 30^{d_H} - \frac{58017}{1+f}$ (118) | Wasser und Luft | 20426 (98,08) | | -58017 (1,29) | 87[1] | 99,37 |

[1] Für die Regressionsbetrachtung wurden nur die Proben der statischen E-Modulbestimmung benutzt.

**Fortsetzung Tabelle** 21

| 1 | 2 | 3 | 4 | 5 | 6 | 7 | 8 |
|---|---|---|---|---|---|---|---|
| dyn $E_{mR} = C1 \cdot C2^{d_H} + C3 \cdot (1+f)$ (119) | dyn $E_{mR} = 20350 \cdot 30^{d_H} - 57094 \cdot (1+f)$ (12o) | Wasser und Luft | 20350 (98,16) | | -57094 (0,98) | 151 | 99,14 |

Tab. 22: Zusammenstellung der Regressionsgleichungen für die Rückverformung[1] von Zementsteinkörpern bei einer Belastungshöhe von dem 0,33fachen der Druckfestigkeit und verschiedenen Spannungsänderungen $\sigma$

| Kennzeichnung | Spannungsänderung in $kp/cm^2$ | Regressionsgleichungen für die Rückverformung von Zementstein: allgemeine Form | Regressionsgleichungen für die Rückverformung von Zementstein: spezielle Form | Regressionsmaß RSQ % |
|---|---|---|---|---|
| 1 | 2 | 3 | 4 | 5 |
| 0409900011 | 0,05 | | $\varepsilon_R(t)=[1{,}006\cdot 186-0{,}653\cdot 186\cdot(1-\exp(-\frac{t_R}{100}))]\cdot 10^{-6}$ | 99,95 |
| 0409900011 | 0,5 | | $\varepsilon_R(t)=[0{,}970\cdot 66-0{,}776\cdot 66\cdot(1-\exp(-\frac{t_R}{100}))]\cdot 10^{-6}$ | 99,36 |
| 0409900011 | 5 | | $\varepsilon_R(t)=[0{,}975\cdot 27-0{,}851\cdot 27\cdot(1-\exp(-\frac{t_R}{100}))]\cdot 10^{-6}$ | 99,16 |
| 0509900011 | 0,05 | $\varepsilon_R(t)=[C1\cdot\varepsilon_{RO}(t)+C2\cdot\varepsilon_{RO}(t)\cdot(1-\exp(-\frac{t_R}{100}))]\cdot 10^{-6}$ (121) | $\varepsilon_R(t)=[0{,}951\cdot 116-0{,}703\cdot 116\cdot(1-\exp(-\frac{t_R}{100}))]\cdot 10^{-6}$ | 99,27 |
| 0509900011 | 0,5 | | $\varepsilon_R(t)=[0{,}896\cdot 70-0{,}789\cdot 70\cdot(1-\exp(-\frac{t_R}{100}))]\cdot 10^{-6}$ | 95,96 |
| 0509900011 | 5 | | $\varepsilon_R(t)=[0{,}949\cdot 55-0{,}679\cdot 55\cdot(1-\exp(-\frac{t_R}{100}))]\cdot 10^{-6}$ | 99,15 |
| 0709900011 | 0,05 | | $\varepsilon_R(t)=[0{,}945\cdot 95-0{,}665\cdot 95\cdot(1-\exp(-\frac{t_R}{100}))]\cdot 10^{-6}$ | 99,10 |

1) Auswertbare Rückverformungswerte traten nur bei den in Spalte 2 angegebenen Spannungsänderungen auf.

**Fortsetzung** 1 von Tabelle <u>22</u>

| 1 | 2 | 3 | 4 | 5 |
|---|---|---|---|---|
| 0409900021 | 0,05 | | $\varepsilon_R(t)=\left[0{,}942\cdot 219-0{,}615\cdot 219\cdot\left(1-\exp\left(-\frac{t_R}{100}\right)\right)\right]\cdot 10^{-6}$ | 99,16 |
| 0409900021 | 0,5 | | $\varepsilon_R(t)=\left[0{,}950\cdot 158-0{,}494\cdot 158\cdot\left(1-\exp\left(-\frac{t_R}{100}\right)\right)\right]\cdot 10^{-6}$ | 99,39 |
| 0409900021 | 5 | | $\varepsilon_R(t)=\left[0{,}941\cdot 62-0{,}513\cdot 62\cdot\left(1-\exp\left(-\frac{t_R}{100}\right)\right)\right]\cdot 10^{-6}$ | 99,10 |
| 0409900021 | 50 | | $\varepsilon_R(t)=\left[0{,}936\cdot 12-0{,}516\cdot 12\cdot\left(1-\exp\left(-\frac{t_R}{100}\right)\right)\right]\cdot 10^{-6}$ | 98,97 |
| 0509900021 | 0,05 | $\varepsilon_R(t)=\left[C1\cdot\varepsilon_{RO}(t)+C2\cdot\varepsilon_{RO}(t)\cdot\left(1-\exp\left(-\frac{t_R}{100}\right)\right)\right]\cdot 10^{-6}$ (121) | $\varepsilon_R(t)=\left[0{,}973\cdot 188-0{,}358\cdot 188\cdot\left(1-\exp\left(-\frac{t_R}{100}\right)\right)\right]\cdot 10^{-6}$ | 99,87 |
| 0509900021 | 0,5 | | $\varepsilon_R(t)=\left[0{,}938\cdot 65-0{,}795\cdot 65\cdot\left(1-\exp\left(-\frac{t_R}{100}\right)\right)\right]\cdot 10^{-6}$ | 98,62 |
| 0509900021 | 5 | | $\varepsilon_R(t)=\left[0{,}968\cdot 51-0{,}644\cdot 51\cdot\left(1-\exp\left(-\frac{t_R}{100}\right)\right)\right]\cdot 10^{-6}$ | 99,60 |
| 0509900021 | 50 | | $\varepsilon_R(t)=\left[0{,}955\cdot 32-0{,}431\cdot 31\cdot\left(1-\exp\left(-\frac{t_R}{100}\right)\right)\right]\cdot 10^{-6}$ | 99,39 |
| 0709900021 | 0,05 | | $\varepsilon_R(t)=\left[0{,}930\cdot 95-0{,}632\cdot 95\cdot\left(1-\exp\left(-\frac{t_R}{100}\right)\right)\right]\cdot 10^{-6}$ | 98,67 |
| 0709900021 | 0,5 | | $\varepsilon_R(t)=\left[0{,}973\cdot 66-0{,}649\cdot 66\cdot\left(1-\exp\left(-\frac{t_R}{100}\right)\right)\right]\cdot 10^{-6}$ | 99,75 |

**Fortsetzung** 2 von Tabelle 22

| 1 | 2 | 3 | 4 | 5 |
|---|---|---|---|---|
| 0709900021 | 5 | $\varepsilon_R(t) = \left[C1 \cdot \varepsilon_{R0}(t) + C2 \cdot \varepsilon_{R0}(t) \cdot (1-\exp(-\frac{t_R}{100}))\right] \cdot 10^{-6}$ (121) | $\varepsilon_R(t) = \left[0{,}940 \cdot 38 - 0{,}795 \cdot 38 \cdot (1-\exp(-\frac{t_R}{100}))\right] \cdot 10^{-6}$ | 99,10 |
| 0709900021 | 50 | | $\varepsilon_R(t) = \left[0{,}910 \cdot 19 - 0{,}868 \cdot 19 \cdot (1-\exp(-\frac{t_R}{100}))\right] \cdot 10^{-6}$ | 96,99 |

Tabelle 23 : Zusammenstellung der Verformungen des Zementsteins bei Erstbelastung und einer Belastungshöhe von $\beta_D/3$ bei verschiedenen Spannungsänderungen

| Kennzeichnung | Spannungsänderung $\dot{\sigma}$ kp/cm²s | rein elastische Rückverformung $10^6 \cdot \varepsilon_{elR}$ | verzögert-elastische Rückverformung $10^6 \cdot \varepsilon_{velR}$ | viskose[1)] Rückverformung $10^6 \cdot \varepsilon_{visR}$ | bleibende Verformung $10^6 \cdot \varepsilon_{bl}$ | Gesamtverformung $10^6 \cdot \varepsilon_{ges}$ |
|---|---|---|---|---|---|---|
| 1 | 2 | 3 | 4 | 5 | 6 | 7 |
| 0409900011 | 0,05 | 1039 | 291 | 66 | 0 | 1396 |
| | 0,5 | 1103 | 220 | 13 | 0 | 1336 |
| | 5 | 1168 | 155 | 3 | 0 | 1326 |
| | 50 | 1219 | 22 | 0 | 0 | 1241 |
| 0509900011 | 0,05 | 1095 | 154 | 29 | 0 | 1278 |
| | 0,5 | 1121 | 112 | 18 | 0 | 1251 |
| | 5 | 1133 | 44 | 15 | 0 | 1192 |
| | 50 | 1170 | 12 | 0 | 0 | 1182 |
| 0709900011 | 0,05 | 667 | 67 | 27 | 0 | 761 |
| | 0,5 | 692 | 40 | 0 | 0 | 732 |
| | 5 | 761 | 23 | 0 | 0 | 784 |
| | 50 | 747 | 21 | 0 | 0 | 768 |

1) Die viskose Verformung ergibt sich durch Extrapolation der in Tabelle 25 zusammengefaßten Funktionen auf die Zeit $t = \infty$

Fortsetzung 1 von Tabelle 23

| 1 | 2 | 3 | 4 | 5 | 6 | 7 |
|---|---|---|---|---|---|---|
| 0409900021 | 0,05 | 1220 | 163 | 78 | 5 | 1466 |
| | 0,5 | 1360 | 102 | 72 | 5 | 1539 |
| | 5 | 1495 | 20 | 27 | 5 | 1547 |
| | 50 | 1477 | 22 | 5 | 5 | 1509 |
| 0509900021 | 0,05 | 1152 | 123 | 116 | 17 | 1408 |
| | 0,5 | 1164 | 184 | 19 | 17 | 1384 |
| | 5 | 1190 | 123 | 17 | 17 | 1347 |
| | 50 | 1469 | | | | |
| 0709900021 | 0,05 | 850 | 69 | 28 | 0 | 947 |
| | 0,5 | 874 | 35 | 21 | 0 | 930 |
| | 5 | 896 | 38 | 0 | 0 | 934 |
| | 50 | 892 | 19 | 0 | 0 | 911 |

**Tab. 24:** Zusammenstellung der Regressionsgleichungen für den Sekantenmodul E 5 des Mörtels und Betons bei verschiedenen Spannungsänderungen

| Regressionsgleichungen für den statischen E-Modul mit Angabe der Numerierung im Text | Lagerung der Proben | Koeffizienten und (Anteile der Variablen am Regressionsmaß) | | | | | | Probenumfang | Regressionsmaß |
|---|---|---|---|---|---|---|---|---|---|
| | | $V_m$ | $\frac{E_m(t)}{10^5}$ | $(\frac{E_m(t)}{10^5})^2$ | $(\frac{E_k(t)}{10E_m(t)})^2$ | $\frac{10+\log 20{,}4\dot{\sigma}}{10}$ | $\frac{D}{10}$ | n | RSQ % |
| 1 | 2 | 3 | 4 | 5 | 6 | 7 | 8 | 9 | 10 |
| allgemeine Form: $E(t)=C1\cdot V_m+C2\cdot\frac{E_m(t)}{10^5}+C3\cdot\left(\frac{E_m(t)}{10^5}\right)^2+C4\cdot\left(\frac{E_k(t)}{10\,E_m(t)}\right)^2+C5\cdot\frac{10+\log C}{10}+C6\cdot\frac{D}{10}$ [1] (124) | | | | | | | | | |
| spezielle Form: $E(t)=-275671\cdot V_m+274285\cdot\frac{E_m(t)}{10^5}-58366\cdot\left(\frac{E_m(t)}{10^5}\right)^2+15930\cdot\frac{(E_k(t))^2}{(10\,E_m(t))^2}+97764\cdot\frac{10+\log C}{10}+1958\cdot\frac{D}{10}$ (125) | Wasser | -275671 (3,26) | 274285 (93,88) | - 58366 (0,40) | 15930 (0,06) | 97764 (1,89) | 1958 (0,01) | 83 | 99,50 |

1) $C = 20{,}4\,\dot{\sigma}$

**Tab. 24:** Fortsetzung

| Regressionsgleichungen für den statischen E-Modul mit Angabe der Numerierung im Text | Lagerung der Proben | Koeffizienten und (Anteile der Variablen am Regressionsmaß) | | | | | | Probenumfang | Regressionsmaß |
|---|---|---|---|---|---|---|---|---|---|
| | | $V_m$ | $\frac{E_m(t)}{10^5}$ | $\left(\frac{E_m(t)}{10^5}\right)^2$ | $\left(\frac{E_k(t)}{10E_m(t)}\right)^2$ | $\frac{10+\log 20{,}4\dot{\sigma}}{10}$ | $\frac{D}{10}$ | n | RSQ % |
| 1 | 2 | 3 | 4 | 5 | 6 | 7 | 8 | 9 | 10 |
| $E(t) = -306182 \cdot V_m + 355139 \cdot \frac{E_m(t)}{10^5} - 103122 \cdot \left(\frac{E_m(t)}{10^5}\right)^2 + 1598 \cdot \frac{(E_k(t))^2}{(10\,E_m(t))^2} + 103564 \cdot \frac{10+\log C}{10}$ (126) | Luft | -306182 (4,45) | 355139 (91,83) | -103122 (0,51) | 1598 (0,01) | 103564 (2,19) | - - | 77 | 98,98 |
| $E(t) = -286995 \cdot V_m + 278792 \cdot \frac{E_m(t)}{10^5} - 63899 \cdot \left(\frac{E_m(t)}{10^5}\right)^2 + 7550 \cdot \frac{(E_k(t))^2}{(10\,E_m(t))^2} + 111203 \cdot \frac{10+\log C}{10} + 4352 \cdot \frac{D}{10}$ (127) | Wasser und Luft | -286995 (2,27) | 278792 (92,66) | - 63899 (0,45) | 7550 (0,03) | 111203 (2,27) | 4352 (0,01) | 160 | 99,18 |

1) $C = 20{,}4 \cdot \dot{\sigma}$

**Tabelle 25 :** Zusammenstellung der verbesserten E-Modulwerte für nicht vollständig verdichtbare Mischungen

| Kennzeichnung | Frischbeton-luftporengehalt | Spannungsänderung $\sigma$ $kp/cm^2s$ | stat $E\ 5_{beob.}$ $10^2\ kp/cm^2$ | stat $E\ 5_{verb.}$ $10^2\ kp/cm^2$ | dyn $E_{Rbeob.}$ $10^2\ kp/cm^2$ | dyn $E_{Rverb.}$ $10^2\ kp/cm^2$ |
|---|---|---|---|---|---|---|
| 1 | 2 | 3 | 4 | 5 | 6 | 7 |
| 140330151 | | 0,05 | 1346 | 2976 | | |
| 140330151 | | 0,5 | -- | -- | | |
| 140330151 | 18,0 | 5 | 1557 | 3443 | 2100 | 4646 |
| 140330151 | | 50 | 1685 | 3727 | | |
| 140330351 | | 0,05 | 2316 | 3083 | | |
| 140330351 | | 0,5 | 2444 | 3253 | | |
| 140330351 | 6,9 | 5 | 2612 | 3476 | 3453 | 4599 |
| 140330351 | | 50 | 2822 | 3756 | | |
| 140330152 | | 0,05 | 1432 | 3031 | | |
| 140330152 | | 0,5 | -- | -- | | |
| 140330152 | 17,1 | 5 | 1594 | 3374 | 1973 | 4179 |
| 140330152 | | 50 | 1764 | 3736 | | |

| 1 | 2 | 3 | 4 | 5 | 6 | 7 |
|---|---|---|---|---|---|---|
| 140330352 | | 0,05 | 2151 | 2938 | | |
| 140330352 | | 0,5 | -- | -- | | |
| 140330352 | 7,5 | 5 | 2367 | 3232 | 3000 | 4098 |
| 140330352 | | 50 | 2485 | 3394 | | |
| 170330151 | | 0,05 | 1414 | 2336 | | |
| 170330151 | | 0,5 | 1492 | 2466 | | |
| 170330151 | 11,8 | 5 | 1630 | 2693 | 2332 | 3853 |
| 170330151 | | 50 | 1693 | 2798 | | |
| 170330152 | | 0,05 | 1523 | 2622 | | |
| 170330152 | | 0,5 | -- | -- | | |
| 170330152 | 12,7 | 5 | 1656 | 2851 | 1586 | 2729 |
| 170330152 | | 50 | 1745 | 3003 | | |

Tabelle 26 : Zusammenstellung der Bestimmtheitsmaße für die Werte des Sekantenmoduls - Modell 1.1 bis 8.1

| Betrachtete Gruppe der Versuche | Gruppenumfang | Bestimmtheitsmaße in % für die Regression der rheologischen Modellvorstellungen | | | | | | | |
|---|---|---|---|---|---|---|---|---|---|
| | | Modell 1.1 | Modell 2.1 | Modell 3.1 | Modell 4.1 | Modell 5.1 | Modell 6.1 | Modell 7.1 | Modell 8.1 |
| 1 | 2 | 3 | 4 | 5 | 6 | 7 | 8 | 9 | 10 |
| **Alle Werte mit Granit, Wasserlagerung** | 67 | 91,8 | <0 | 36,7 | 67,7 | 72,2 | 67,5 | 55,4 | 81,2 |
| **Alle Werte mit Granit, Luftlagerung** | 63 | 78,0 | <0 | 82,3 | 89,7 | 93,3 | 88,0 | 60,5 | 93,9 |
| **Alle Werte mit Basalt, Wasserlagerung** | 16 | <0 | <0 | <0 | <0 | <0 | <0 | <0 | <0 |
| **Alle Werte mit Basalt, Luftlagerung** | 14 | 10,8 | <0 | <0 | <0 | <0 | <0 | <0 | <0 |

Tabelle 27 : Zusammenstellung der Bestimmtheitsmaße für die Werte des Sekantenmoduls – Modell 1.2 bis 8.2

| Betrachtete Gruppe der Versuche | Gruppen-umfang | Bestimmtheitsmaße in % für die Regression der rheologischen Modell-vorstellungen | | | | | | | |
|---|---|---|---|---|---|---|---|---|---|
| | | Modell 1.2 | Modell 2.2 | Modell 3.2 | Modell 4.2 | Modell 5.2 | Modell 6.2 | Modell 7.2 | Modell 8.2 |
| 1 | 2 | 3 | 4 | 5 | 6 | 7 | 8 | 9 | 10 |
| **Alle Werte mit Granit, Wasserlagerung** | 67 | 89,8 | <0 | 62,6 | 82,3 | 84,4 | 78,9 | 46,7 | 89,6 |
| **Alle Werte mit Granit, Luftlagerung** | 63 | 83,9 | <0 | 83,2 | 94,7 | 94,7 | 69,7 | 57,3 | 95,6 |

Tabelle 28 : Zusammenstellung der Bestimmtheitsmaße für die Werte des statischen E-Moduls - Modell 9, 10 und 11

| Betrachtete Gruppe der Versuche | Gruppenumfang | Bestimmtheitsmaße in % für die Regression der Modellvorstellungen | | |
|---|---|---|---|---|
| | | Modell 9 | Modell 10 | Modell 11 |
| 1 | 2 | 3 | 4 | 5 |
| Alle Werte mit Granit, Wasserlagerung | 67 | 95,0 | 95,2 | - |
| Alle Werte mit Granit, Luftlagerung | 63 | 94,8 | - | 94,9 |
| Alle Werte mit Basalt, Wasserlagerung | 16 | 98,2 | 98,3 | - |
| Alle Werte mit Basalt, Luftlagerung | 14 | 94,1 | - | 93,0 |

Tabelle 29 : Gleichungen der Spannungs-Stauchungs-Linie sowie statische und dynamische E-Moduln von Mörtel und Beton

| Kennzeichnung | Gleichung der Spannungs-Stauchungs-Linie | Regressionsmaß RSQ % | berechneter Tangentenmodul ber $E_{tang50}$ $10^3$ kp/cm² | grafisch ermittelter Tangentenmodul gra $E_{tang50}$ $10^3$ kp/cm² | Sekantenmodul $E_{\sigma 500}$ $10^3$ kp/cm² | Sekantenmodul $E_{\sigma 5}$ $10^3$ kp/cm² | Sekantenmodul $E_{\sigma 50}$ $10^3$ kp/cm² | dynamischer E-Modul dyn $E_R$ $10^3$ kp/cm² | dynamischer E-Modul dyn E $10^3$ kp/cm² |
|---|---|---|---|---|---|---|---|---|---|
| 1 | 2 | 3 | 4 | 5 | 6 | 7 | 8 | 9 | 10 |
| 140330751 | $\sigma = 393885\varepsilon - 2089\varepsilon^2 + 22\varepsilon^3$ | 99,71 | 394 | 358 | 361 | 336 | 357 | 452 | 532 |
| 150330751 | $\sigma = 372555\varepsilon - 5740\varepsilon^2 + 58\varepsilon^3$ | 98,20 | 373 | 337 | 316 | 299 | 311 | 415 | 478 |
| 170330751 | $\sigma = 302964\varepsilon - 2035\varepsilon^2 + 15\varepsilon^3$ | 99,88 | 303 | 288 | 259 | 249 | 261 | 352 | 407 |
| 140670751 | $\sigma = 289256\varepsilon - 1065\varepsilon^2 + 6\varepsilon^3$ | 99,96 | 289 | 276 | 256 | 246 | 250 | 321 | 388 |
| 150670751 | $\sigma = 233873\varepsilon - 1120\varepsilon^2 + 7\varepsilon^3$ | 99,72 | 234 | 244 | 208 | 193 | 200 | 252 | 321 |
| 170670751 | $\sigma = 141316\varepsilon + 698\varepsilon^2 - 15\varepsilon^3$ | 99,72 | 141 | 154 | 150 | 141 | 148 | 187 | 236 |
| 140330752 | $\sigma = 395598\varepsilon - 1487\varepsilon^2 + 8\varepsilon^3$ | 99,66 | 396 | 378 | 366 | 353 | 368 | 422 | 459 |
| 150330752 | $\sigma = 355542\varepsilon - 2887\varepsilon^2 + 19\varepsilon^3$ | 99,79 | 356 | 356 | 312 | 309 | 319 | 367 | 411 |
| 170330752 | $\sigma = 318019\varepsilon - 3200\varepsilon^2 + 24\varepsilon^3$ | 99,92 | 318 | 300 | 230 | 232 | 242 | 294 | 324 |
| 140670752 | $\sigma = 297041\varepsilon - 1059\varepsilon^2 + 5\varepsilon^3$ | 99,97 | 297 | 286 | 254 | 245 | 255 | 292 | 351 |
| 150670752 | $\sigma = 218729\varepsilon - 1185\varepsilon^2 + 7\varepsilon^3$ | 99,74 | 219 | 211 | 178 | 171 | 177 | 219 | 248 |
| 170670752 | $\sigma = 111133\varepsilon + 1101\varepsilon^2 - 18\varepsilon^3$ | 99,71 | 111 | 126 | 127 | 125 | 128 | 145 | 158 |
| 140331551 | $\sigma = 443615\varepsilon - 2880\varepsilon^2 + 6\varepsilon^3$ | 99,16 | 444 | 440 | 398 | 363 | 383 | 469 | 564 |
| 170331551 | $\sigma = 325451\varepsilon - 2295\varepsilon^2 + 18\varepsilon^3$ | 99,64 | 325 | 345 | 280 | 258 | 280 | 345 | 411 |
| 140671551 | $\sigma = 326624\varepsilon - 1643\varepsilon^2 + 9\varepsilon^3$ | 99,71 | 327 | 325 | 271 | 254 | 266 | 323 | 382 |
| 170671551 | $\sigma = 159247\varepsilon + 259\varepsilon^2 - 10\varepsilon^3$ | 99,56 | 159 | 156 | 153 | 151 | 154 | 197 | 245 |
| 140331552 | $\sigma = 440073\varepsilon - 1933\varepsilon^2 + 11\varepsilon^3$ | 99,94 | 440 | 415 | 370 | 376 | 386 | 458 | 527 |
| 170331552 | $\sigma = 295217\varepsilon + 130\varepsilon^2 - 34\varepsilon^3$ | 99,69 | 295 | 330 | 268 | 280 | 280 | 299 | 335 |
| 140671552 | $\sigma = 265468\varepsilon - 1339\varepsilon^2 + 4\varepsilon^3$ | 98,73 | 265 | 254 | 250 | 235 | 247 | 292 | 338 |
| 170671552 | $\sigma = 129564\varepsilon + 198\varepsilon^2 - 6\varepsilon^3$ | 98,83 | 130 | 121 | 116 | 120 | 114 | 165 | 193 |
| 240330751 | $\sigma = 467339\varepsilon - 3826\varepsilon^2 + 36\varepsilon^3$ | 99,87 | 467 | 434 | 384 | 361 | 374 | 425 | 533 |
| 270330751 | $\sigma = 366595\varepsilon - 934\varepsilon^2 + \varepsilon^3$ | 99,91 | 367 | 348 | 305 | 288 | 313 | 368 | 429 |
| 240670751 | $\sigma = 336220\varepsilon - 26\varepsilon^2$ | 99,93 | 336 | 366 | 329 | 281 | 308 | 348 | 425 |
| 270670751 | $\sigma = 184544\varepsilon - 407\varepsilon^2$ | 99,78 | 185 | 182 | 173 | 164 | 168 | 204 | 269 |

1) Die Gleichungen der Spannungs-Stauchungs-Linie und die Tangentenmoduln im Ursprung wurden bei einer Spannungsänderung von 50 kp/cm²s bestimmt.

Fortsetzung Tabelle 29

| 1 | 2 | 3 | 4 | 5 | 6 | 7 | 8 | 9 | 10 |
|---|---|---|---|---|---|---|---|---|---|
| 240330752 | $\sigma = 444528\varepsilon - 4413\varepsilon^2 + 41\varepsilon^3$ | 99,89 | 445 | 390 | 340 | 333 | 341 | 390 | 460 |
| 270330752 | $\sigma = 368242\varepsilon - 4116\varepsilon^2 + 40\varepsilon^3$ | 99,96 | 368 | 340 | 275 | 278 | 279 | 324 | 359 |
| 240670752 | $\sigma = 295952\varepsilon - 754\varepsilon^2 + 4\varepsilon^3$ | 99,87 | 296 | 286 | 274 | 271 | 275 | 319 | 380 |
| 270670752 | $\sigma = 134302\varepsilon - 388\varepsilon^2 + 2\varepsilon^3$ | 99,85 | 134 | 130 | 126 | 120 | 129 | 163 | 187 |

# 15. Zusammenstellung der Bilder

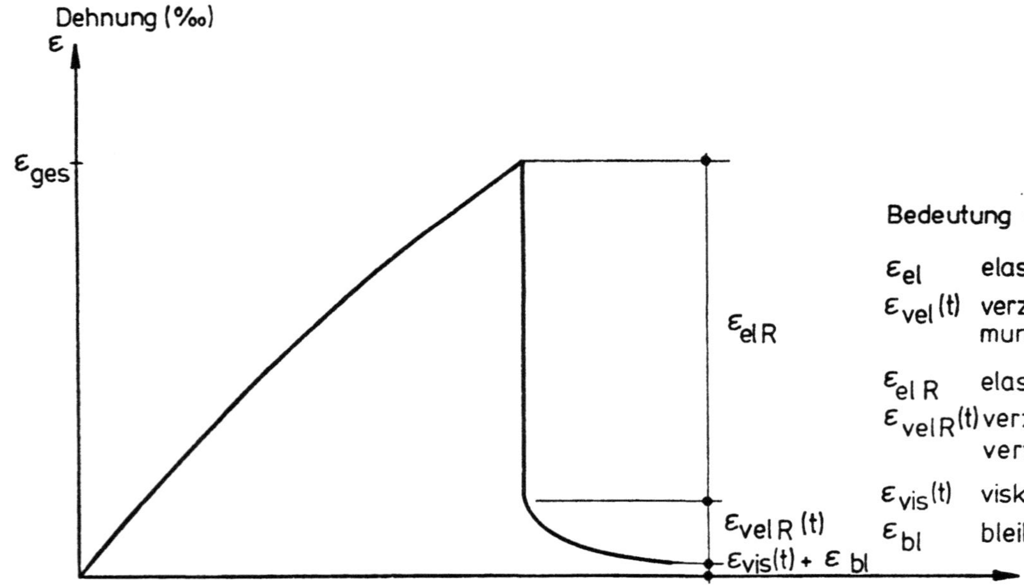


Bedeutung der Verformungsanteile

| | |
|---|---|
| $\varepsilon_{el}$ | elastische Verformung |
| $\varepsilon_{vel}(t)$ | verzögert-elastische Verformung |
| $\varepsilon_{el\,R}$ | elastische Rückverformung |
| $\varepsilon_{vel\,R}(t)$ | verzögert-elastische Rückverformung |
| $\varepsilon_{vis}(t)$ | viskose Verformung |
| $\varepsilon_{bl}$ | bleibende Verformung |

Bild 2.2 Verformungen beim Entlastungsversuch

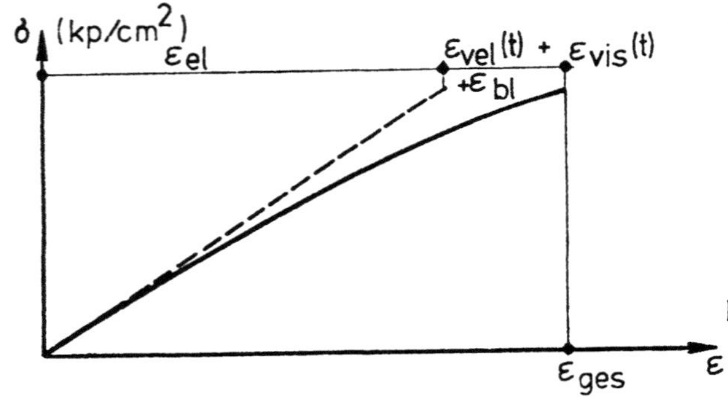


Bild 2.1 Verformungen beim Belastungsversuch

**Bild 1** Verformungen bei Mörtel und Beton

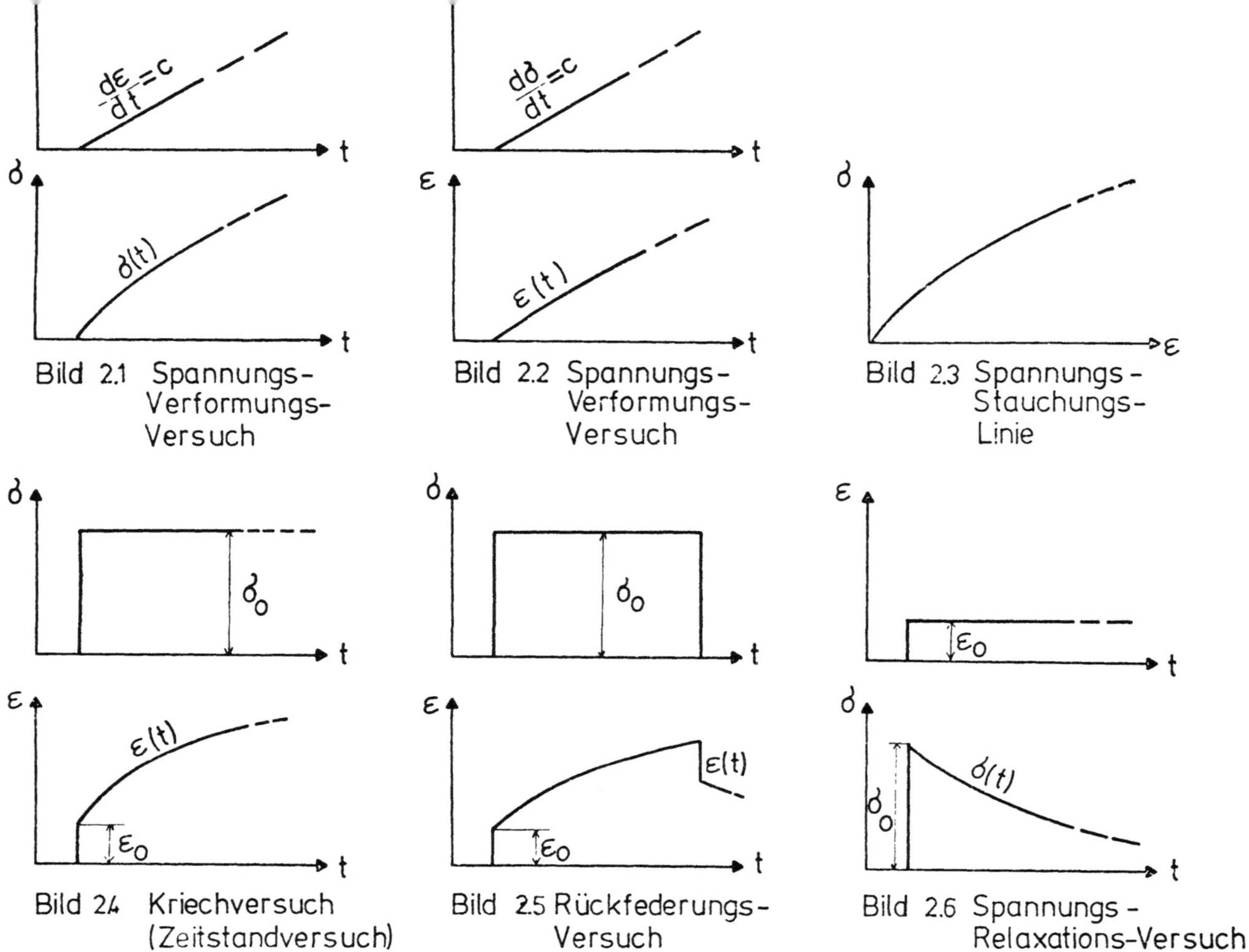


Bild 2.1 Spannungs-Verformungs-Versuch

Bild 2.2 Spannungs-Verformungs-Versuch

Bild 2.3 Spannungs-Stauchungs-Linie

Bild 2.4 Kriechversuch (Zeitstandversuch)

Bild 2.5 Rückfederungs-Versuch

Bild 2.6 Spannungs-Relaxations-Versuch

**Bild 2** Stat. Prüfverfahren zur Ermittlung des Verformungsverhaltens von Beton

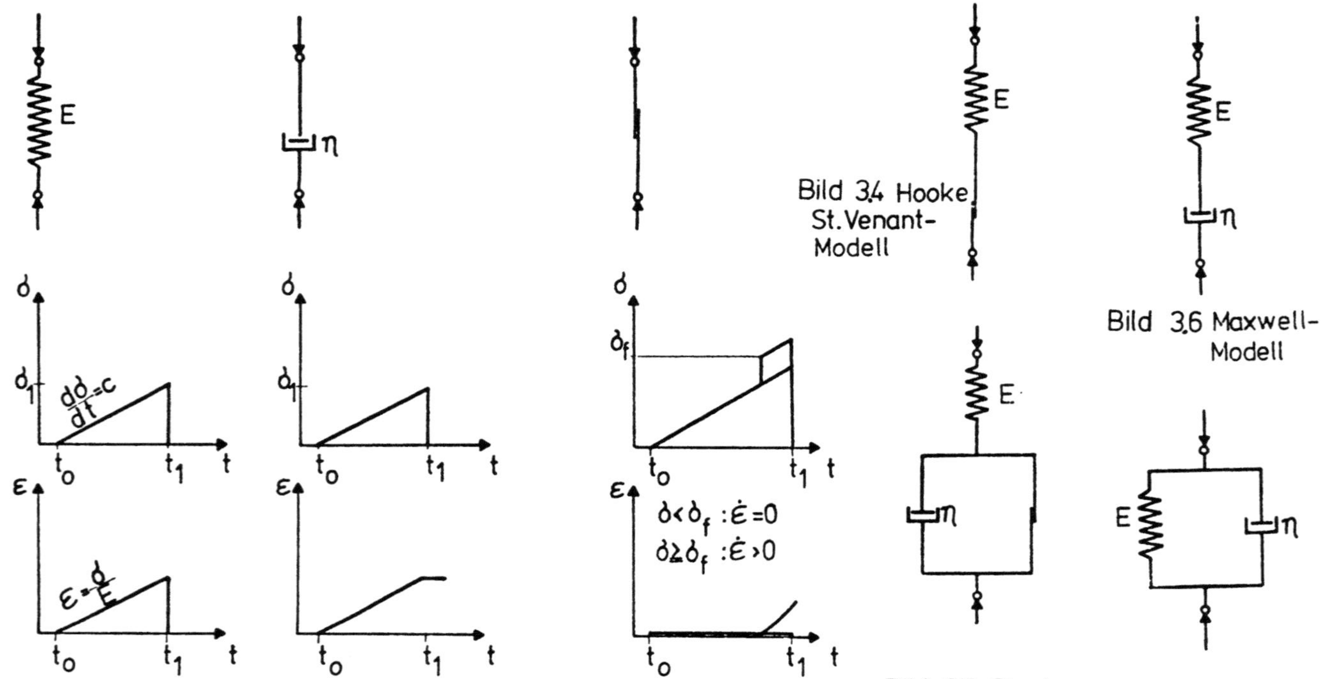


Bild 3.1 Ideal-elastische Feder

Bild 3.2 Newton'scher Dämpfer

Bild 3.3 Friktions-Element

Bild 3.4 Hooke St.Venant-Modell

Bild 3.5 Bingham-Modell

Bild 3.6 Maxwell-Modell

Bild 3.7 Voigt-Kelvin-Modell

**Bild 3** Rheologische Modelle zur Beschreibung des Verformungsverhaltens

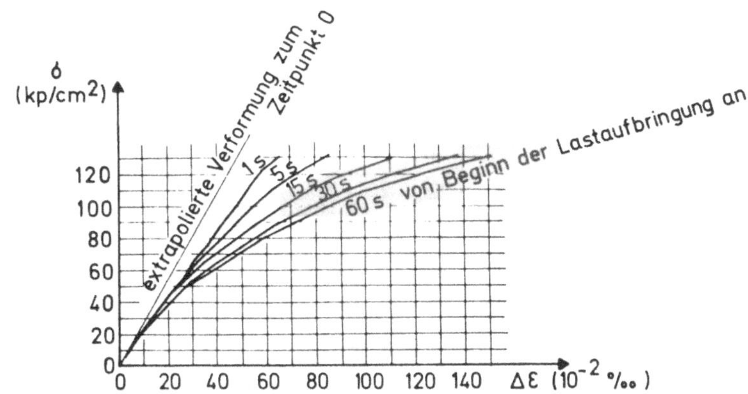


Bild 4.1 Spannungs - Stauchungs - Linie in Abhängigkeit von der Ablesezeit nach /16/

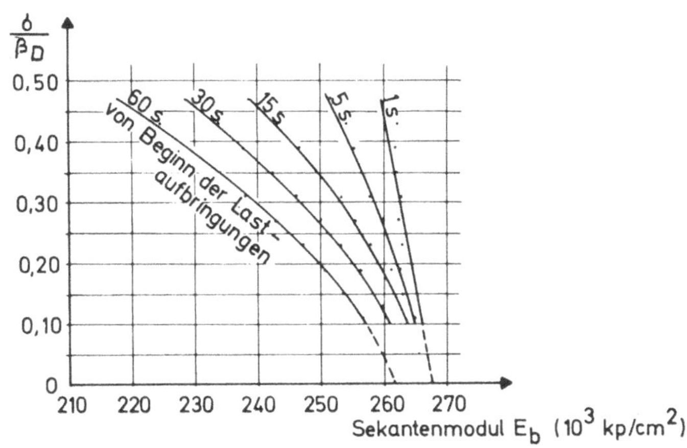


Bild 4.2 Abhängigkeit des E-Moduls eines Betons B 300 von der Ablesezeit und der Spannungshöhe nach /16/

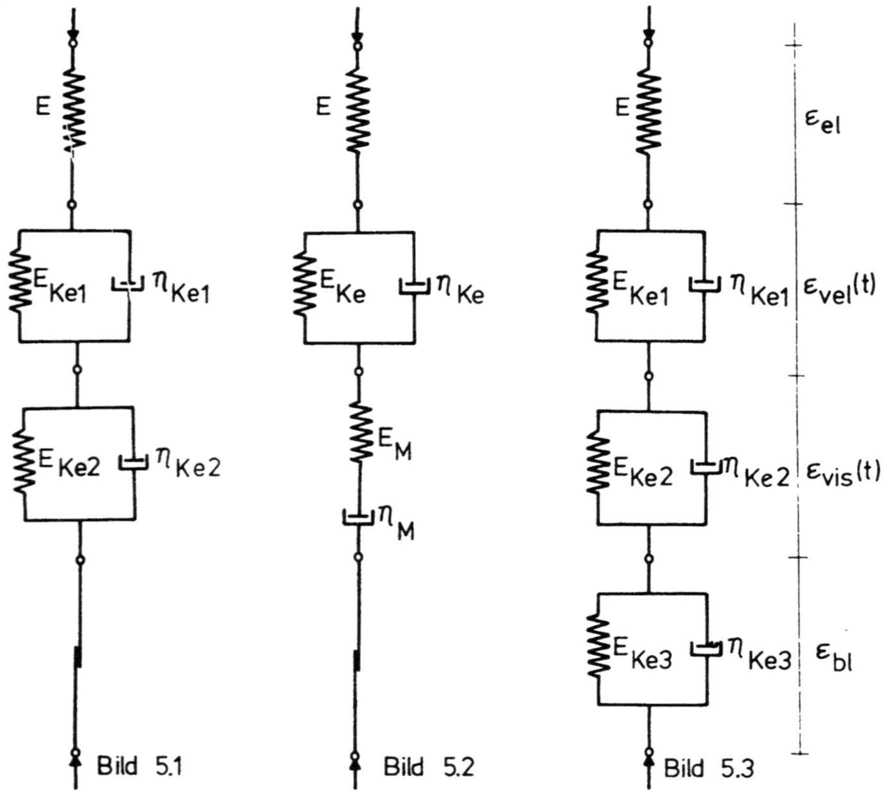


Bild 5.1 Bild 5.2 Bild 5.3

Ausführliche rheologische Modelle

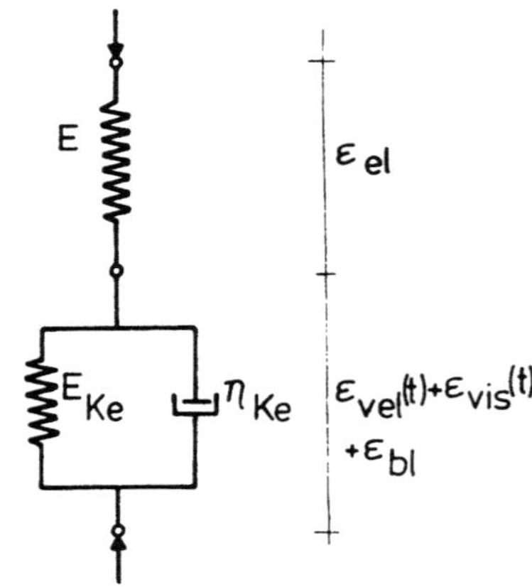


Bild 5.4 Vereinfachtes rheologisches Modell

**Bild 5** **Rheologische Modellvorstellungen für die Gesamtverformung bei Beton und den Komponenten Zement -**

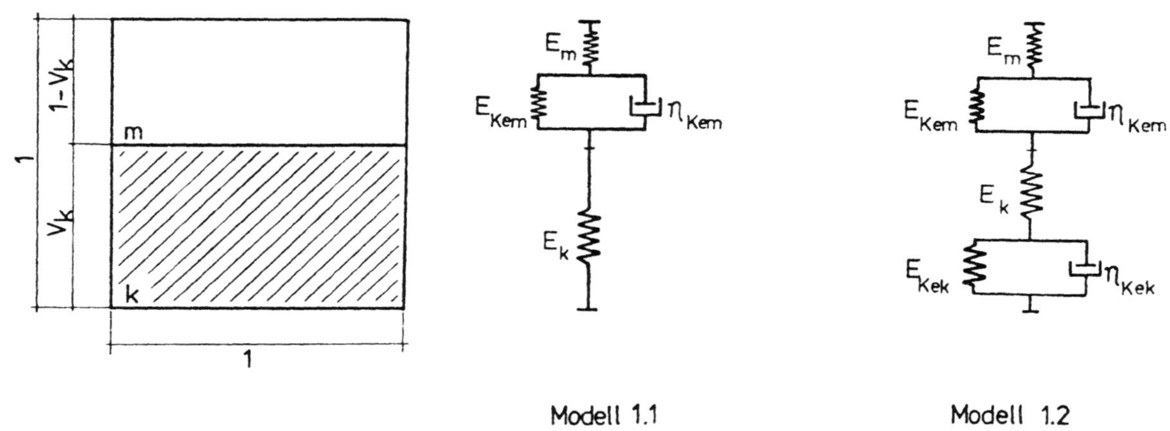


**Bild 6** Modell der hintereinander geschalteten Elemente

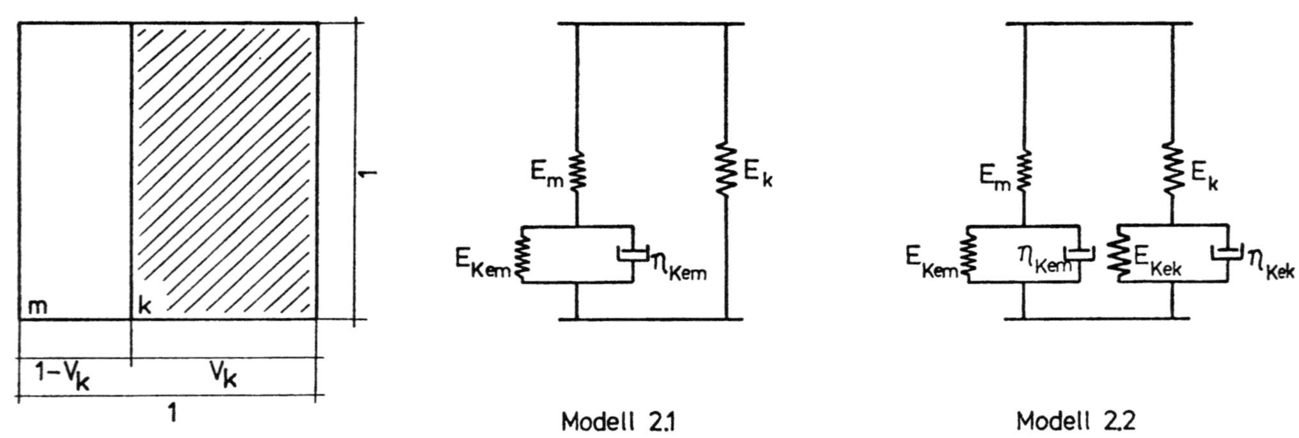


**Bild 7** Modell der parallel geschalteten Phasen

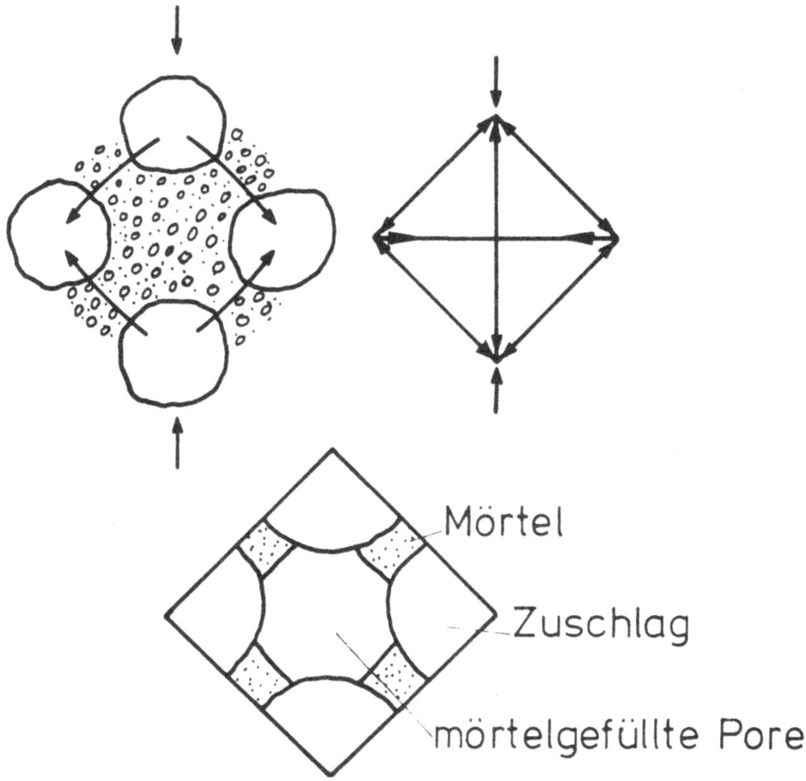


| Bild 8 | Betonmodell nach Baker |
|---|---|

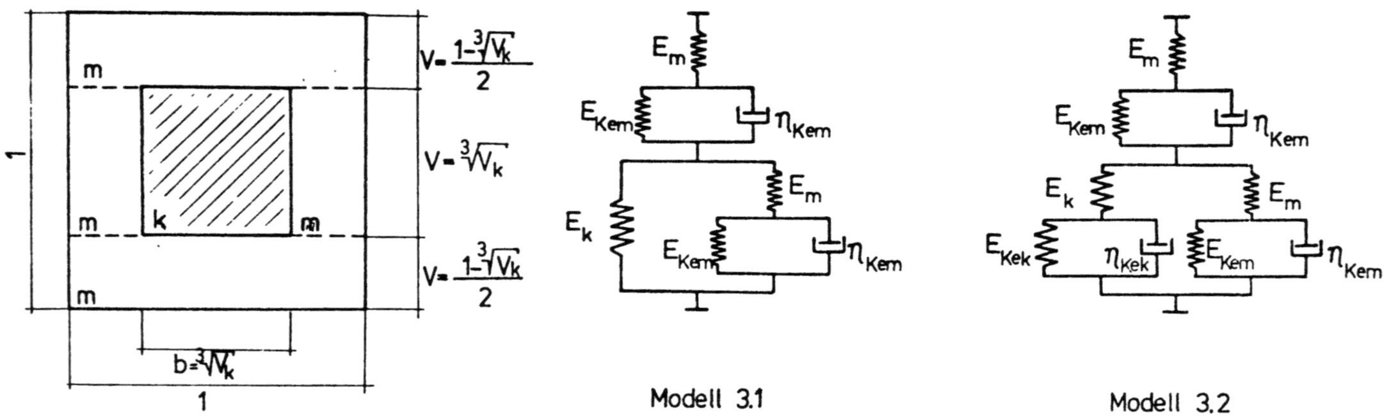


**Bild 9** Modell 3.1 und 3.2

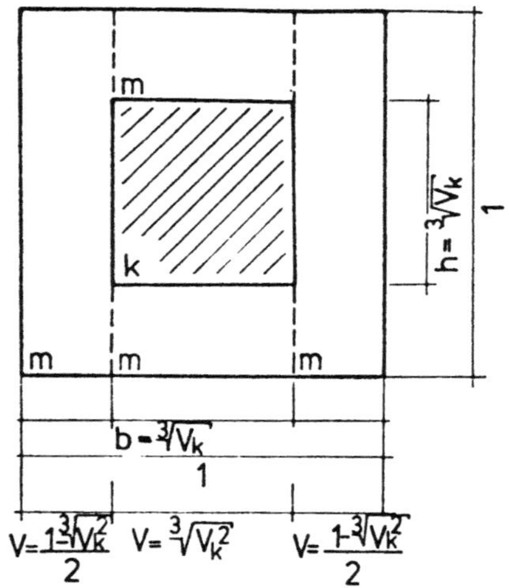


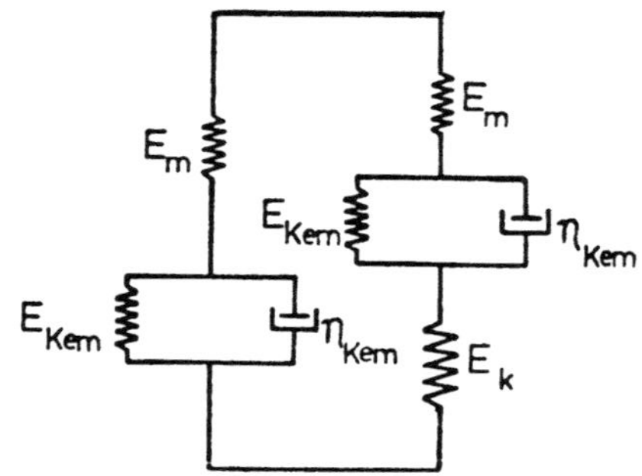


Modell 4.1

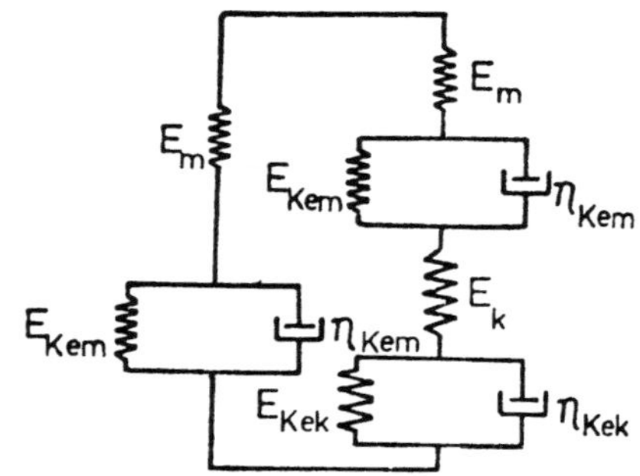


Modell 4.2

**Bild 10** Modell 4.1 und 4.2

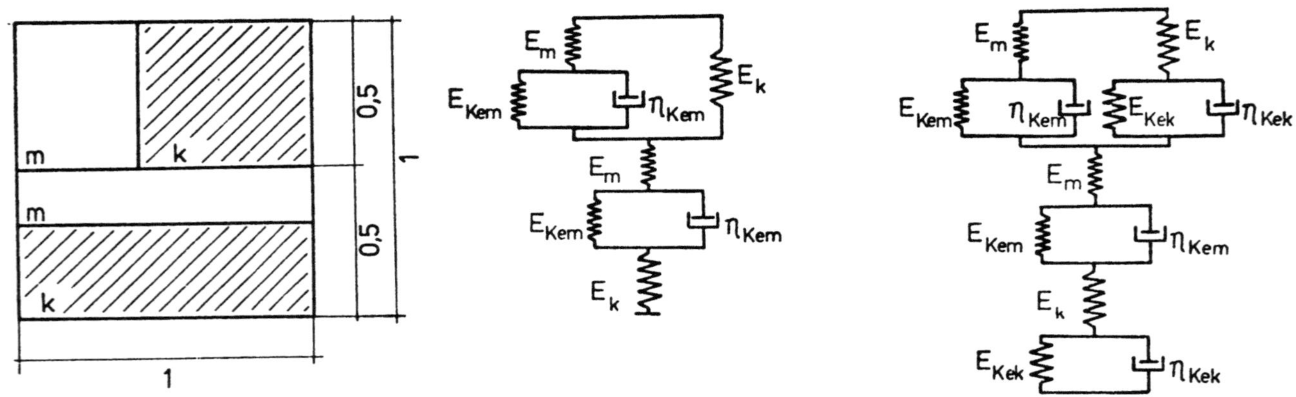


Modell 6.1

Modell 6.2

**Bild 11** Modell 6.1 und 6.2

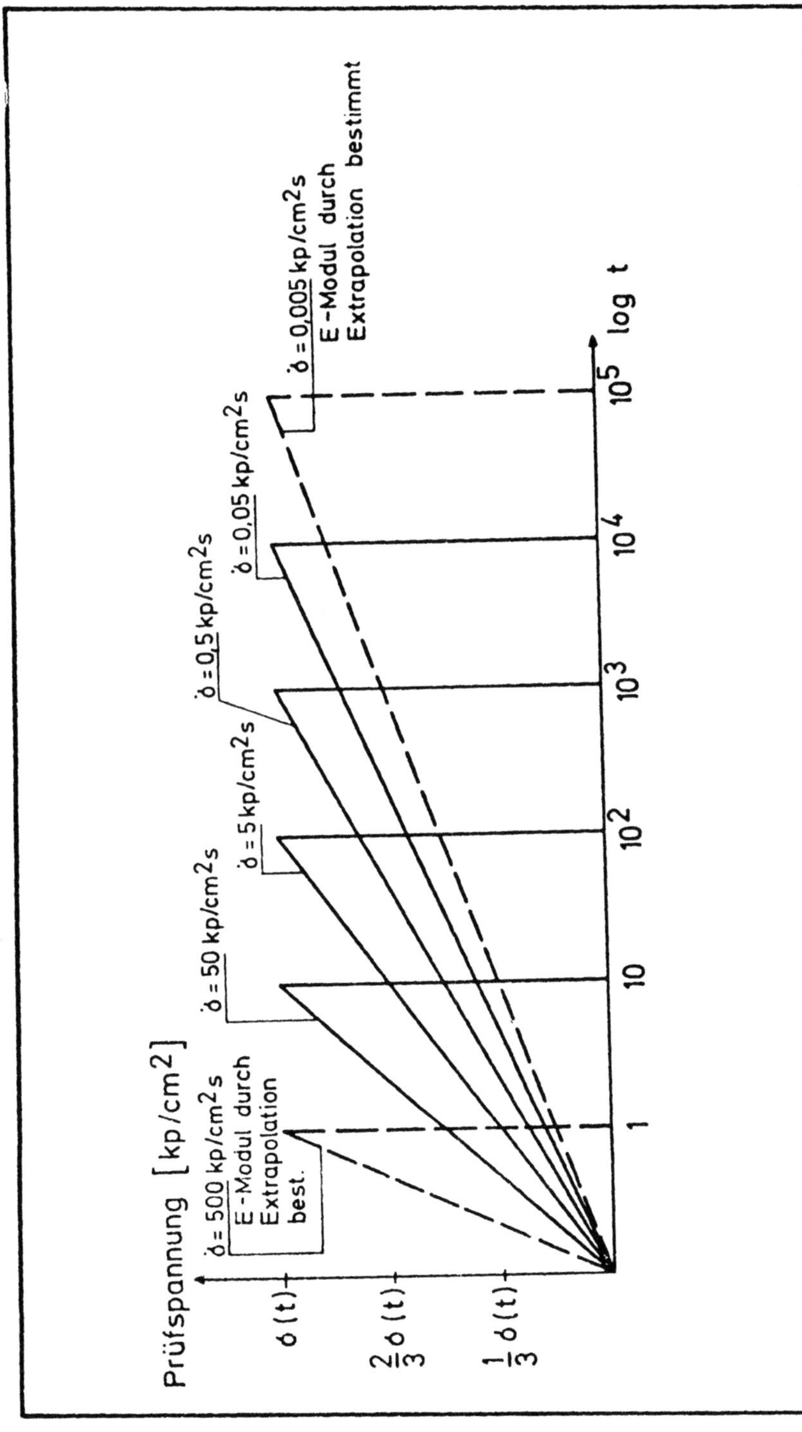


**Bild 12** Belastungszeitdiagramme

Bild 13: Versuchsanordnung zur Messung der Last-Verformungs-Werte
Detail: Prüfkörper mit Last- und Verformungsaufnehmern

Bild 14: Versuchsanordnung zur Messung der Last-Verformungs-Werte
Detail: Steuerpult der Prüfanlage

Bild 15: Versuchsanordnung zur Messung der Last-Verformungs-
Werte
Detail: Elektronische Geräte

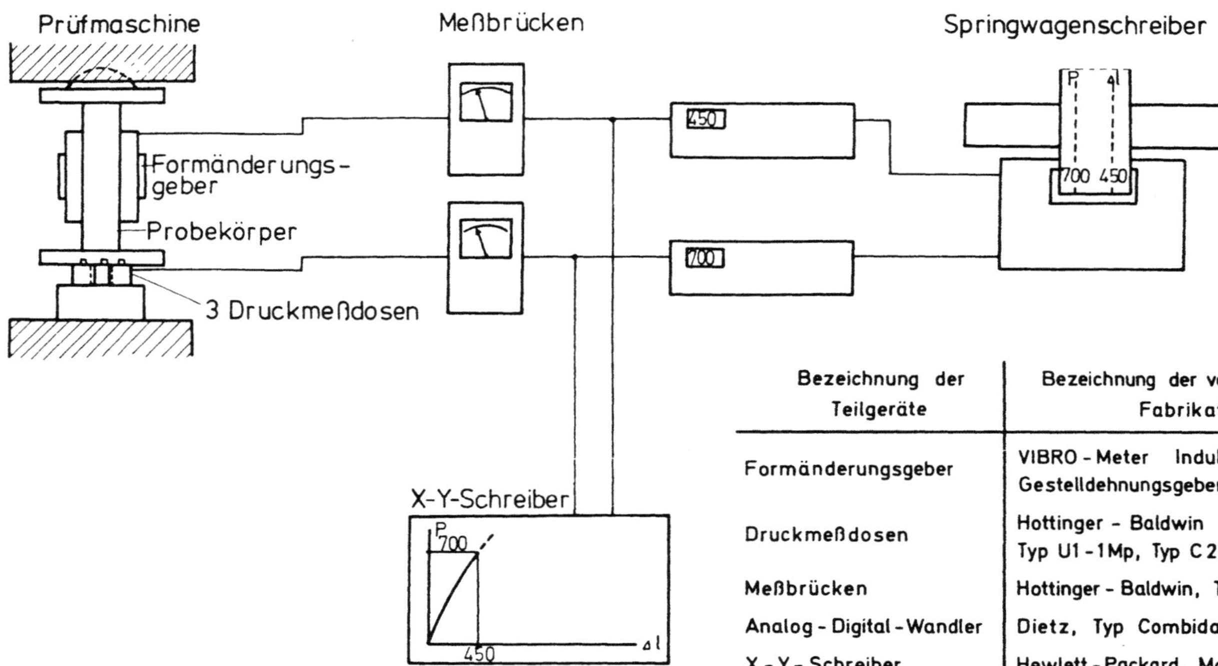


| Bezeichnung der Teilgeräte | Bezeichnung der verwendeten Fabrikate |
|---|---|
| Formänderungsgeber | VIBRO - Meter Induktiver Gestelldehnungsgeber GT / 1230 |
| Druckmeßdosen | Hottinger - Baldwin Typ U1 - 1Mp, Typ C 2 M 1 C / 2 OK |
| Meßbrücken | Hottinger - Baldwin, Typ KWS II - S |
| Analog - Digital - Wandler | Dietz, Typ Combidat |
| X - Y - Schreiber | Hewlett - Packard, Modell 2 D - 2 |
| Springwagenschreiber | Kienzle, Typ D 11 - SW |

**Bild 16** Schematische Darstellung der Meßanordnung zur Bestimmung des statischen E-Moduls

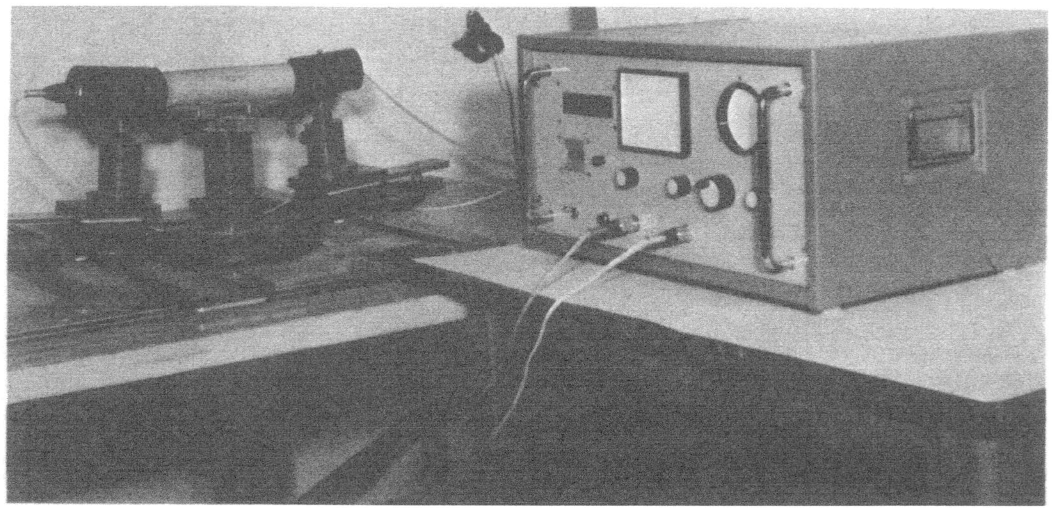

Bild 17: Versuchsanordnung zur Bestimmung der Resonanzfrequenz

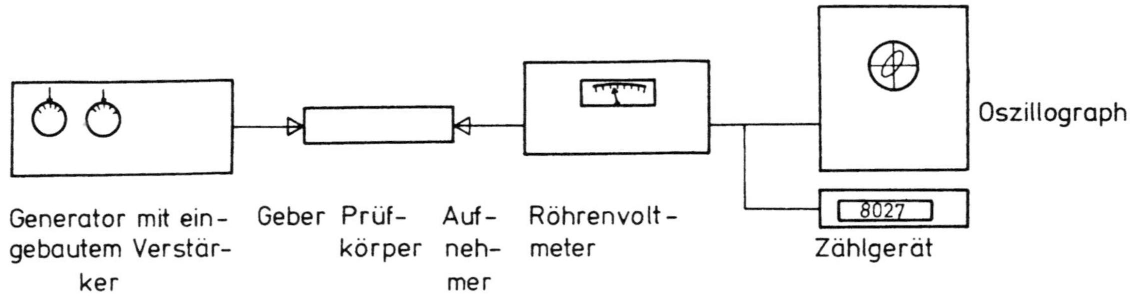


| Bezeichnung der Teilgeräte | Bezeichnung der verwendeten Fabrikate |
|---|---|
| Generator | Frequenz - Generator Philips, Typ GM 2308 (LC)<br>Meßgenerator Wandel und Goltermann, Typ MGGD (RC) |
| Geber | Goodmans Vibrator Ltd., Typ 3 Ohm |
| Aufnehmer | Bruel u. Kjaer Accelerometer, Typ 4334 |
| Röhrenvoltmeter | Philips, Typ GM 6012 |
| Oszillograph | Philips, Typ GM 5655 |
| Zählgerät | Telco, Typ 502 / entfiel bei Benutzung des RC-Generators |

**Bild 18** Schematische Darstellung der Meßanordnung zur Bestimmung der Resonanzfrequenz

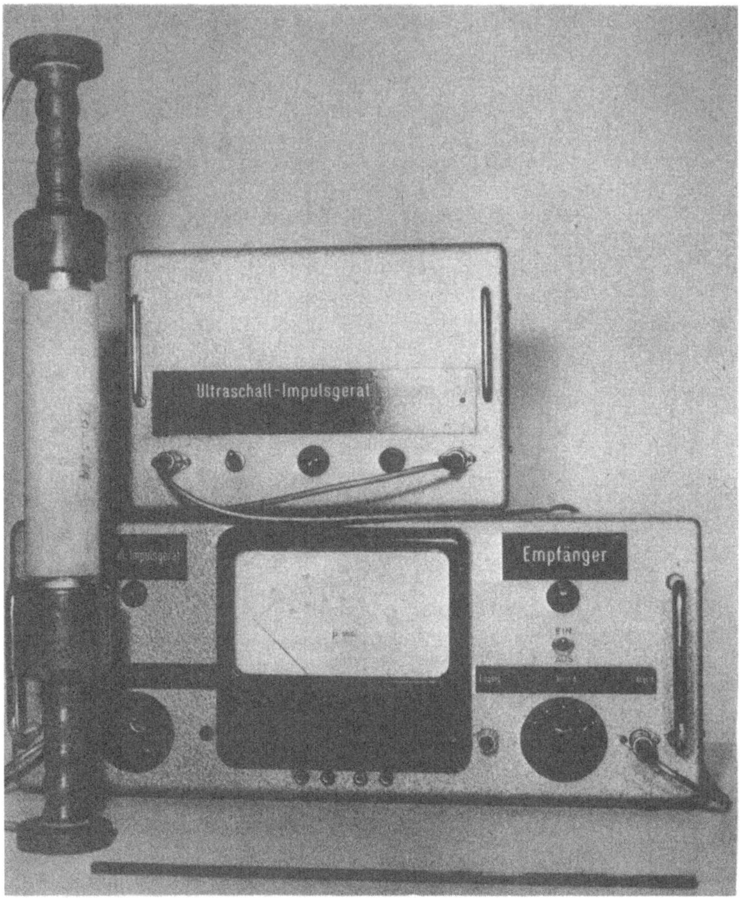


Bild 19: Versuchsanordnung zur Bestimmung der Schallaufzeit

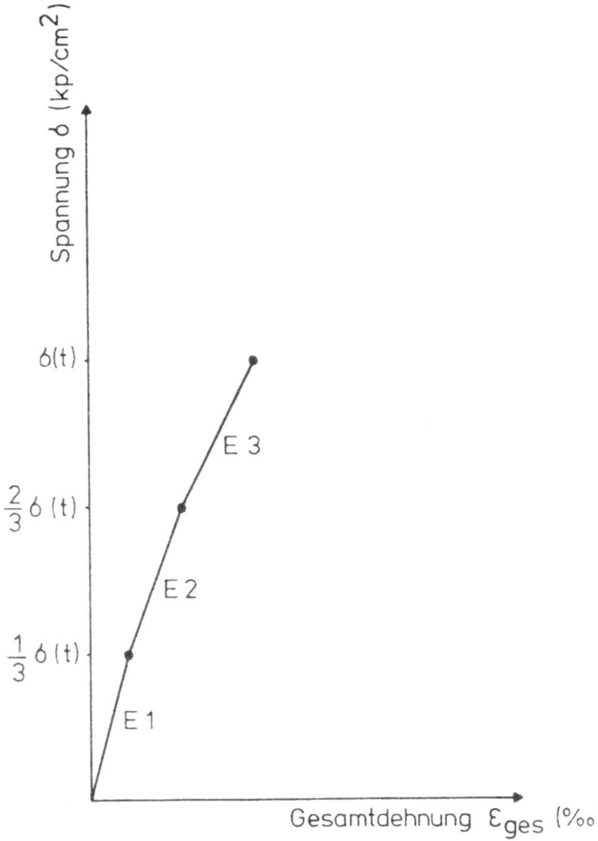


Bild 20.1 : Zusammenstellung der Sehnenmoduln

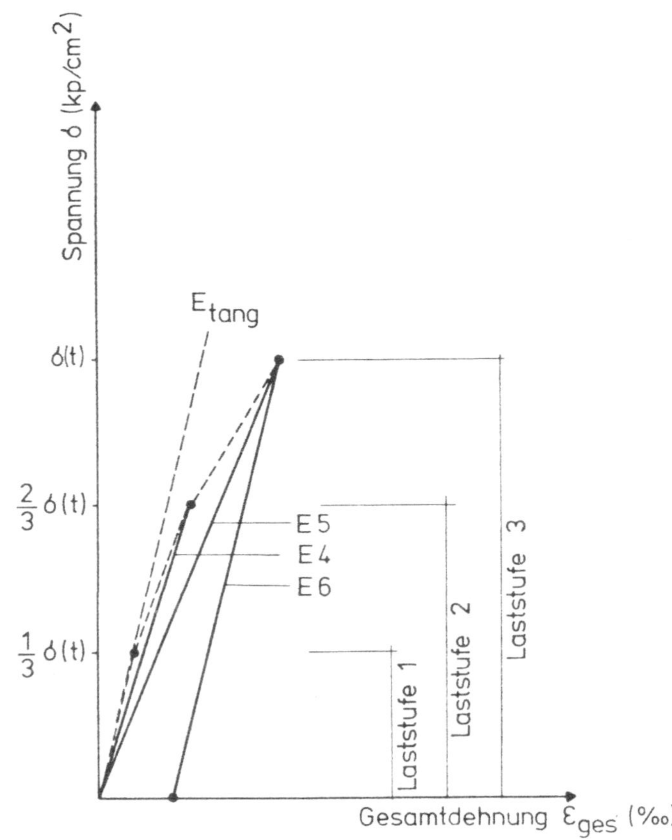


Bild 20.2: Zusammenstellung der Sekantenmoduln

**Bild 20** Übersicht über die aus den Spannungs - Dehnungs - Linien berechneten Sehnen - und Sekantenmoduln

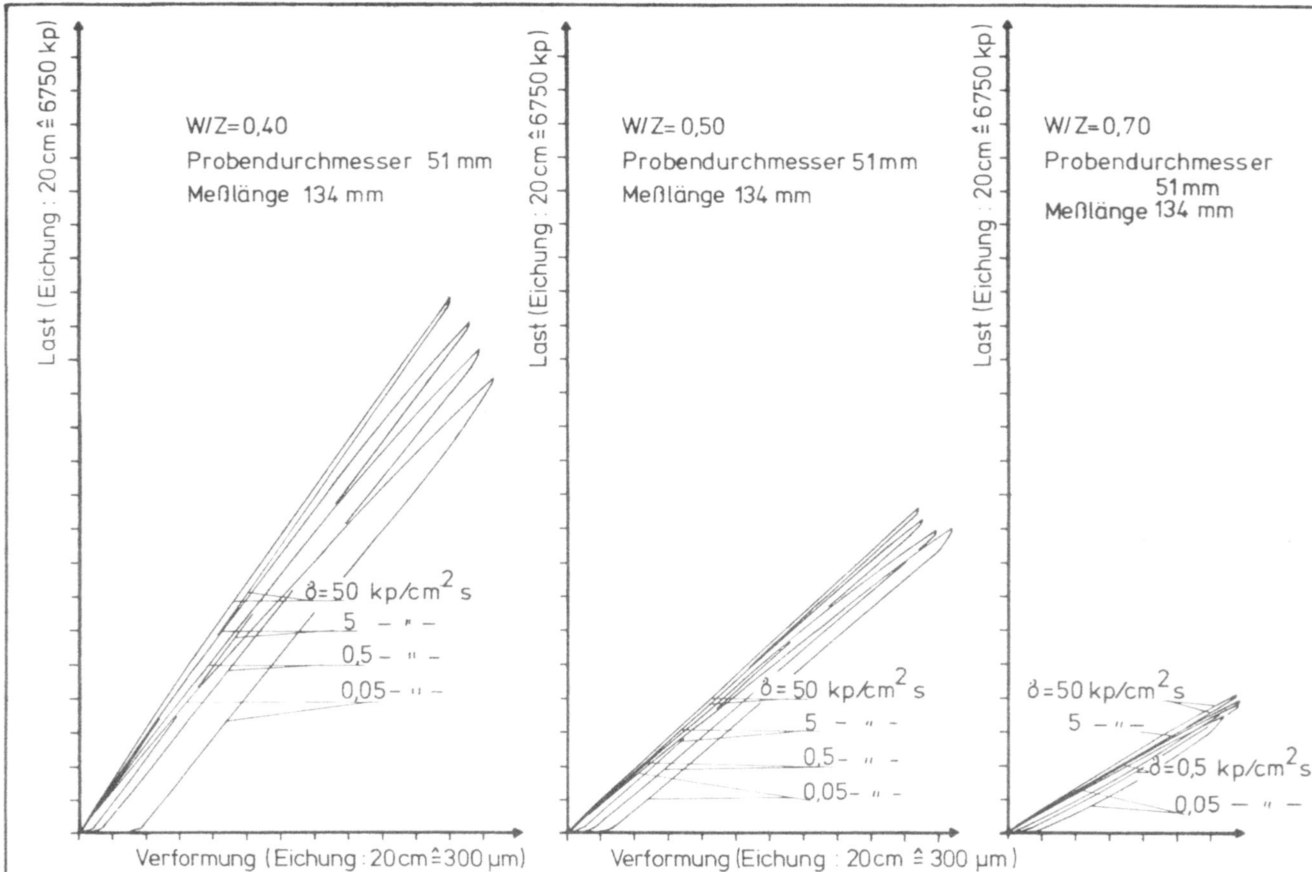


**Bild 21** Lastverformungslinien von wassergelagerten Zementsteinproben bei einer Prüfspannung von rd. $1/3\ \beta_D$

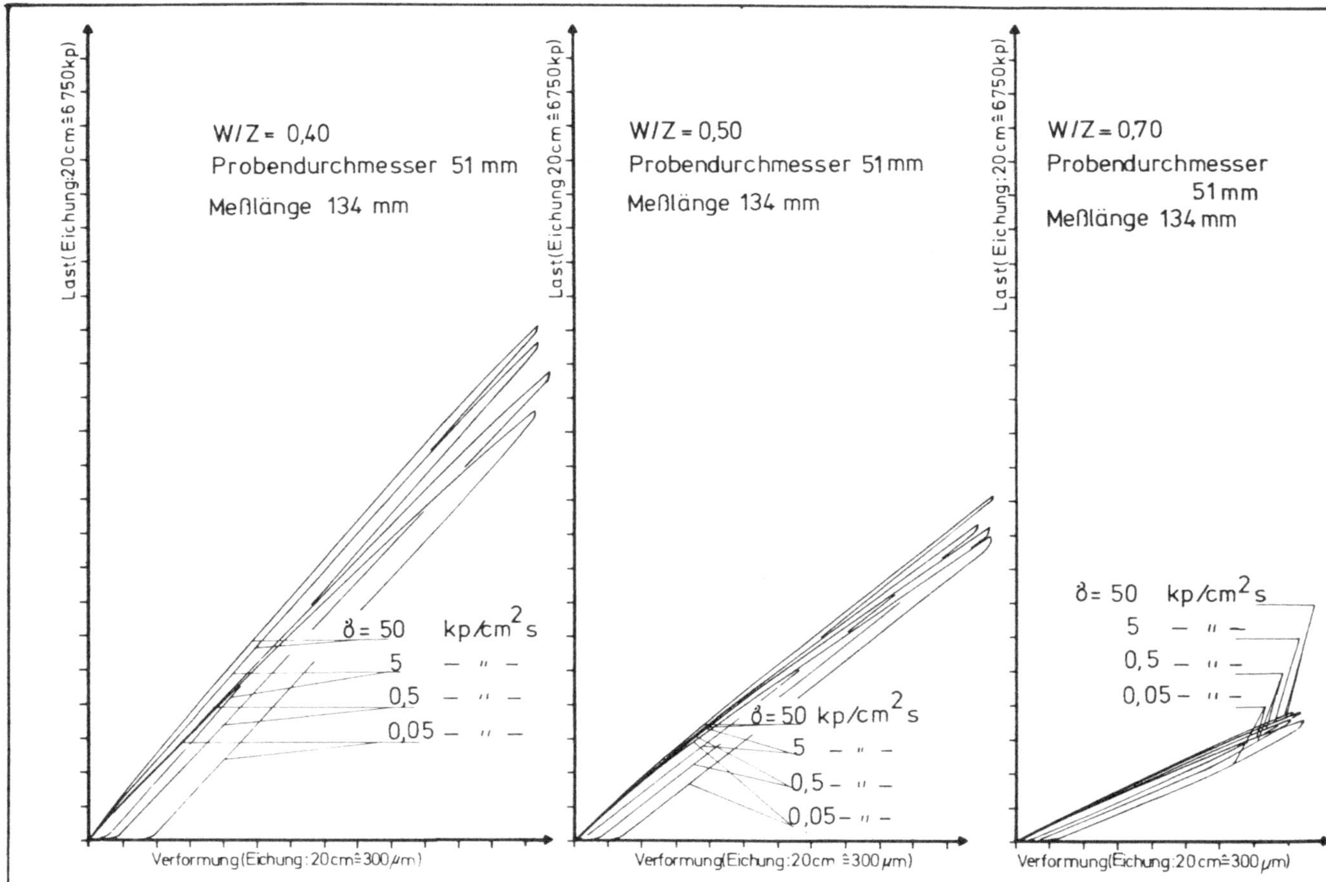


**Bild 22** Lastverformungslinien von luftgelagerten Zementsteinproben bei einer Prüfspannung von rd. $1/3\ \beta_D$

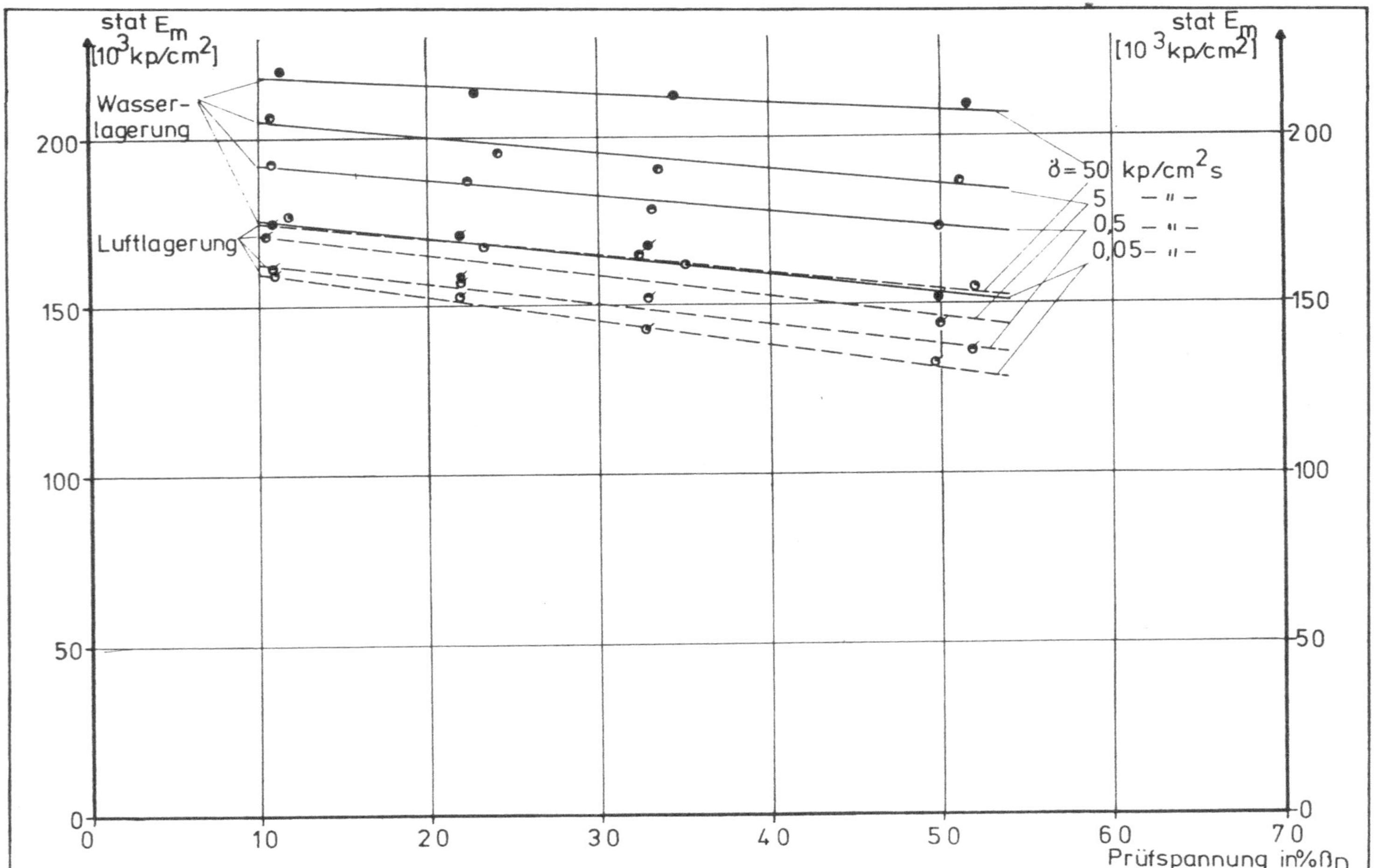


**Bild 23** Statischer E-Modul von Zementsteinkörpern mit W/Z = 0,40 in Abhängigkeit von der Prüfspannung

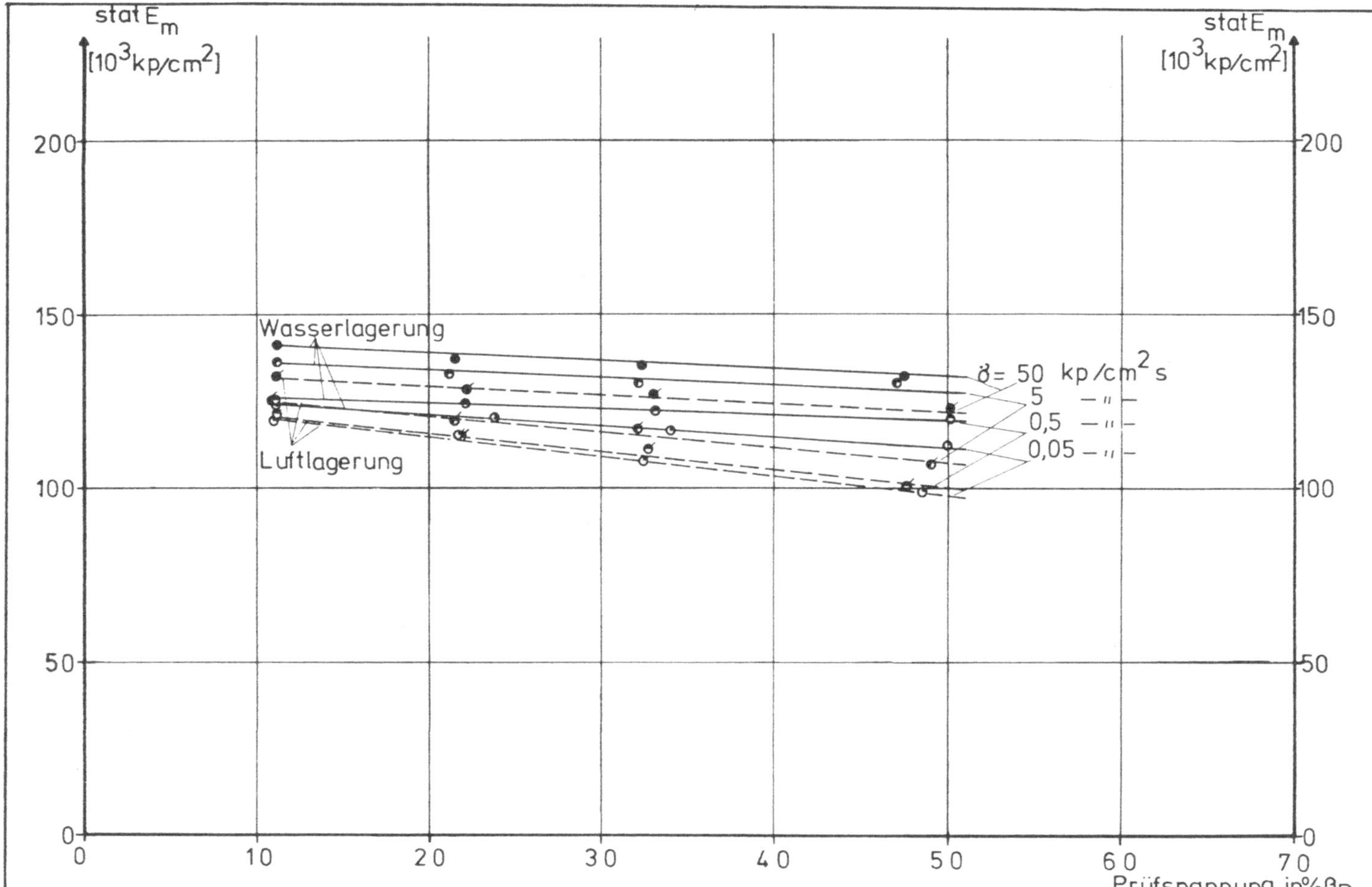


**Bild 24** Statischer E-Modul von Zementsteinkörpern mit W/Z = 0,50 in Abhängigkeit von der Prüfspannung

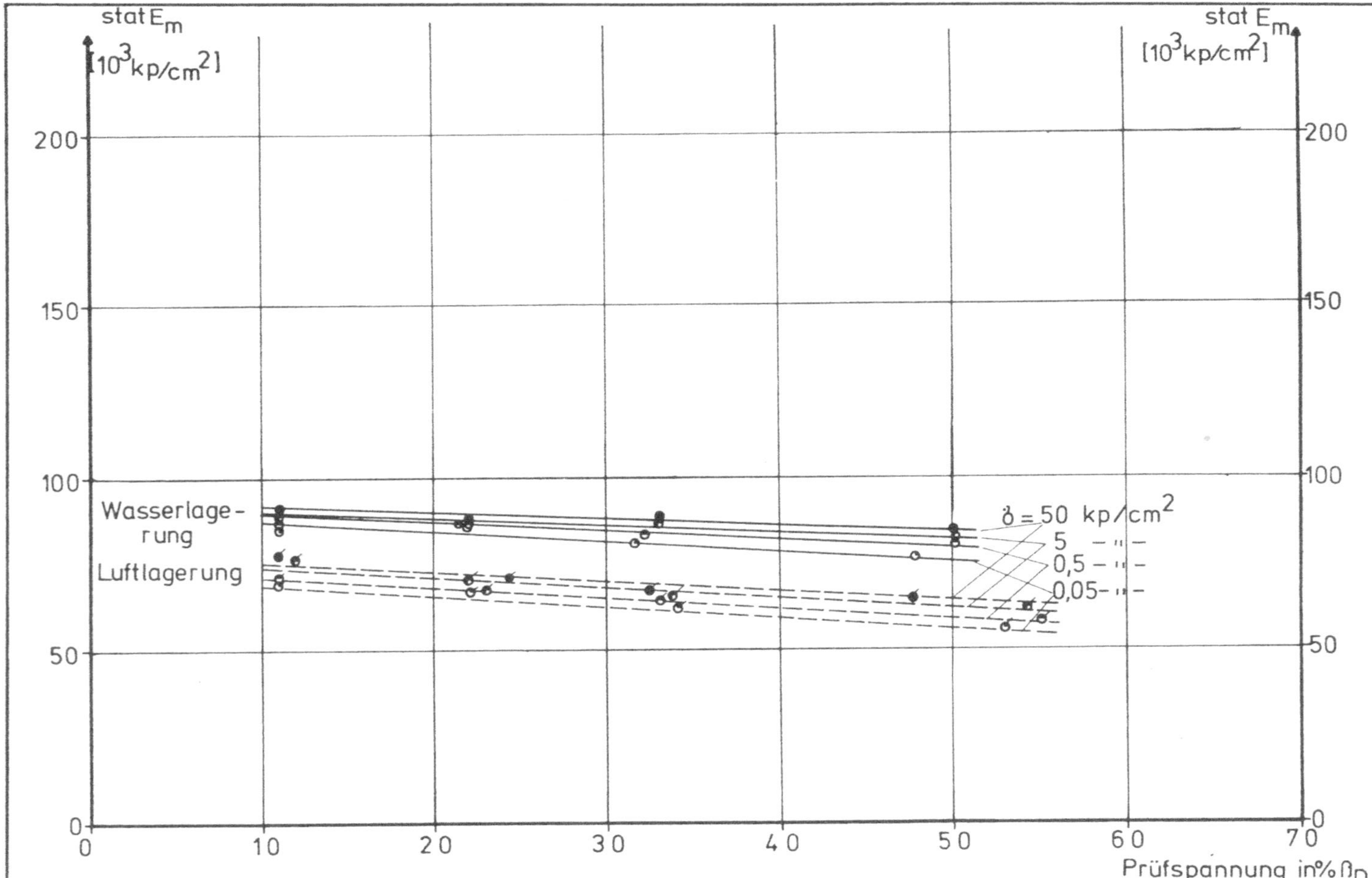


**Bild 25** Statischer E-Modul von Zementsteinkörpern mit W/Z-Wert 0,70 in Abhängigkeit von der Prüfspannung

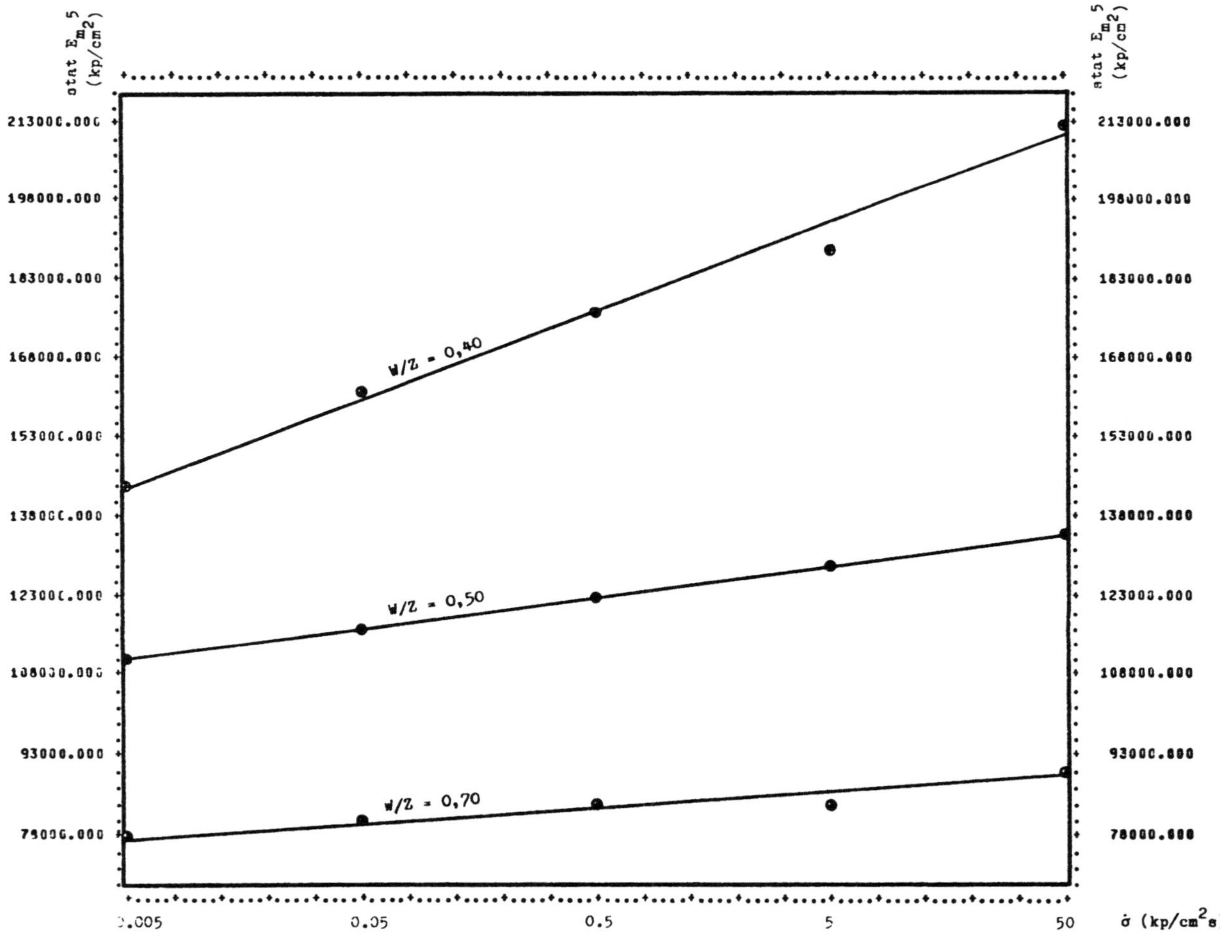


Bild 26: **Abhängigkeit des statischen E-Moduls des Zementsteins von der Spannungsänderung σ̇ bei Wasserlagerung**

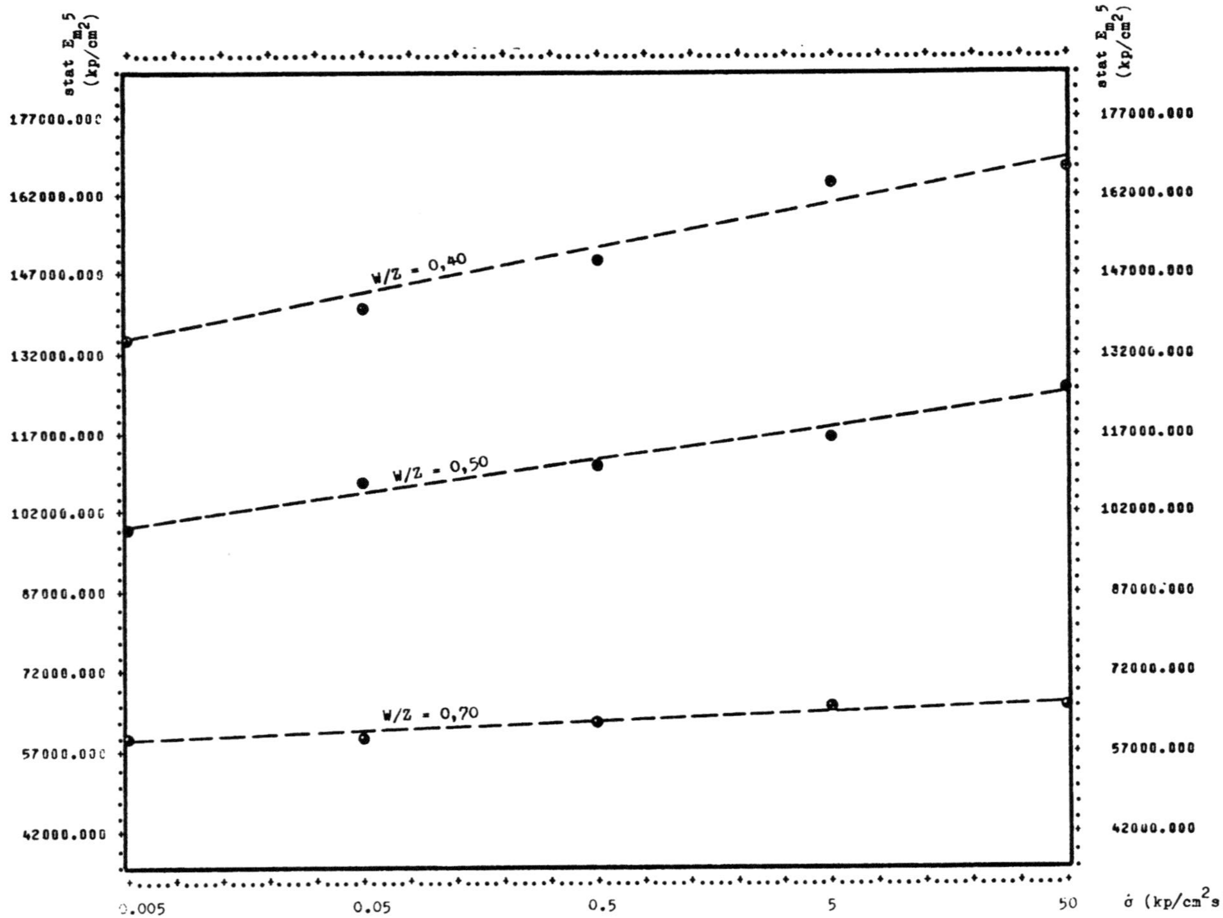


Bild 27: Abhängigkeit des statischen E-Moduls des Zementsteins von der Spannungsänderung $\dot{\sigma}$ bei Luftlagerung

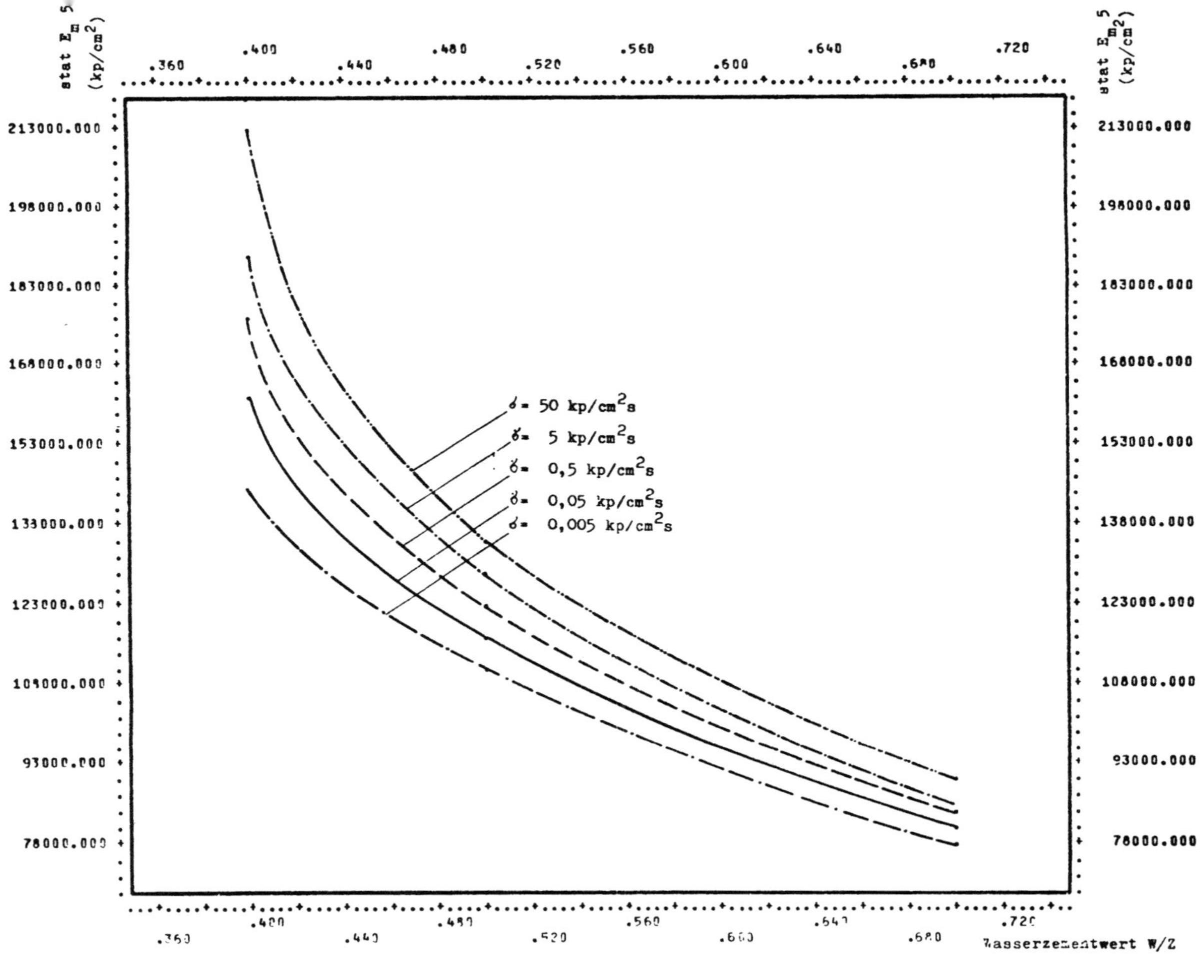


Bild 28 : Statischer E-Modul des Zementsteins in Abhängikeit vom Wasserzementwert W/Z bei verschiedenen Spannungsänderungen σ und Wasserlagerung

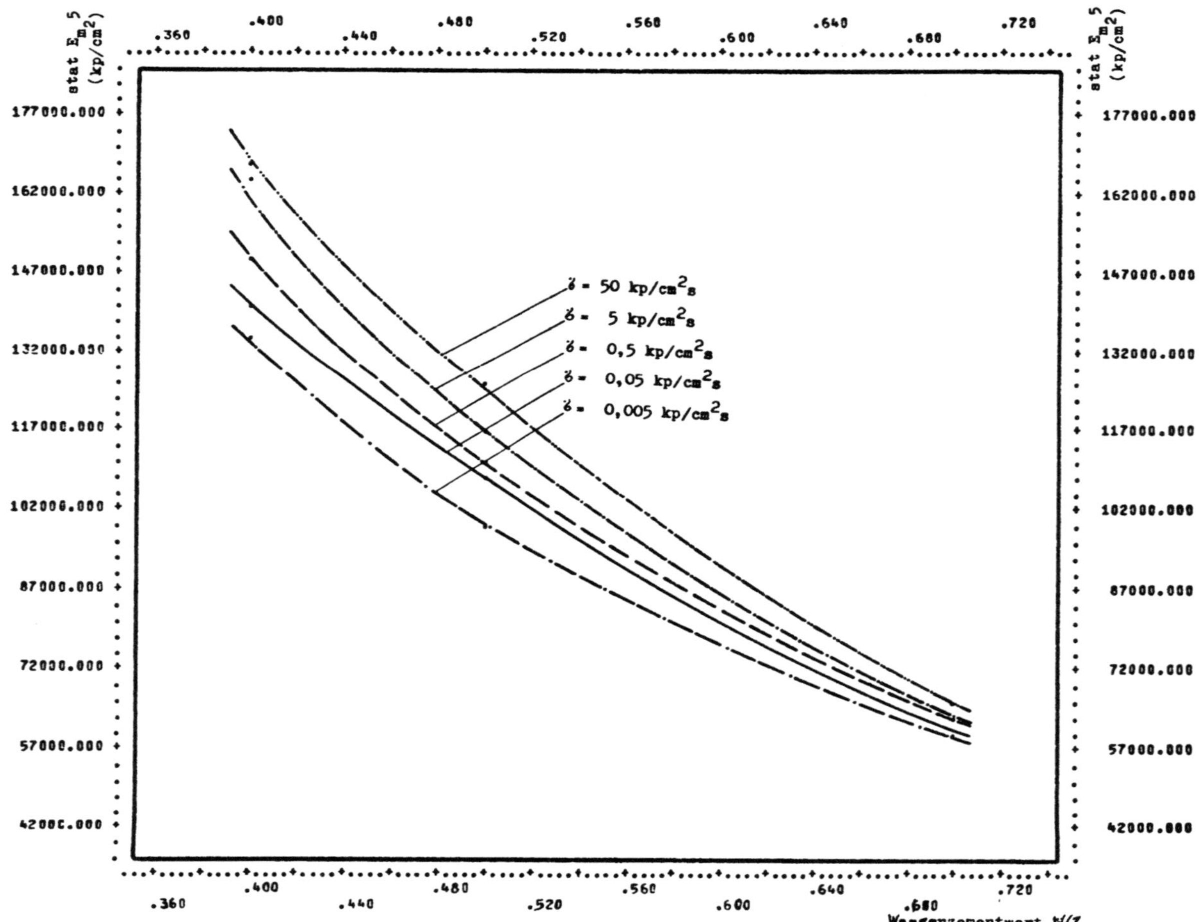


Bild 29 : **Statischer E-Modul des Zementsteins in Abhängigkeit vom Wasserzementwert W/Z bei verschiedenen Spannungsänderungen δ und Luftlagerung**

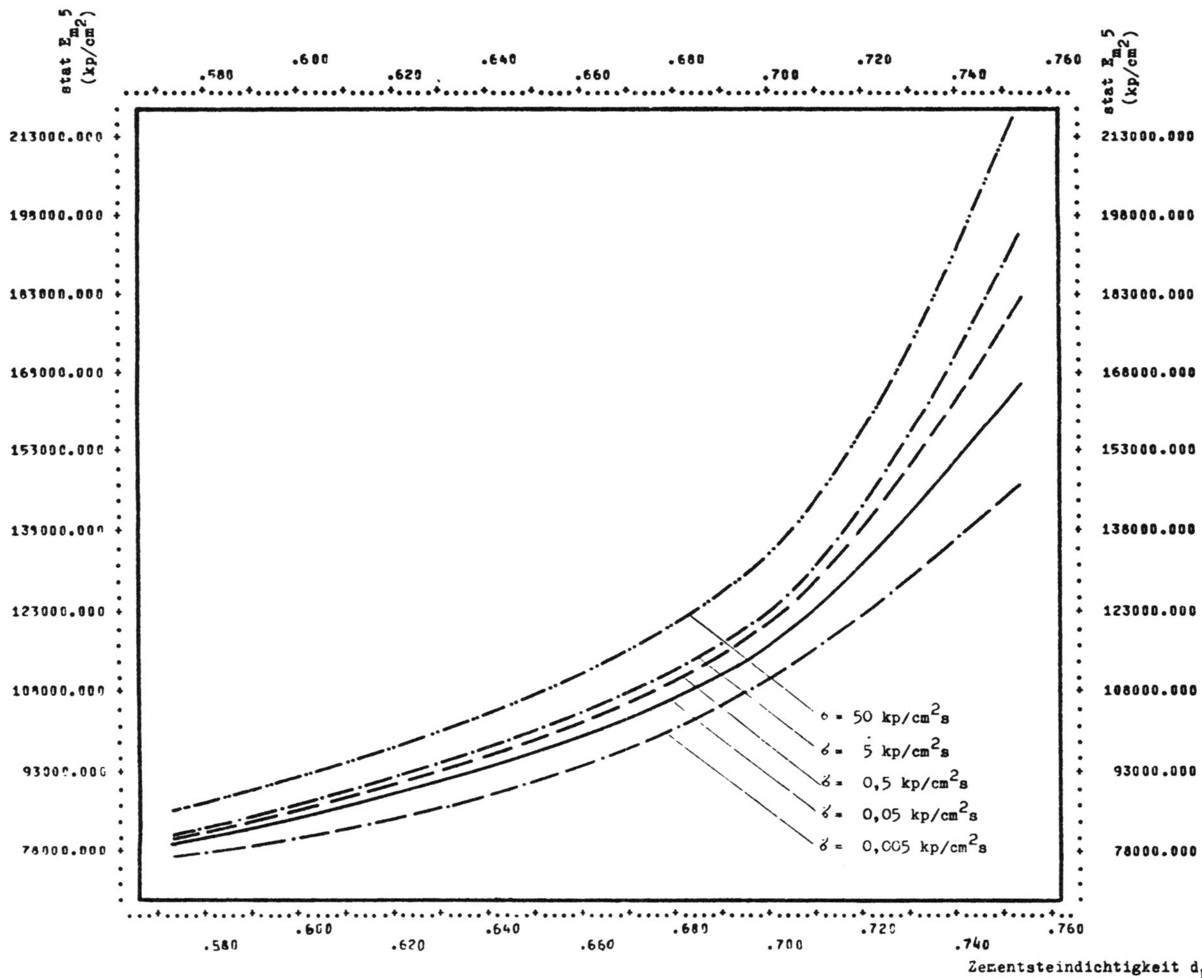


Bild 30 : Statischer E-Modul des Zementsteins in Abhängigkeit von der Dichtigkeit $d_H$ bei verschiedenen Spannungsänderungen $\dot{\sigma}$ und Wasserlagerung

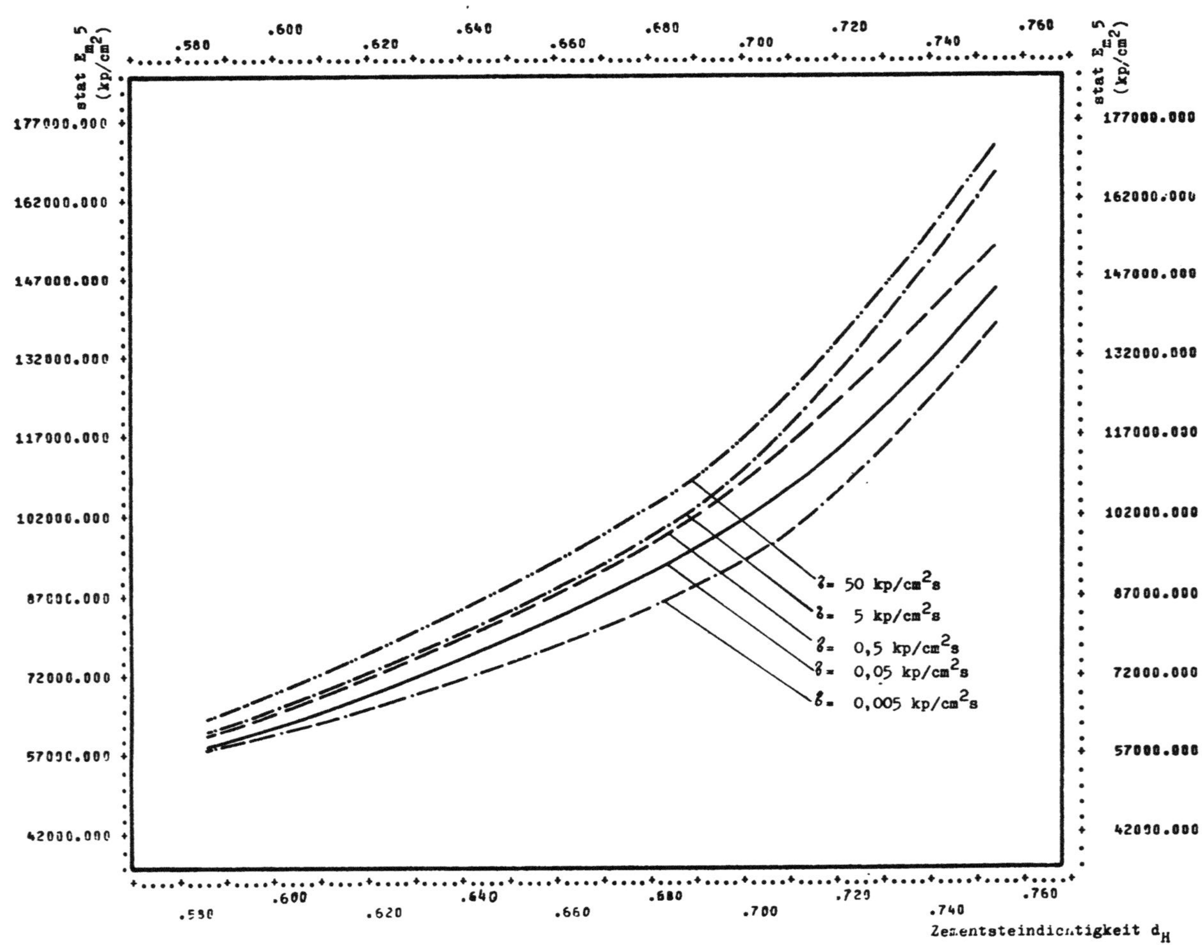


Bild 31 : Statischer E-Modul des Zementsteins in Abhängigkeit von der Dichte $d_H$ bei verschiedenen Spannungsänderungen $\dot{\sigma}$ und Luftlagerung

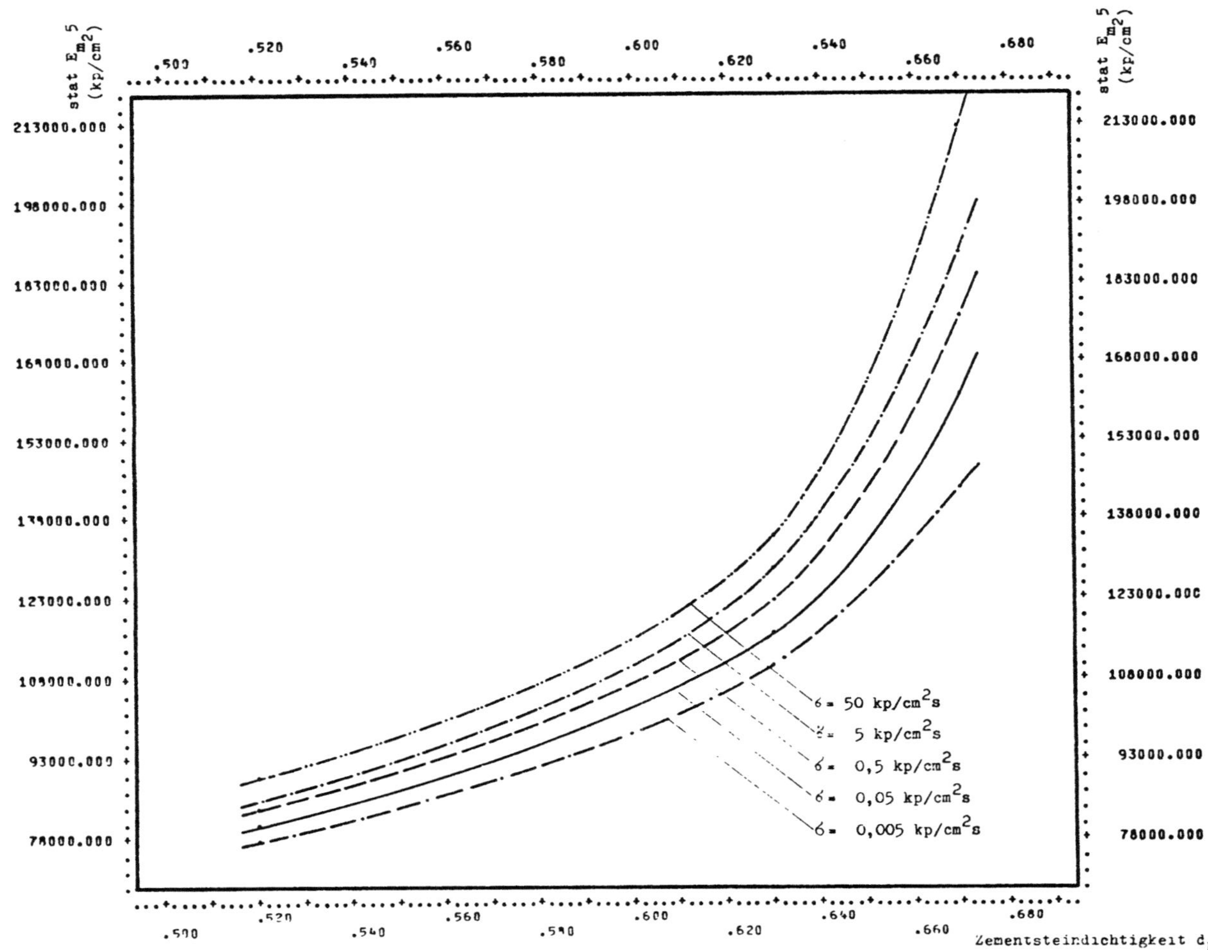


Bild 32 : Statischer E-Modul des Zementsteins in Abhängigkeit von der Dichtigkeit $d_P$ bei verschiedenen Spannungsänderungen $\dot{\sigma}$ und Wasserlagerung

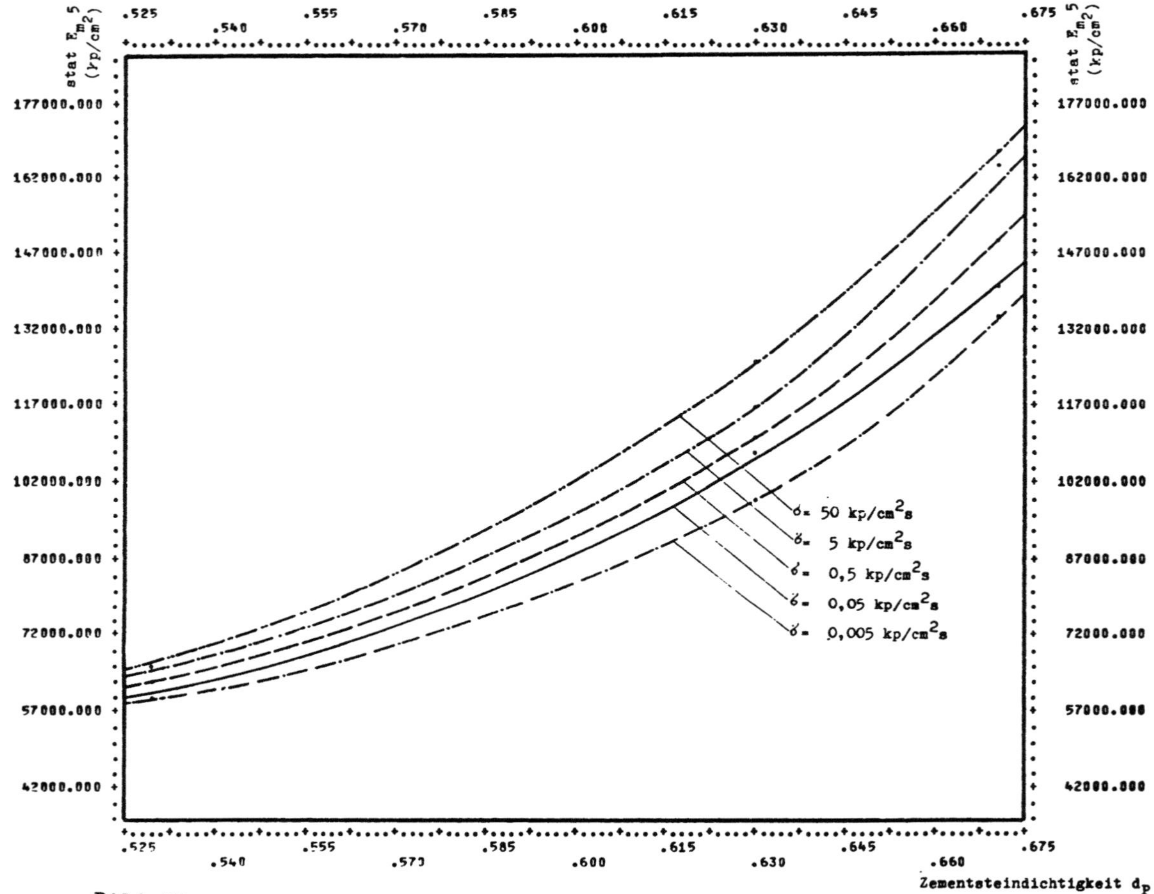


Bild 33: Statischer E-Modul des Zementsteins in Abhängigkeit von der Dichte $d_P$ bei verschiedenen Spannungsänderungen $\dot{\sigma}$ und Luftlagerung

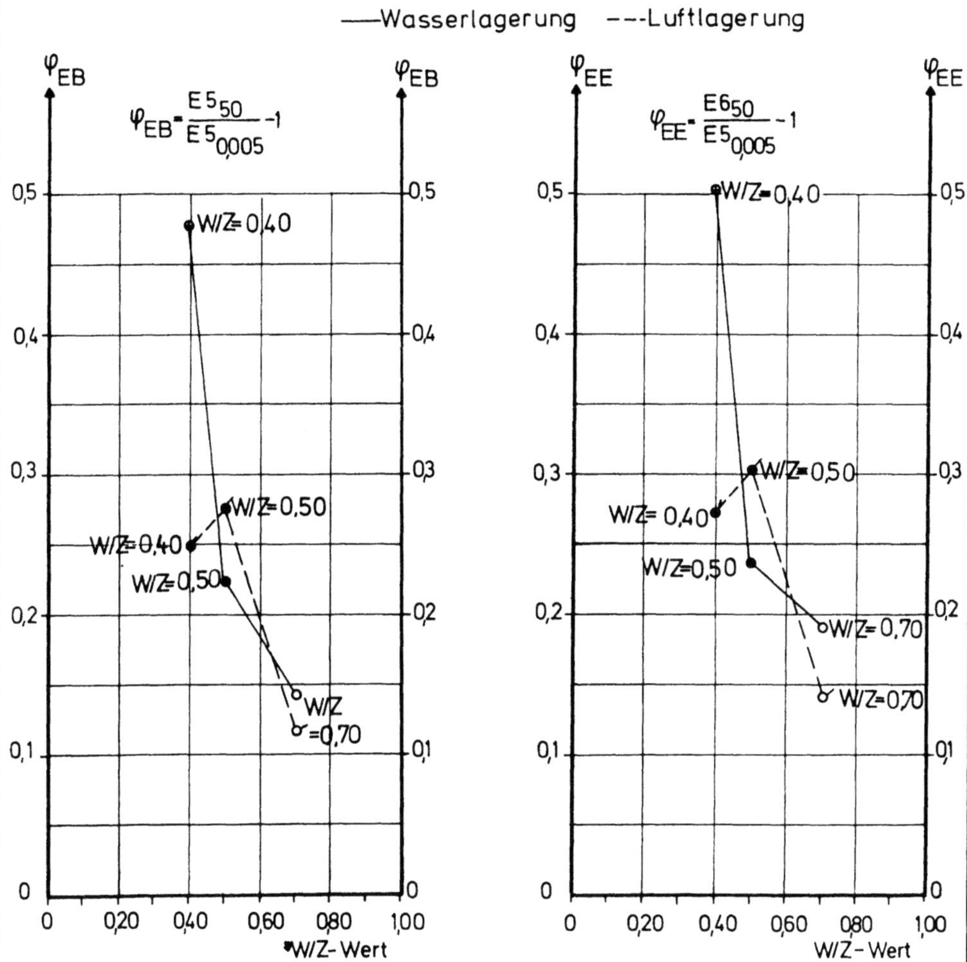


**Bild 34** Einfluß der Spannungsänderung $\dot{\sigma}$ auf den statischen E-Modul stat $E_m5$ des Zementsteins in Abhängigkeit vom W/Z-Wert

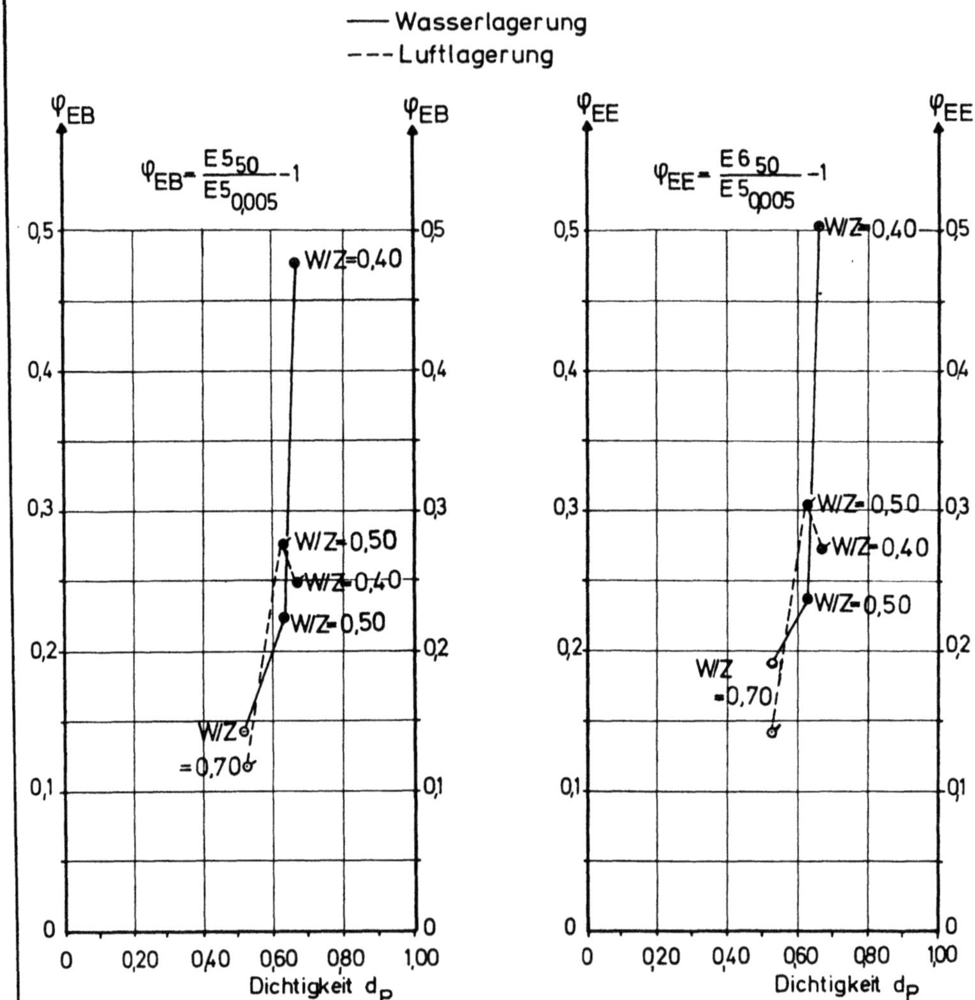


| **Bild 35** | Einfluß der Spannungsänderung auf den statischen E-Modul stat $E_m5$ des Zementsteins in Abhängigkeit von der Dichtigkeit $d_P$ |
|---|---|

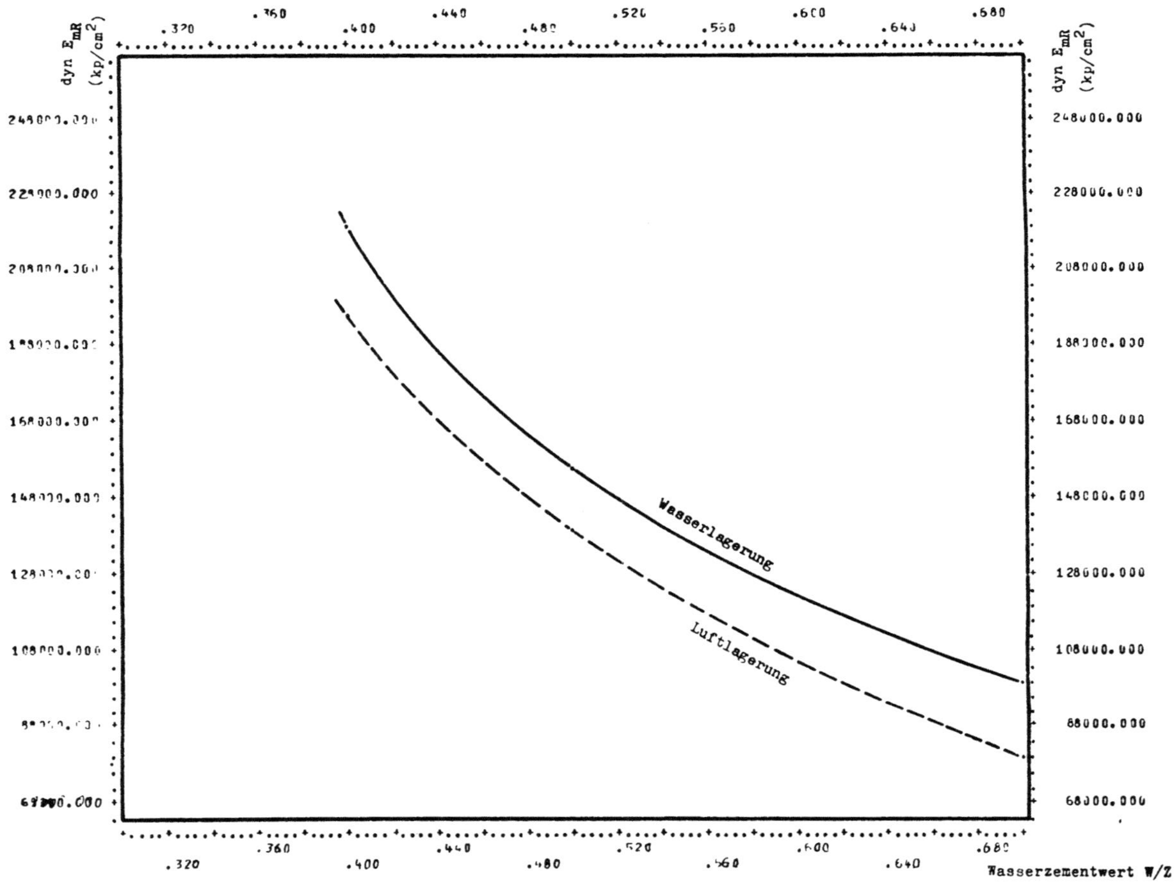


**Bild 36 : Dynamischer E-Modul des Zementsteins in Abhängigkeit vom Wasserzementwert W/Z bei Wasser- und Luftlagerung**

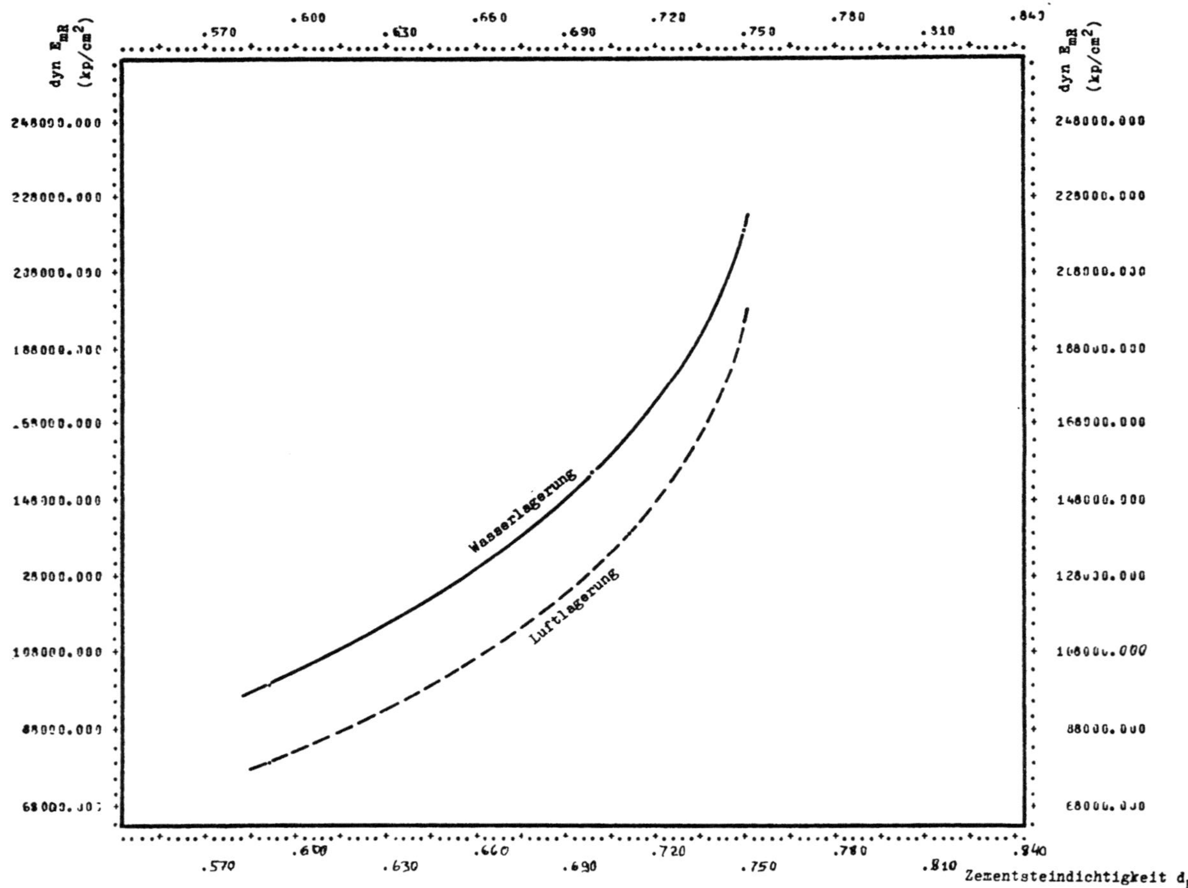


Bild 37 : Dynamischer E-Modul des Zementsteins in Abhängigkeit von der Dichtigkeit $d_H$ bei Wasser- und Luftlagerung

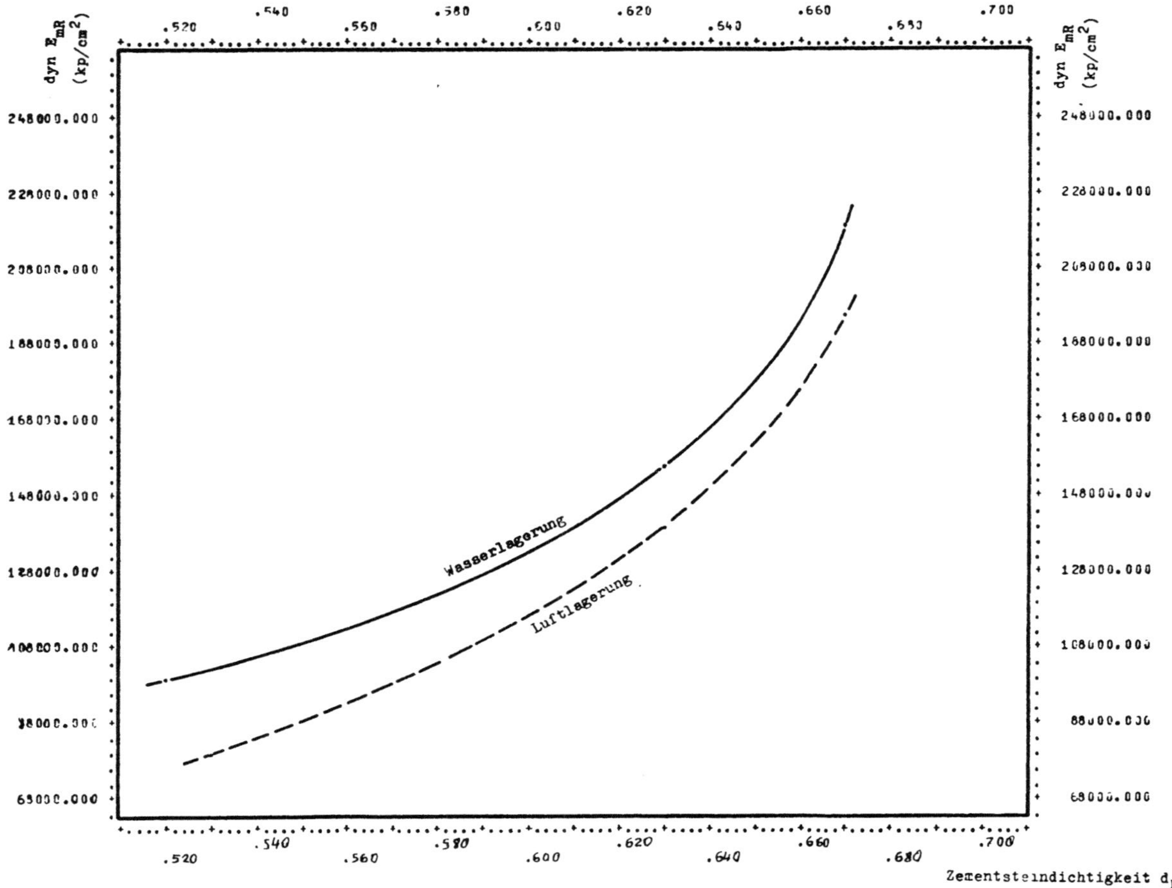


Bild 38: Dynamischer E-Modul des Zementsteins in Abhängigkeit von der Dichtigkeit $d_p$ bei Wasser- und Luftlagerung

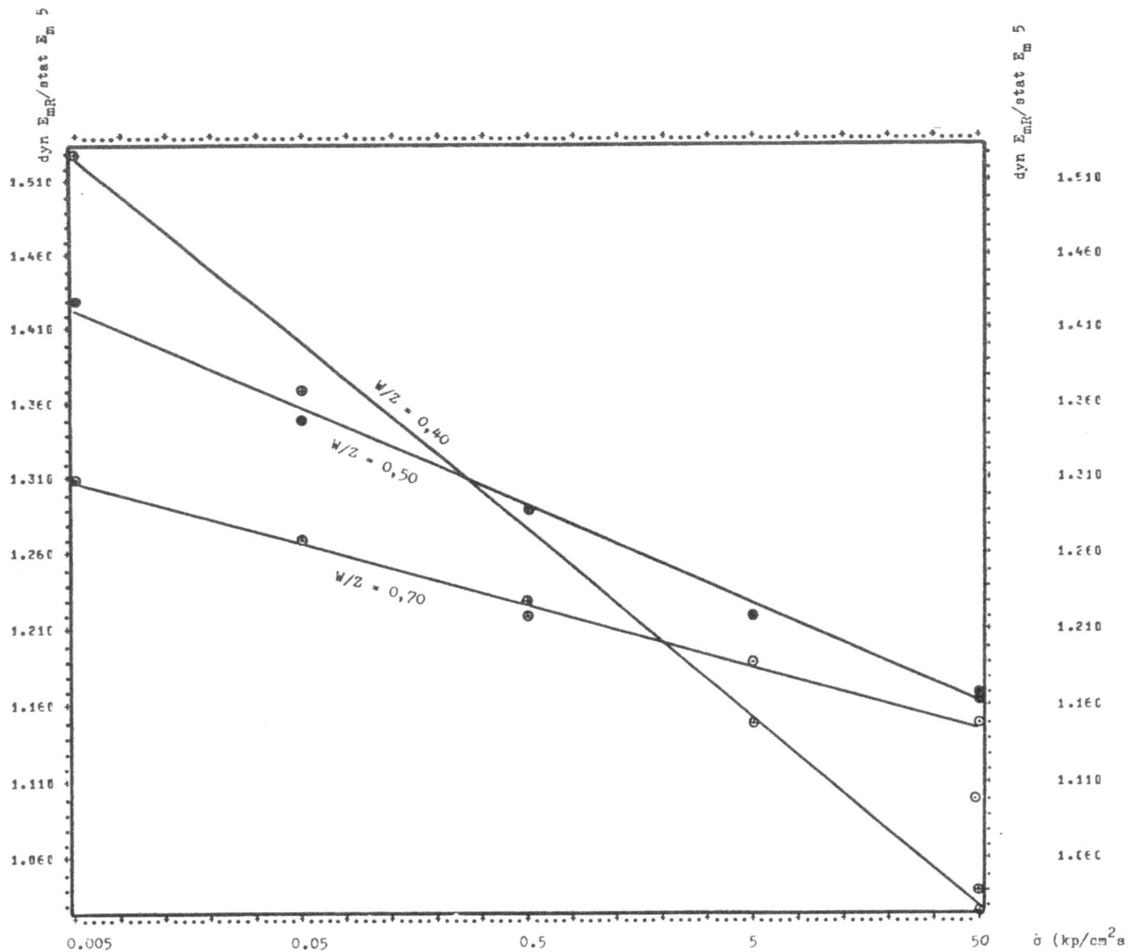


Bild 39: **Verhältnis des dynamischen E-Moduls** dyn $E_{mR}$ zum statischen E-Modul stat $E_m$ 5 bei **Wasserlagerung** in **Abhängigkeit** der Spannungsänderung

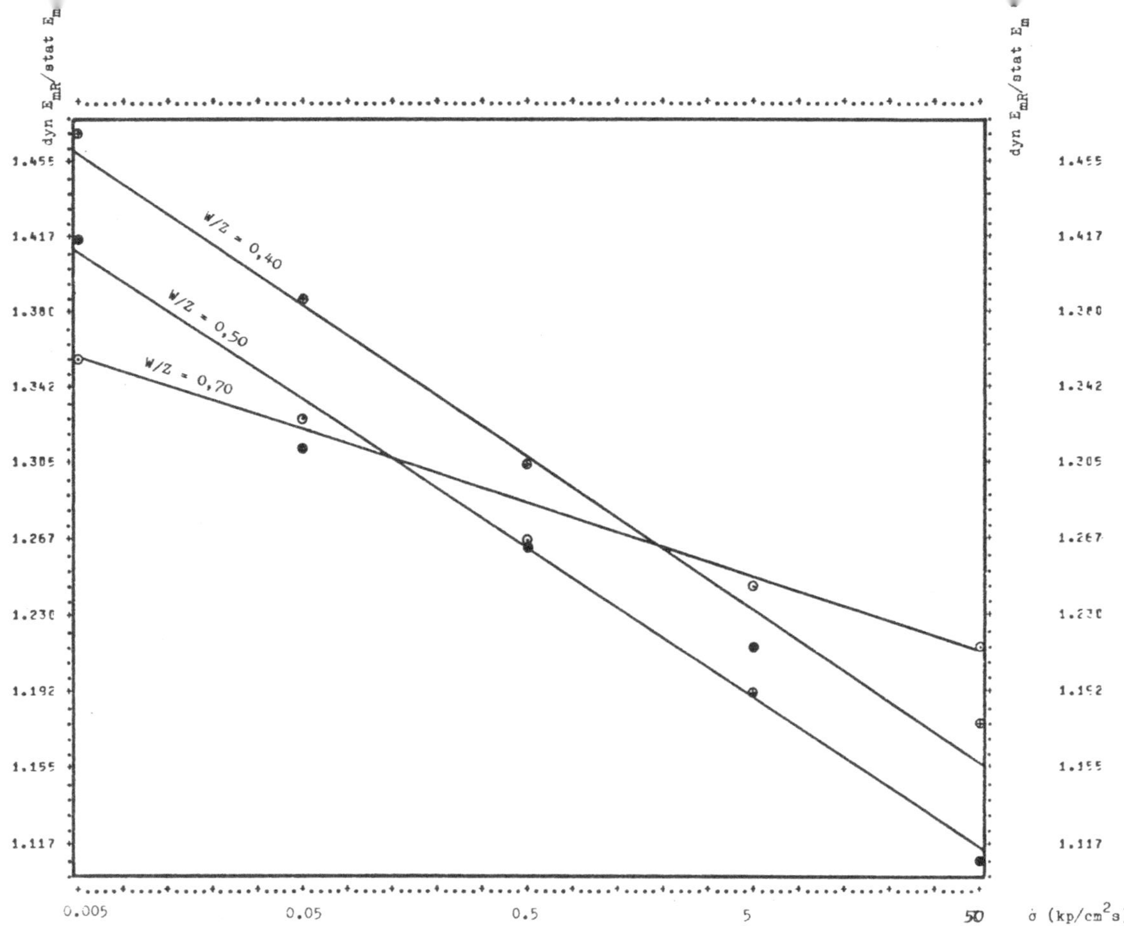


Bild 40 : Verhältnis des dynamischen E-Moduls dyn $E_{mR}$ zum statischen E-Modul stat $E_m$ 5 bei Luftlagerung in Abhängigkeit der Spannungsänderung

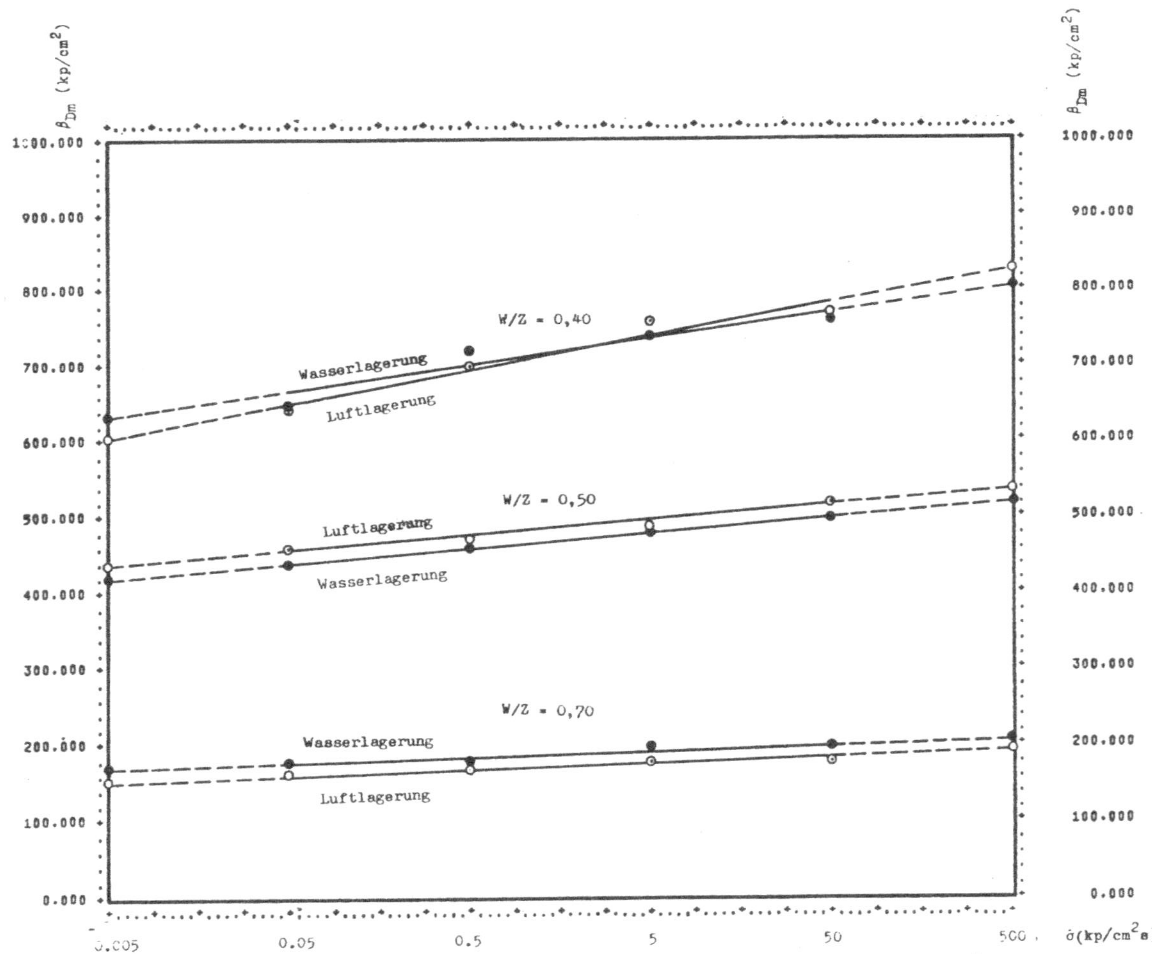


Bild 41: Abhängigkeit der Druckfestigkeit des Zementsteins $\beta_{Dm}$ von der Spannungsänderung $\dot{\sigma}$ bei Wasser- und Luftlagerung

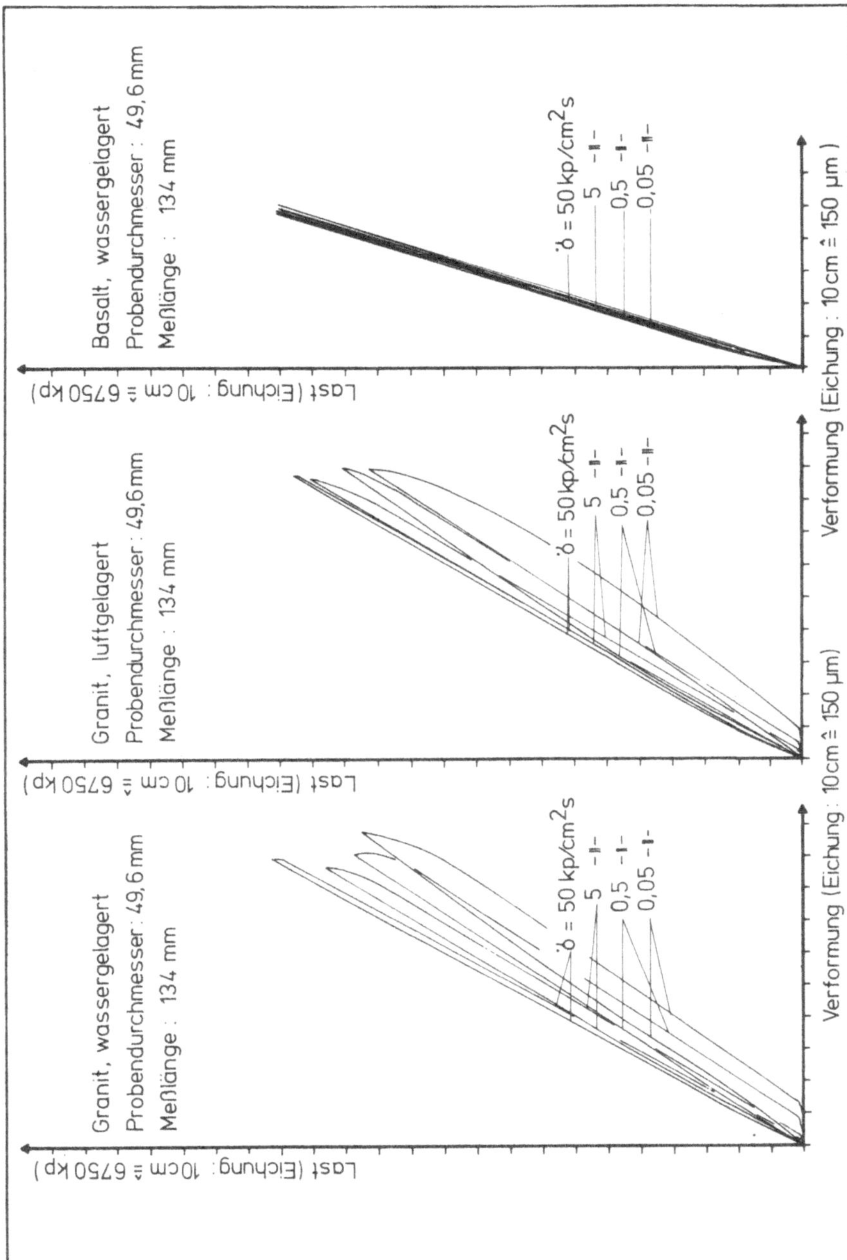


**Bild 42** Lastverformungslinien von Zuschlagproben

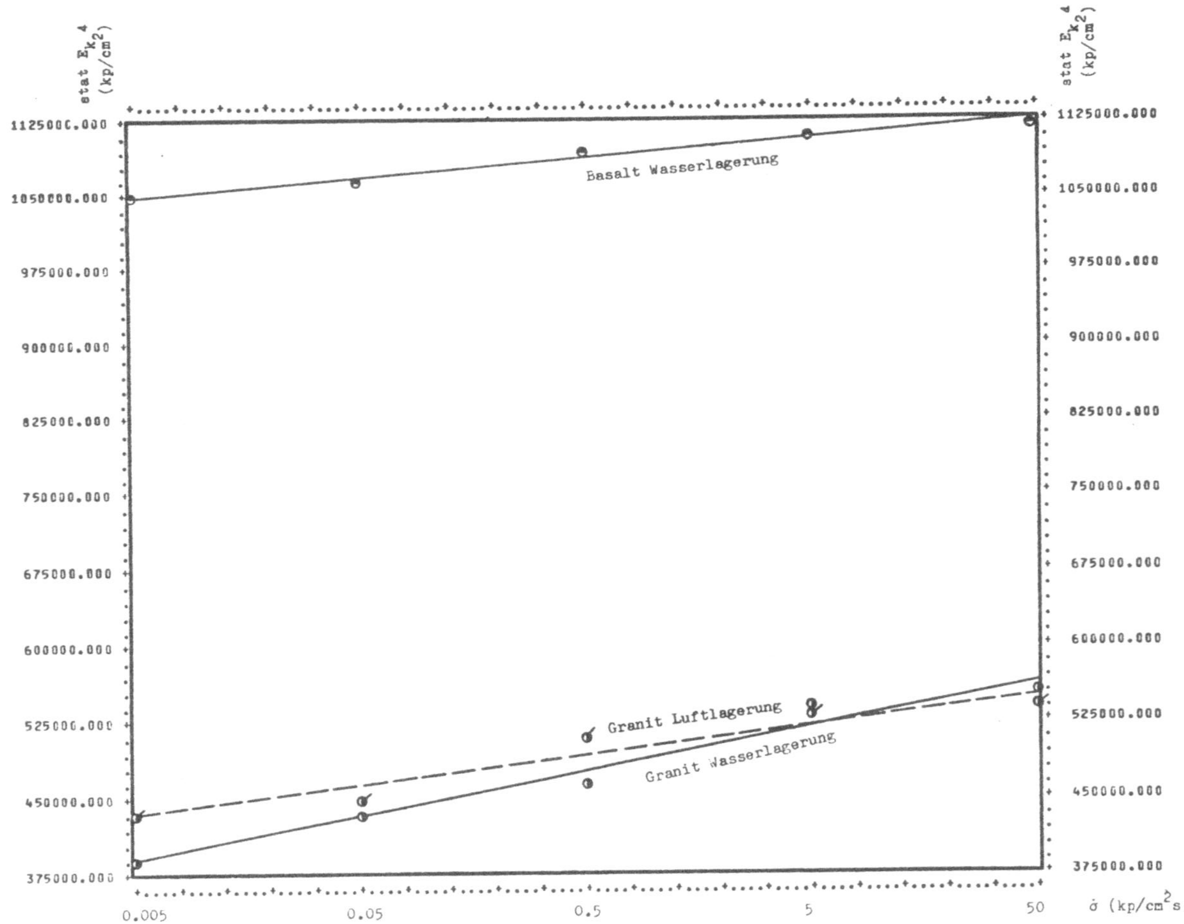


Bild 43: Abhängigkeit des statischen E-Moduls stat $E_k$ 4 der Zuschläge von der Spannungsänderung $\dot{\sigma}$

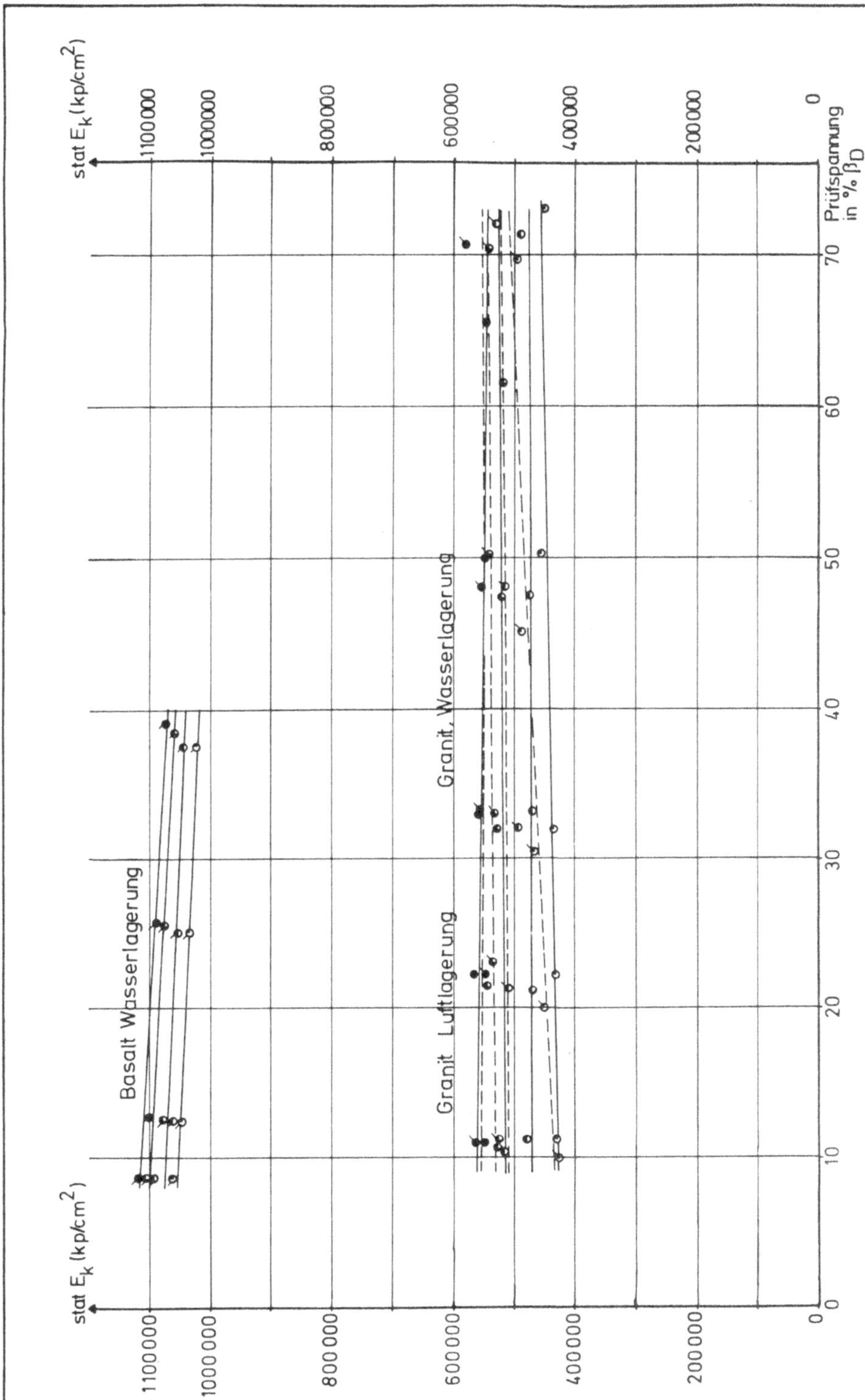


**Bild 44** Statischer E-Modul von Zuschlagproben in Abhängigkeit von der Prüfspannung

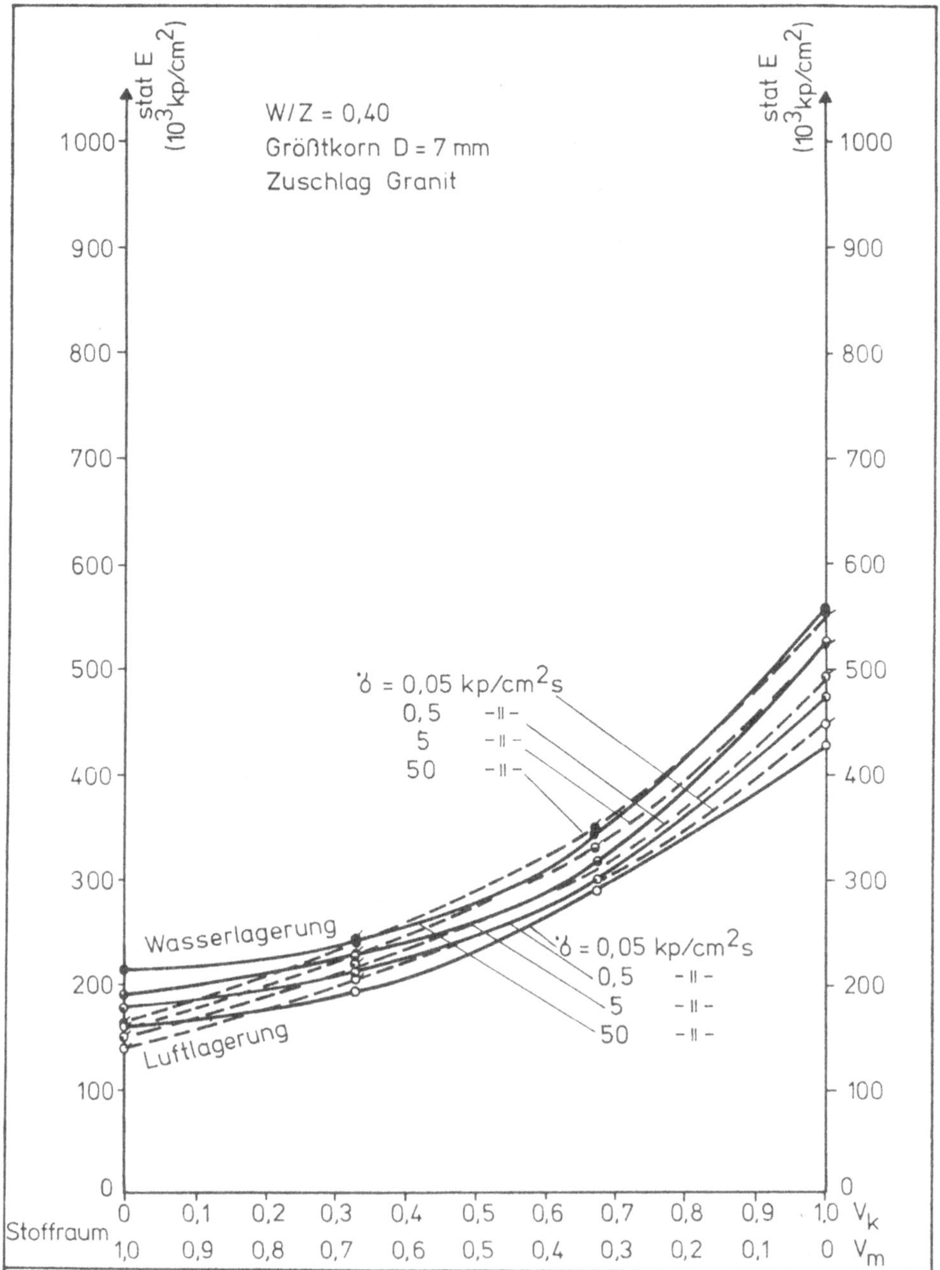


Bild 45 Statischer E-Modul in Abhängigkeit von anteiligem Zuschlagvolumen und Spannungsänderung

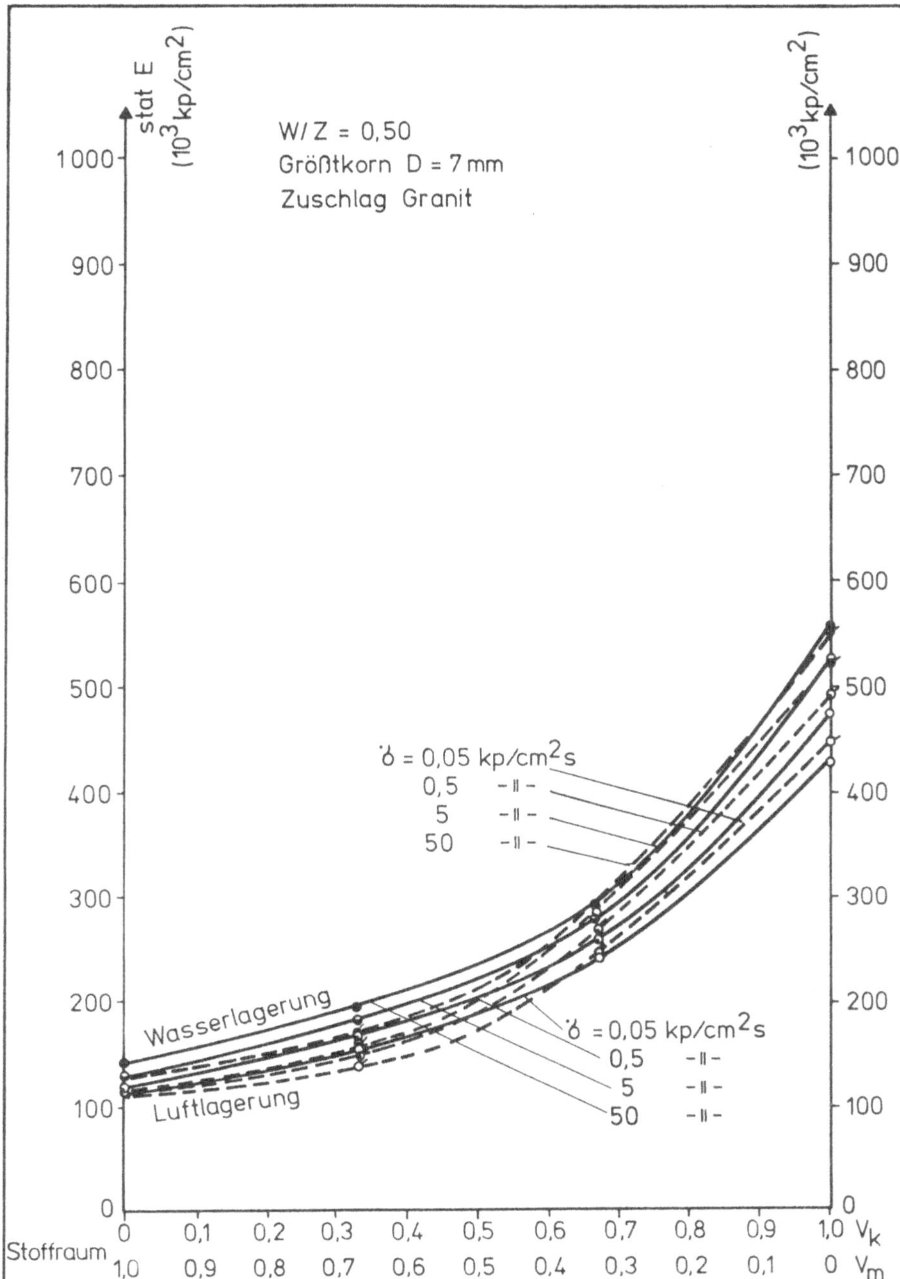


**Bild 46** Statischer E-Modul in Abhängigkeit von anteiligem Zuschlagvolumen und Spannungsänderung

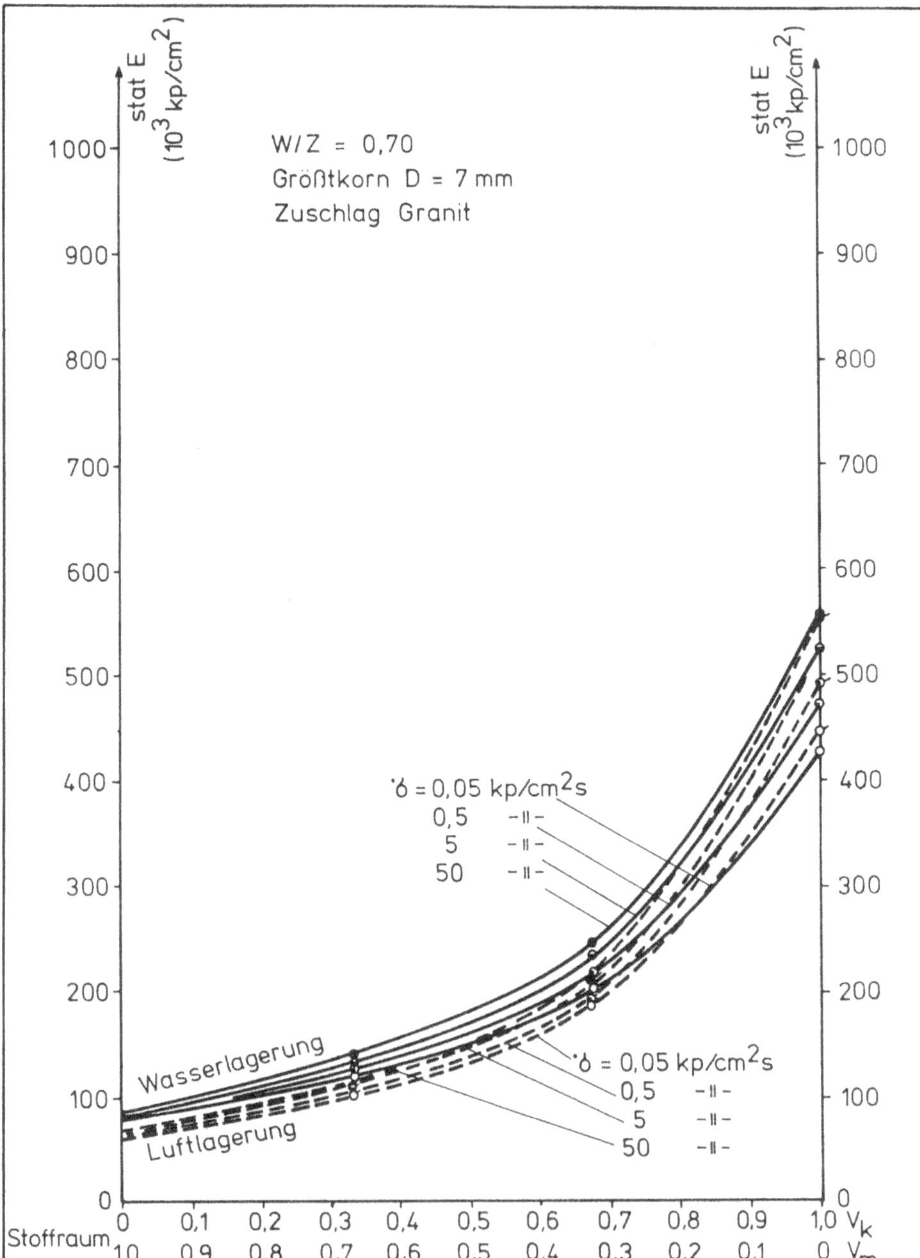


**Bild 47** Statischer E-Modul in Abhängigkeit von anteiligem Zuschlagvolumen und Spannungsänderung

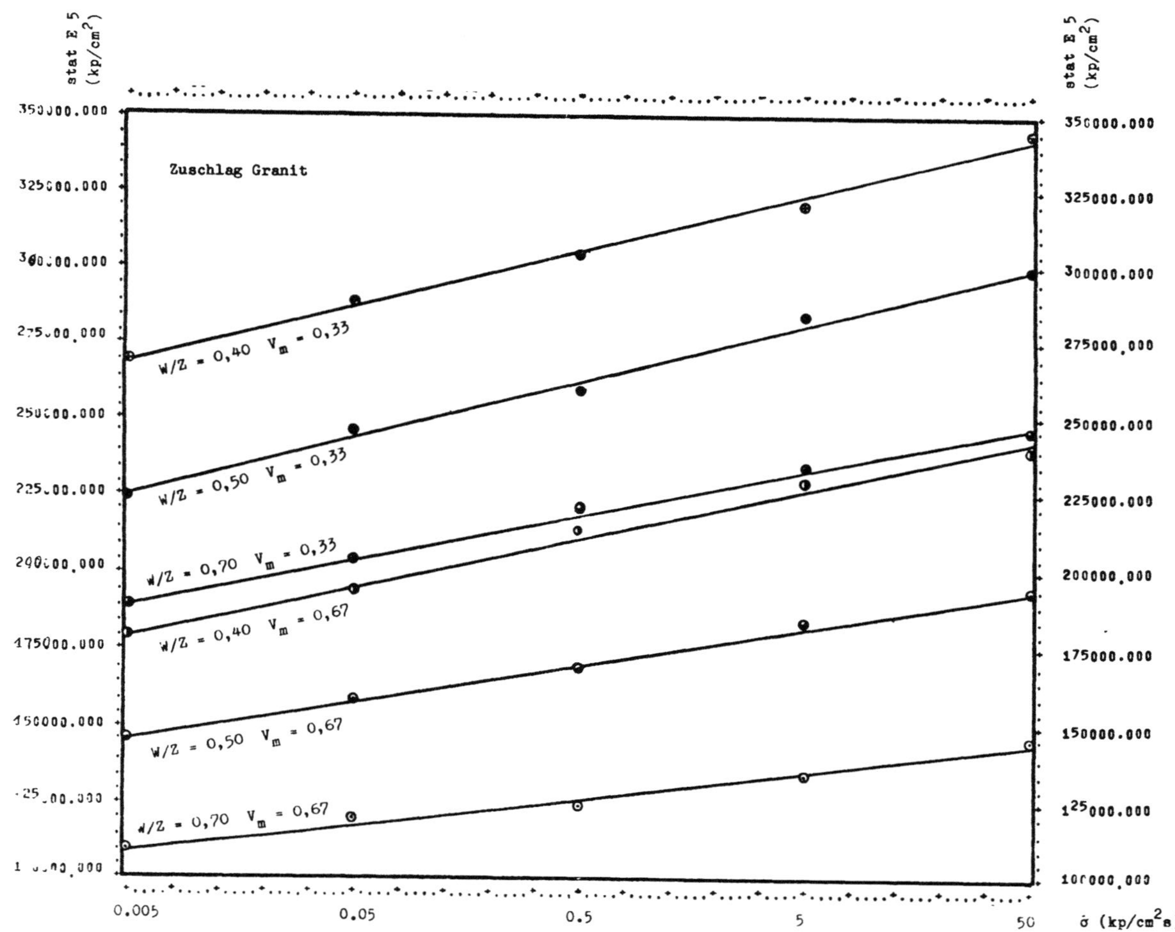


Bild 48: Abhängigkeit des statischen E-Moduls stat E 5 von der Spannungsänderung $\dot{\sigma}$ bei Wasserlagerung und Größtkorn D = 7 mm

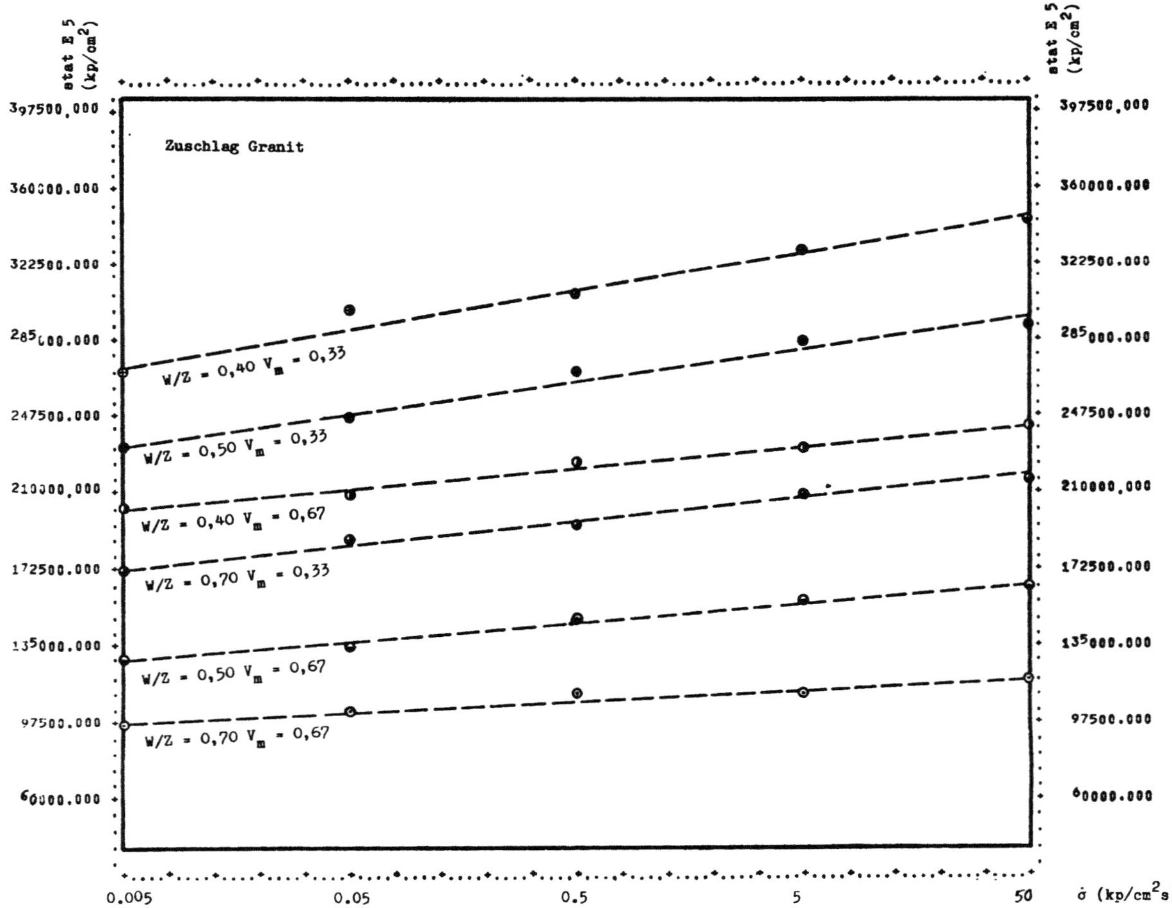


Bild 49: Abhängigkeit des statischen E-Moduls stat E 5 von der Spannungsänderung $\dot{\sigma}$ bei Luftlagerung und Größtkorn D = 7 mm

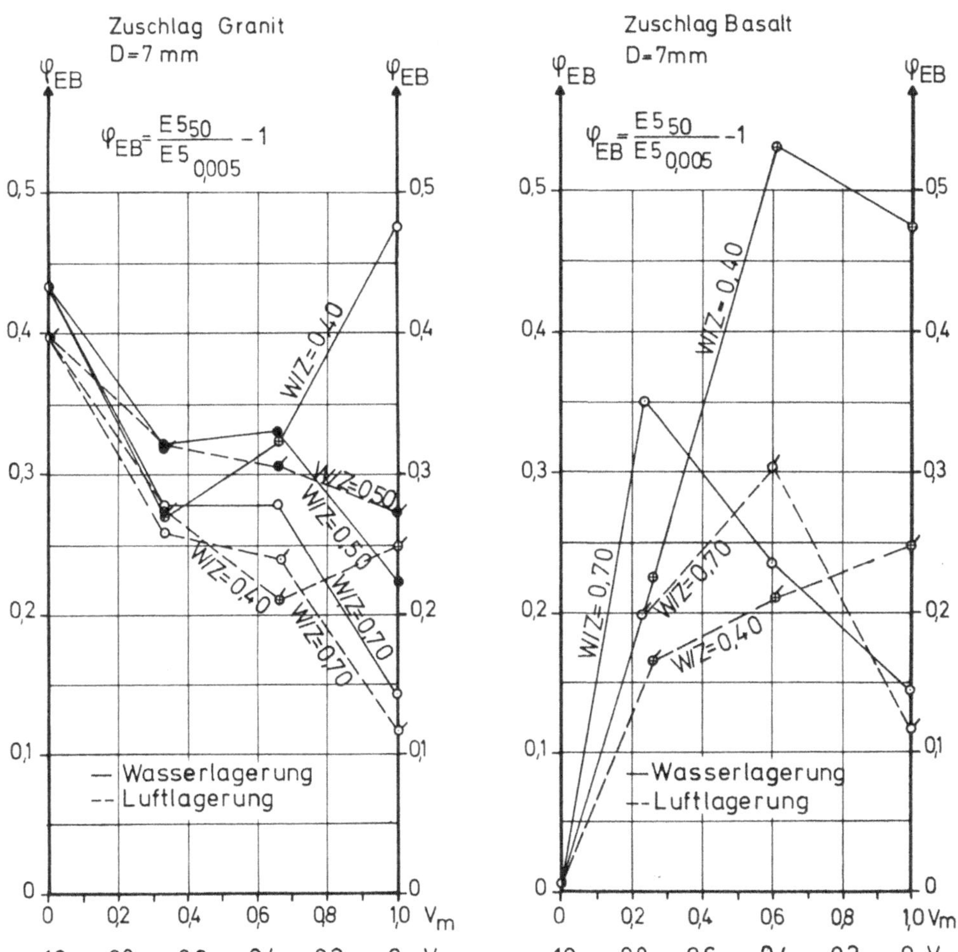


Bild 50.1 : Mörtel mit Zuschlag Granit

Bild 50.2 : Mörtel mit Zuschlag Basalt

**Bild 50** Einfluß der Spannungsänderung auf den statischen E-Modul stat E5 in Abhängigkeit des anteiligen Stoffvolumens

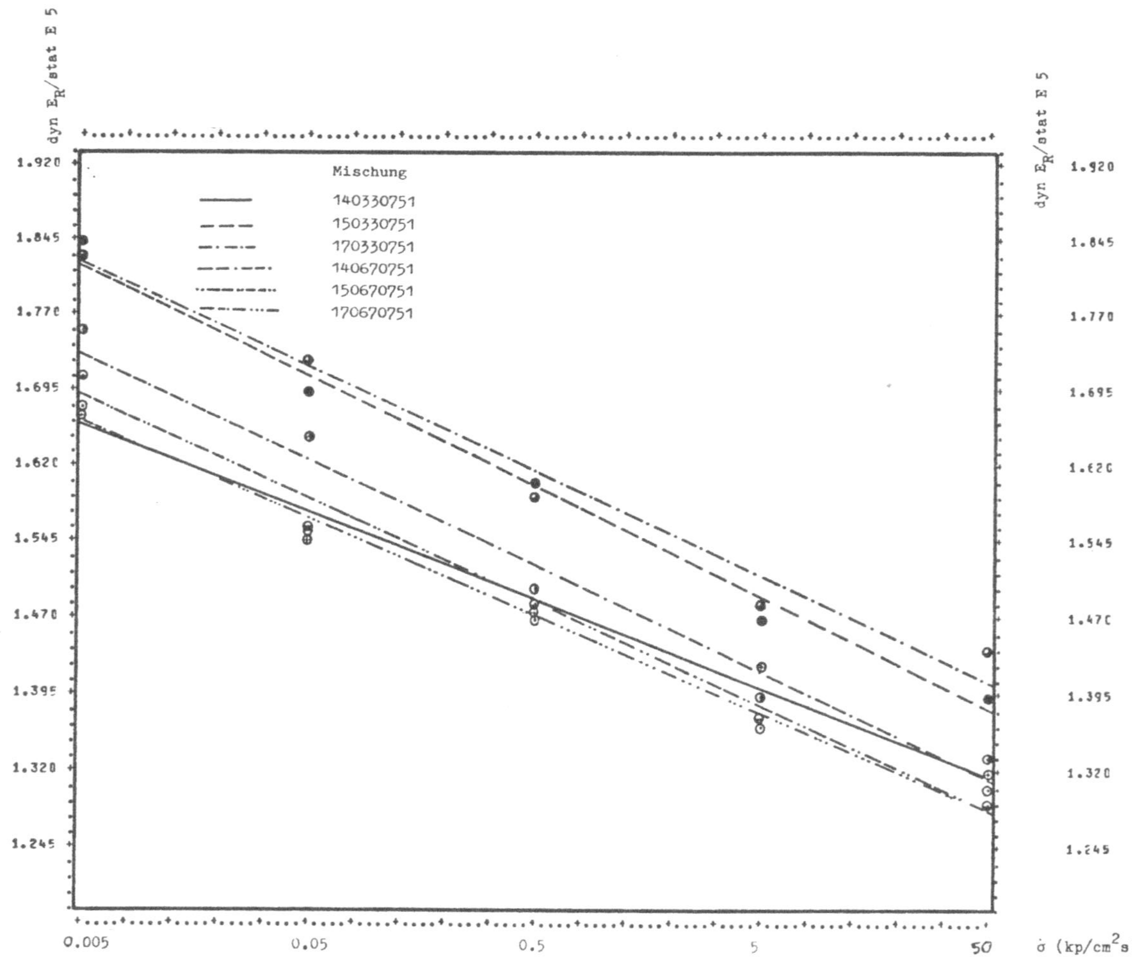


Bild 51: Verhältnis des dynamischen E-Moduls dyn $E_R$ zum statischen E-Modul stat E 5 bei Wasserlagerung in Abhängigkeit der Spannungsänderung $\dot{\sigma}$

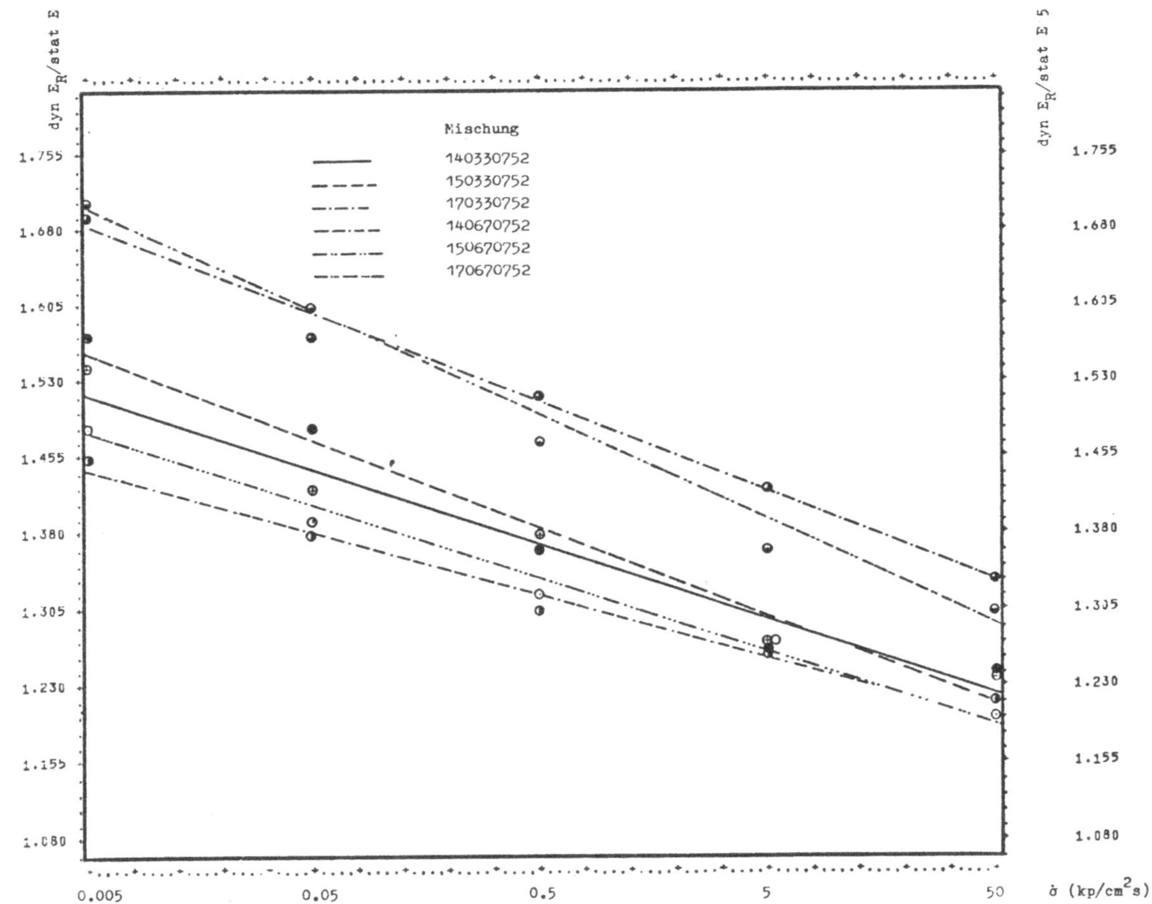


Bild 52: Verhältnis des dynamischen E-Moduls dyn $E_R$ zum statischen E-Modul stat E 5 bei Luftlagerung in Abhängigkeit der Spannungsänderung $\dot{\sigma}$

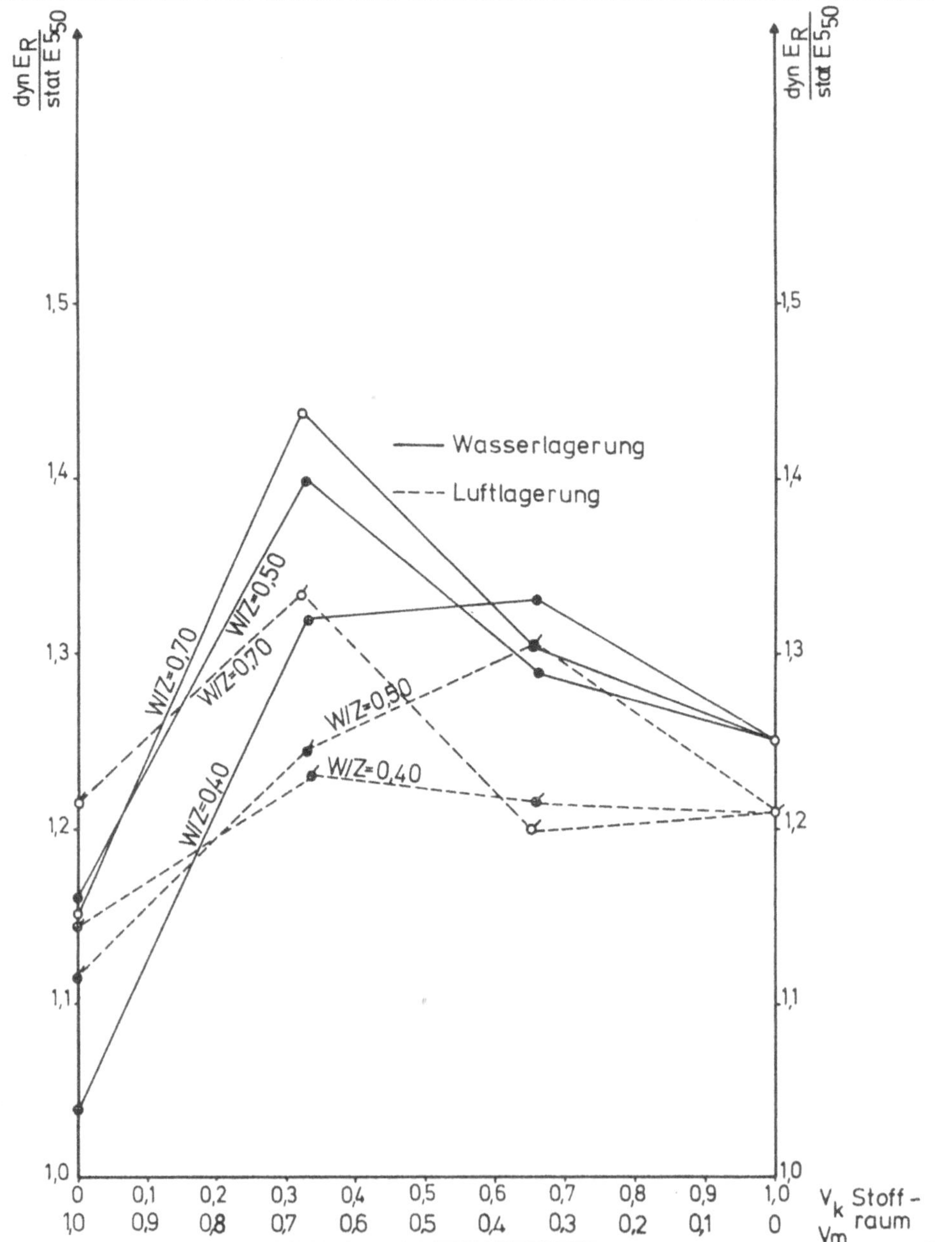


**Bild 53** Verhältnis $\frac{\text{dyn } E_R}{\text{stat } E5_{50}}$ als Funktion des anteiligen Zuschlagvolumens bei Mörtel mit Zuschlag Granit und Größtkorn D = 7 mm

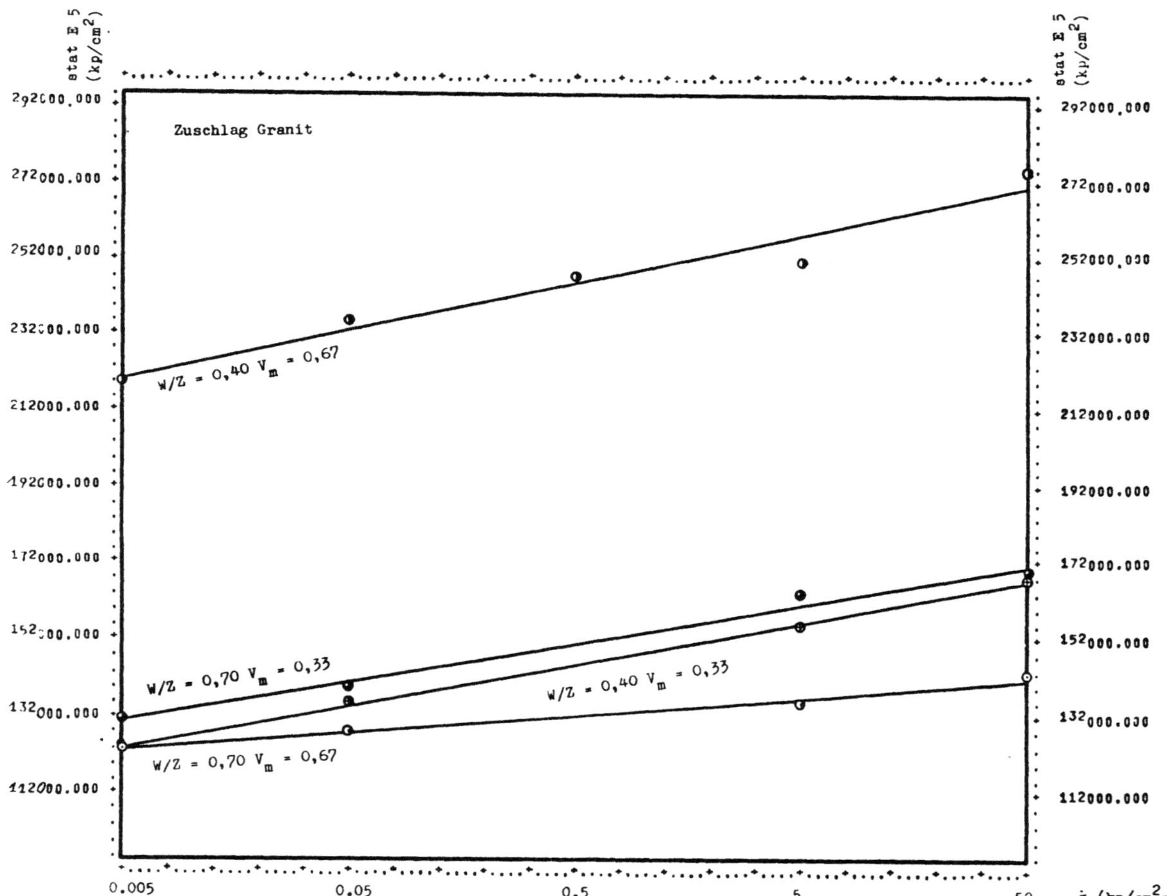


Bild 54: Abhängigkeit des statischen E-Moduls stat E 5 von der Spannungsänderung σ̇ bei Wasserlagerung und Größtkorn D = 1 mm

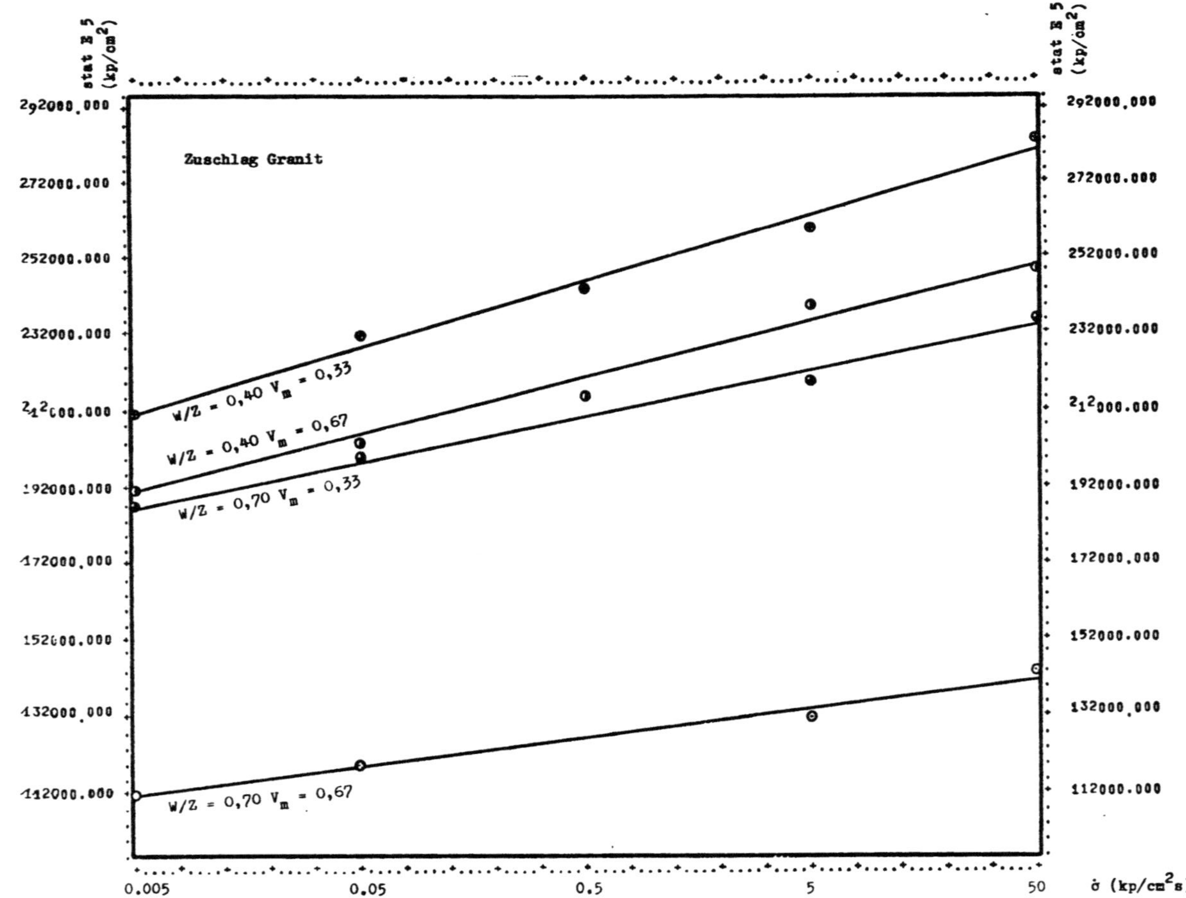


Bild 55: Abhängigkeit des statischen E-Moduls stat E 5 von der Spannungsänderung $\dot{\sigma}$ bei Wasserlagerung und Größtkorn D = 3 mm

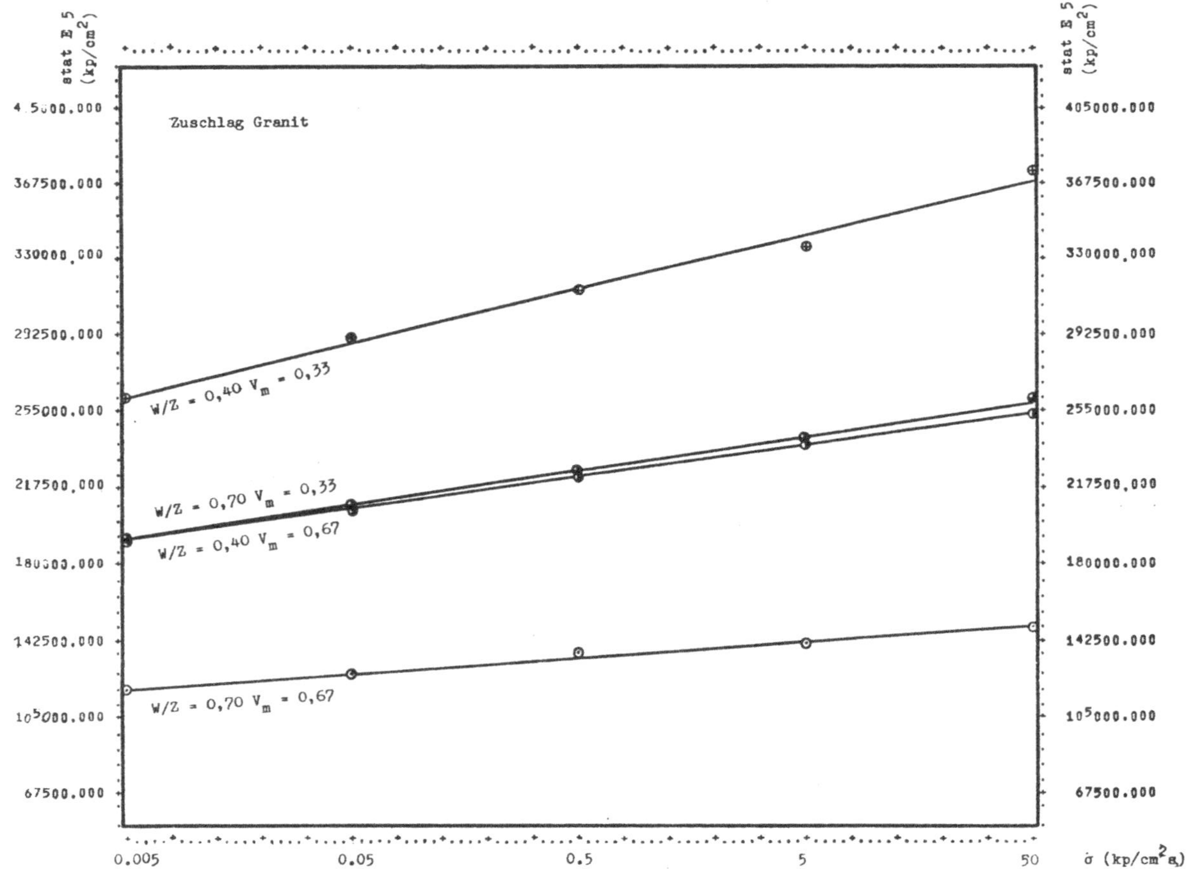


Bild 56: Abhängigkeit des statischen E-Moduls stat E 5 von der Spannungsänderung $\dot{\sigma}$ bei Wasserlagerung und Größtkorn D = 15 mm

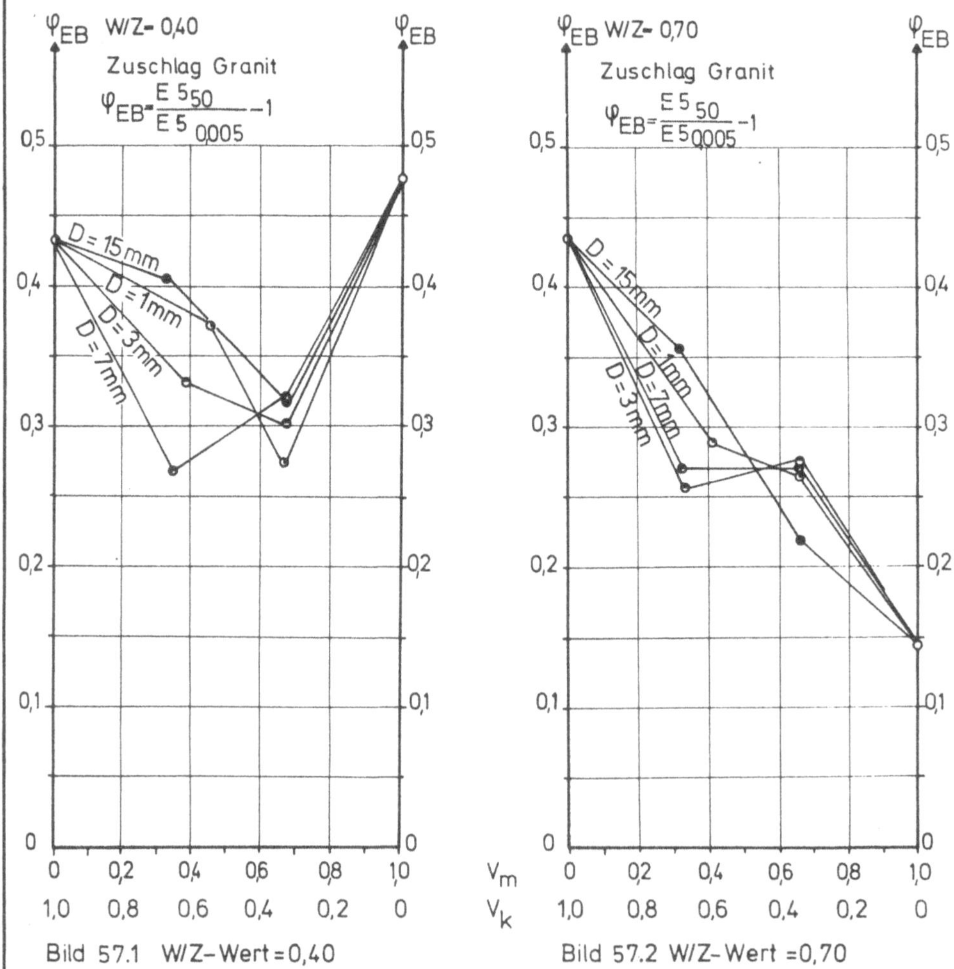


| | |
|---|---|
| **Bild 57** | Einfluß der Spannungsänderung auf den statischen E Modul stat E5 von Mörtel und Beton in Abhängigkeit des anteiligen Stoffvolumens bei Wasserlagerung |

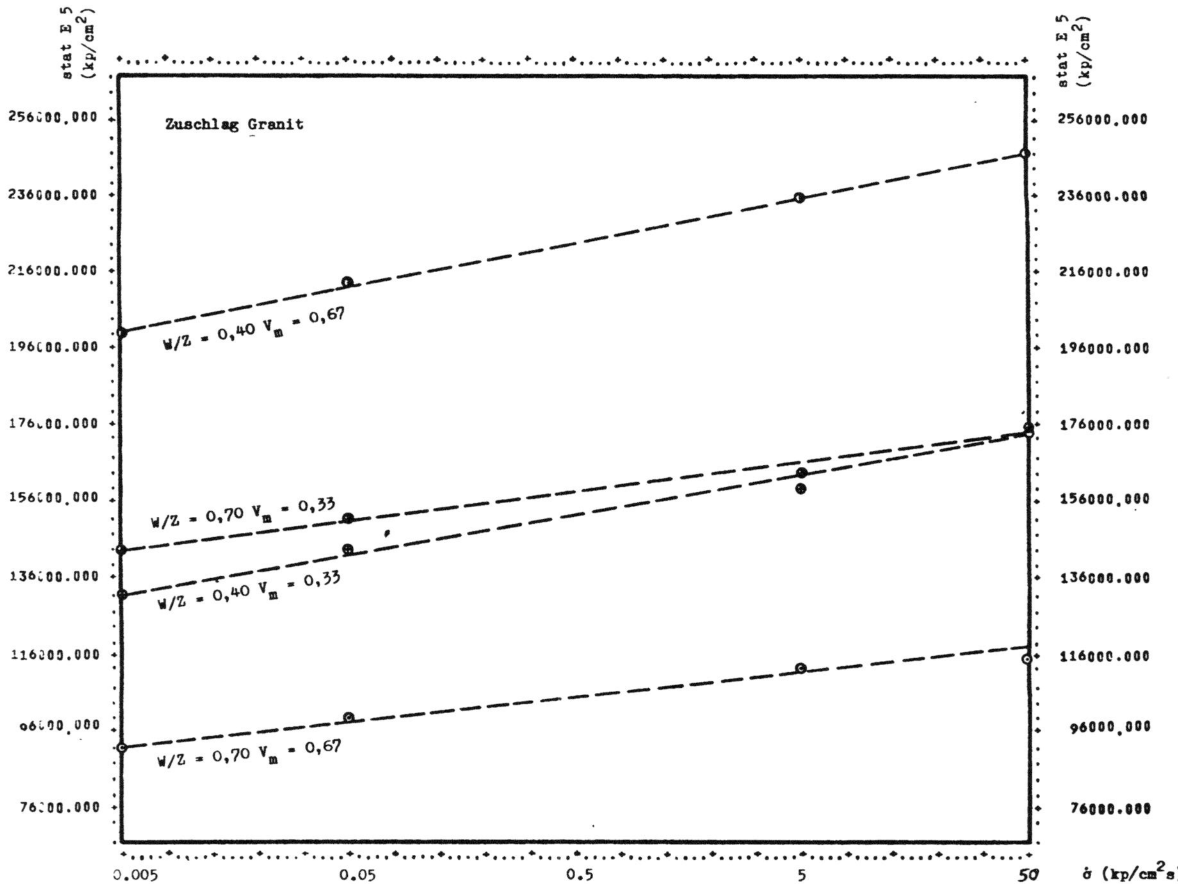


Bild 58: Abhängigkeit des statischen E-Moduls stat E 5 von der Spannungsänderung $\dot{\sigma}$ bei Luftlagerung und Größtkorn D = 1 mm

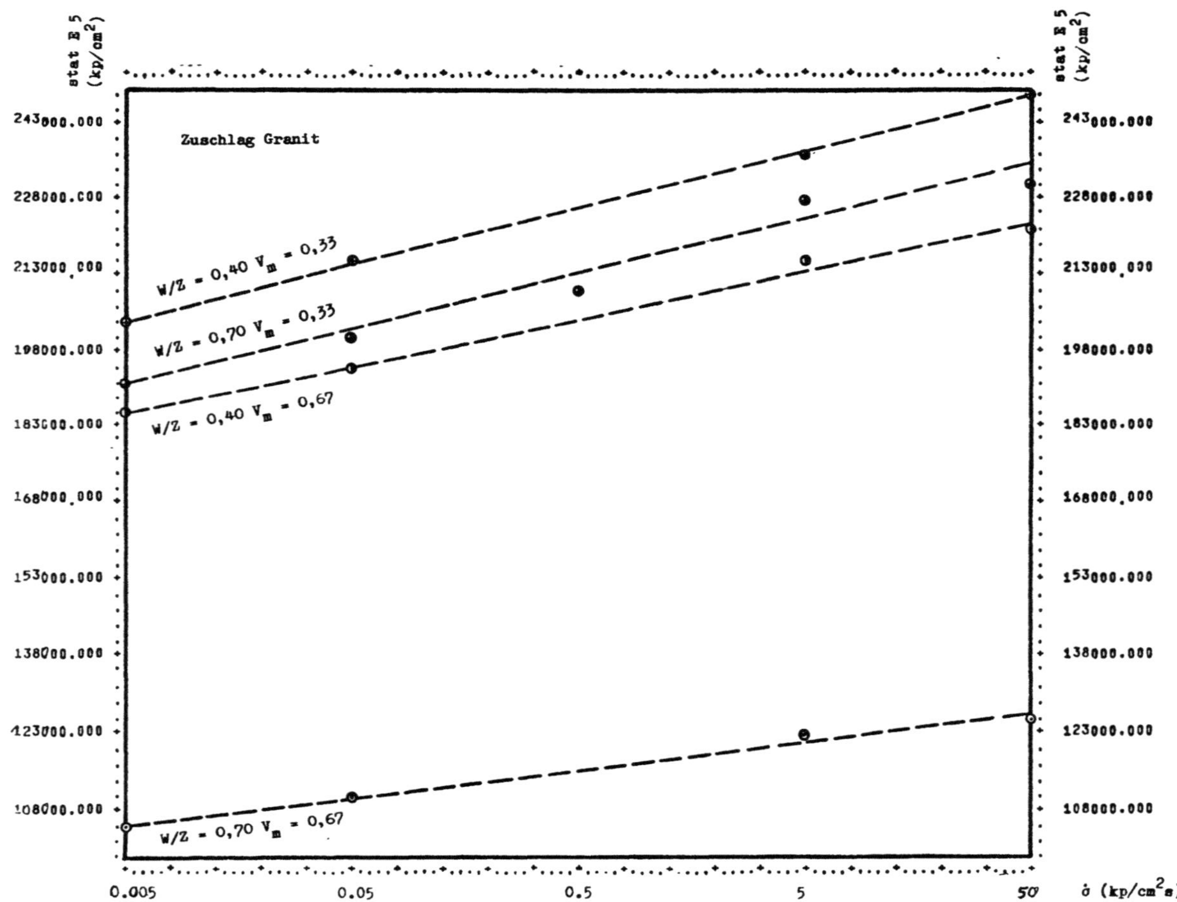


Bild 59: Abhängigkeit des statischen E-Moduls stat E 5 von der Spannungsänderung $\dot{\sigma}$ bei Luftlagerung und Größtkorn D = 3 mm

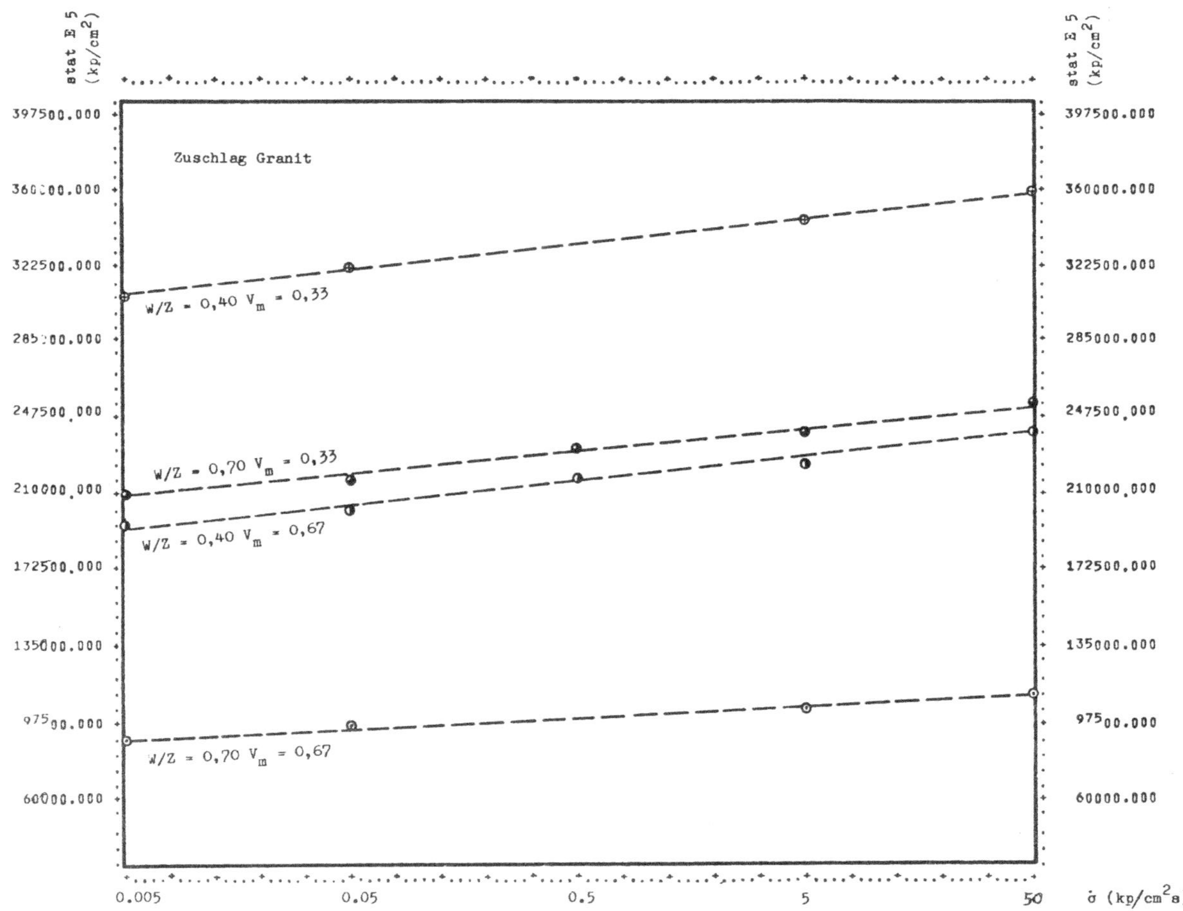


Bild 60: Abhängigkeit des statischen E-Moduls stat E 5 von der Spannungsänderung $\dot{\sigma}$ bei Luftlagerung und Größtkorn D = 15 mm

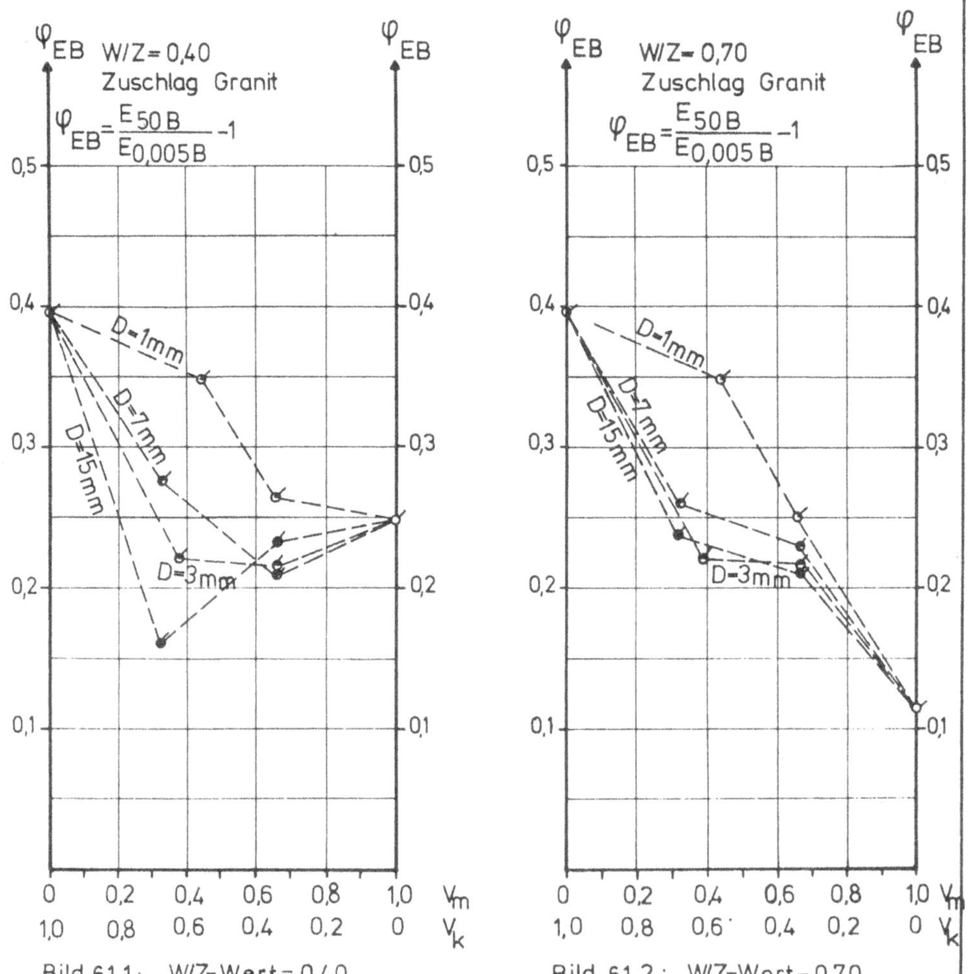


| Bild 61 | Einfluß der Spannungsänderung auf den statischen E-Modul stat E5 von Mörtel und Beton in Abhängigkeit des anteiligen Stoffvolumens bei Luftlagerung |
|---|---|

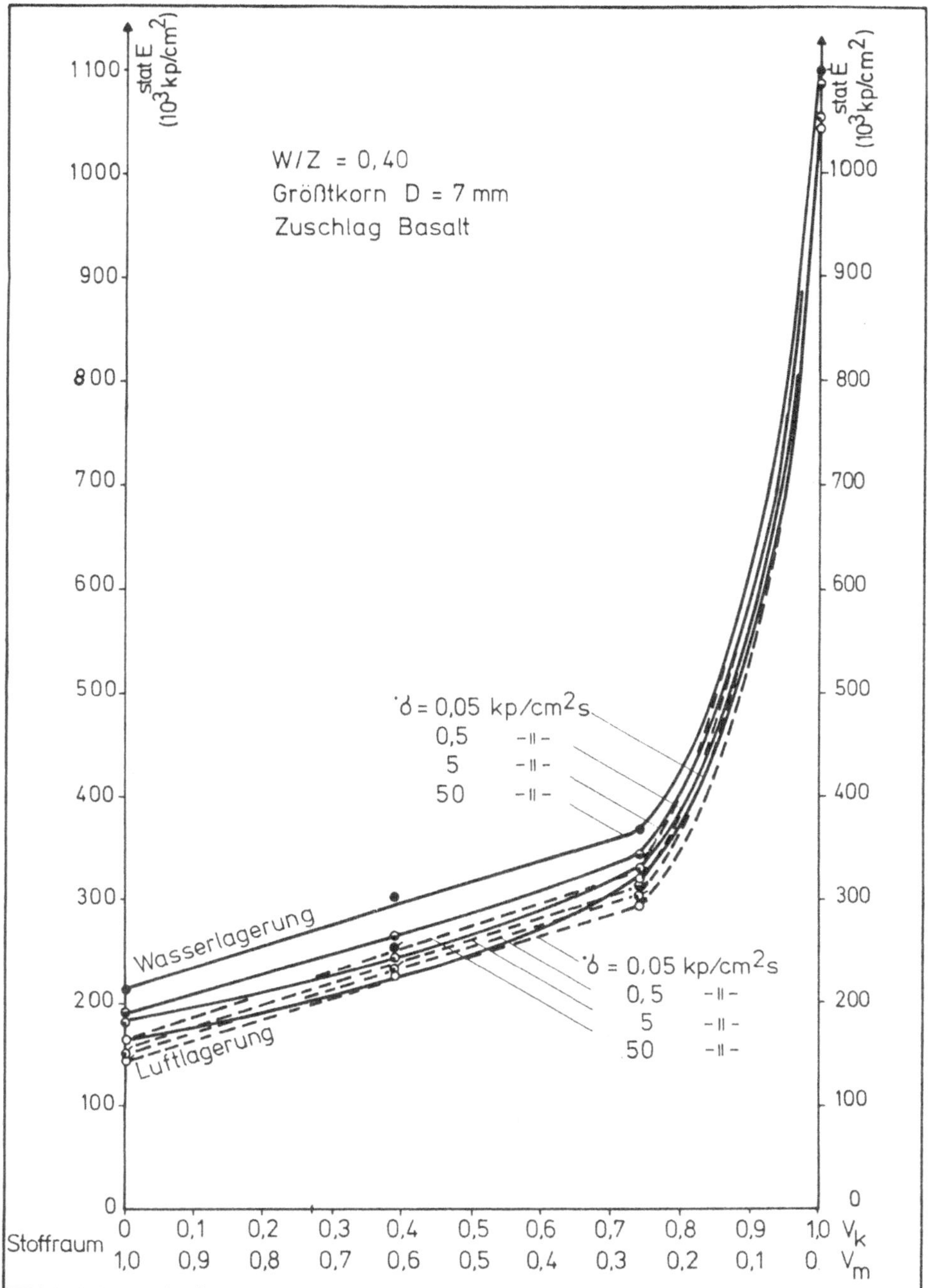


**Bild 62** Statischer E-Modul in Abhängigkeit von anteiligem Zuschlagvolumen und Spannungsänderung

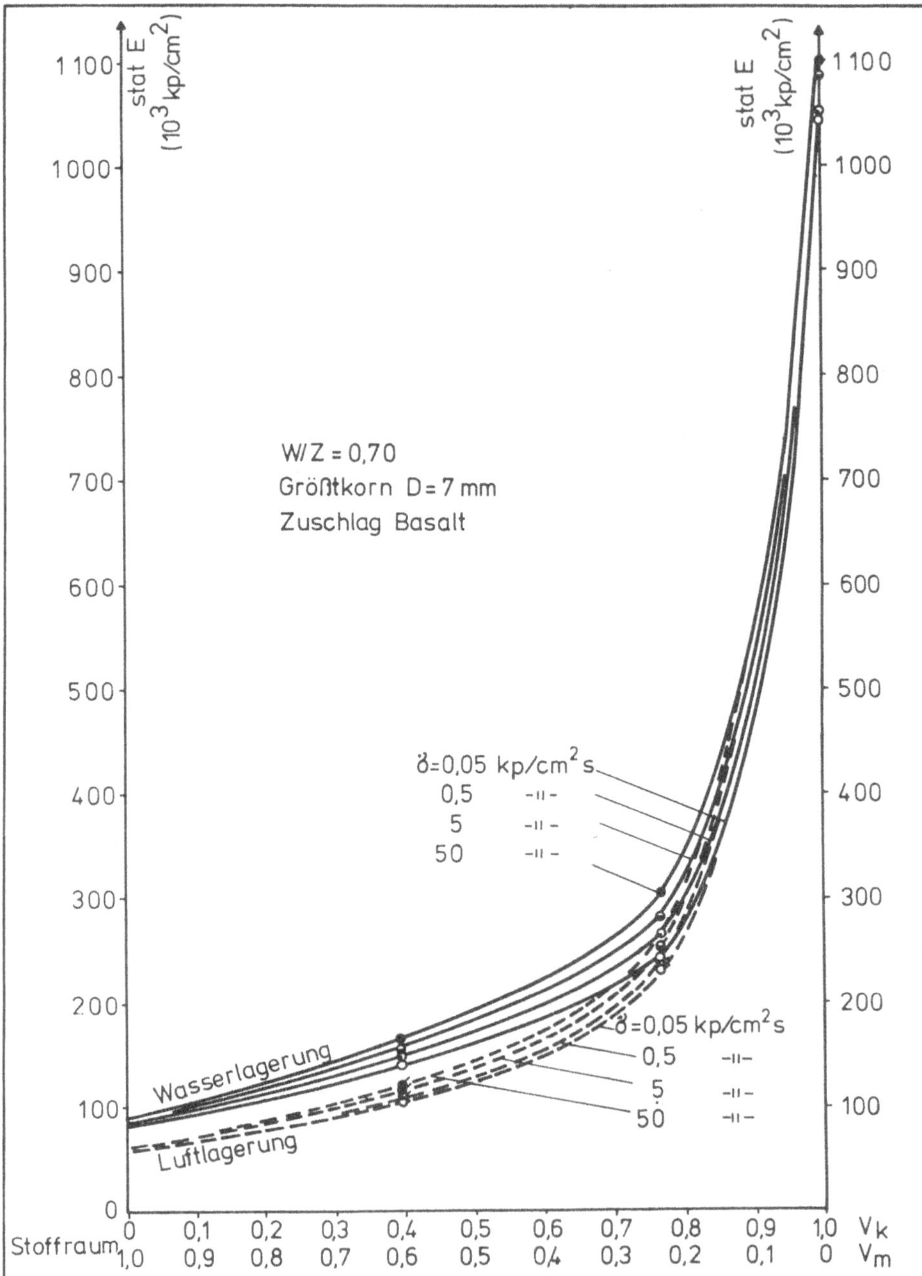


**Bild 63** Statischer E-Modul in Abhängigkeit von anteiligem Zuschlagvolumen und Spannungsänderung

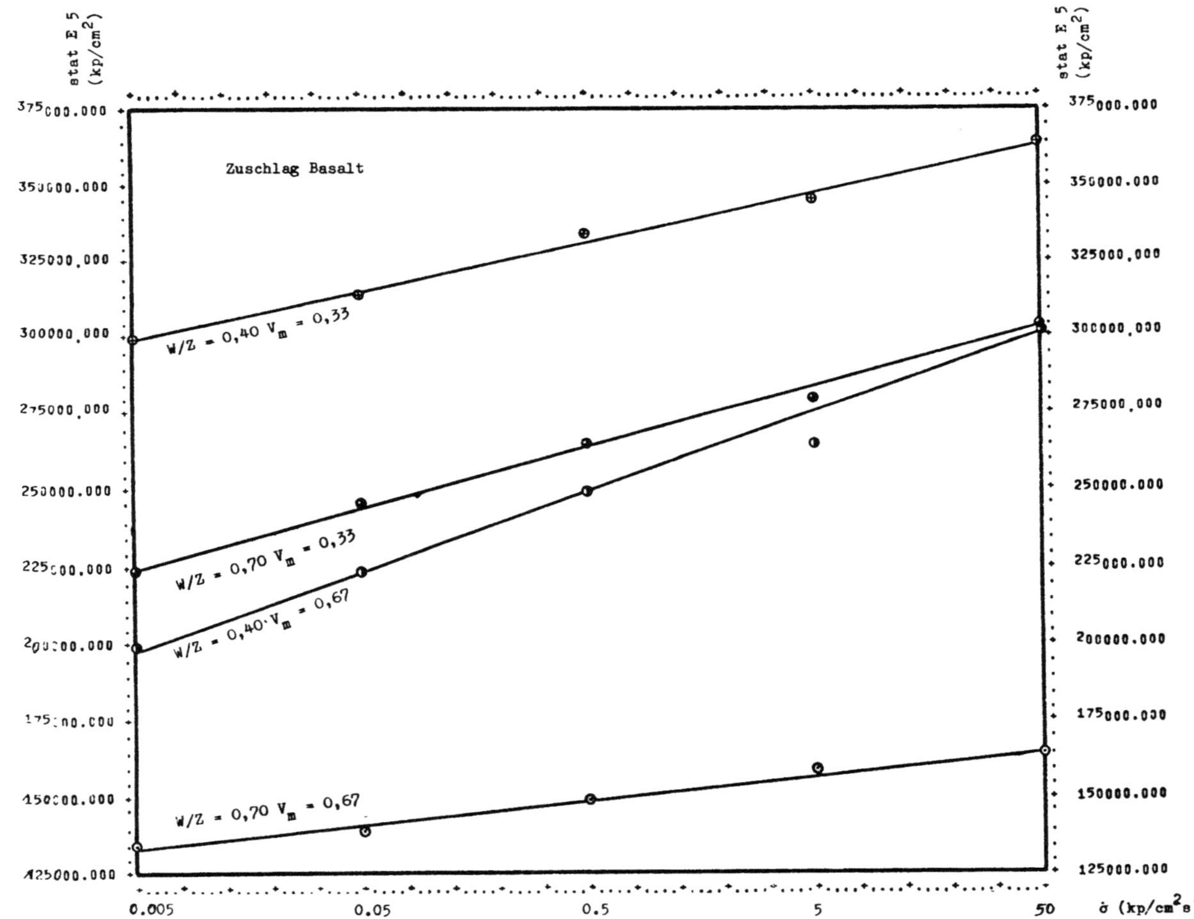


Bild 64: Abhängigkeit des statischen E-Moduls stat E 5 von der Spannungsänderung $\dot{\sigma}$ bei Wasserlagerung und Größtkorn D = 7 mm

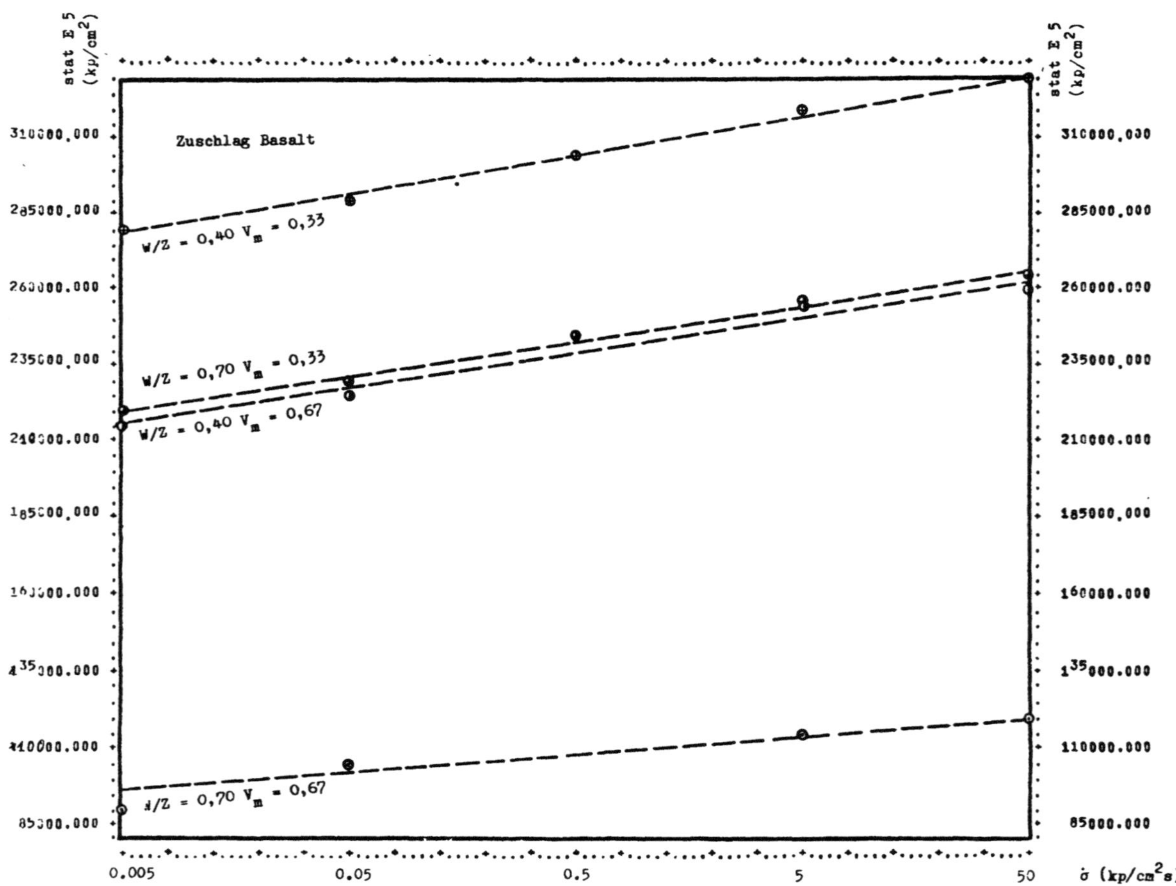


Bild 65: Abhängigkeit des statischen E-Moduls stat E 5 von der Spannungsänderung $\dot{\sigma}$ bei Luftlagerung und Größtkorn D = 7 mm

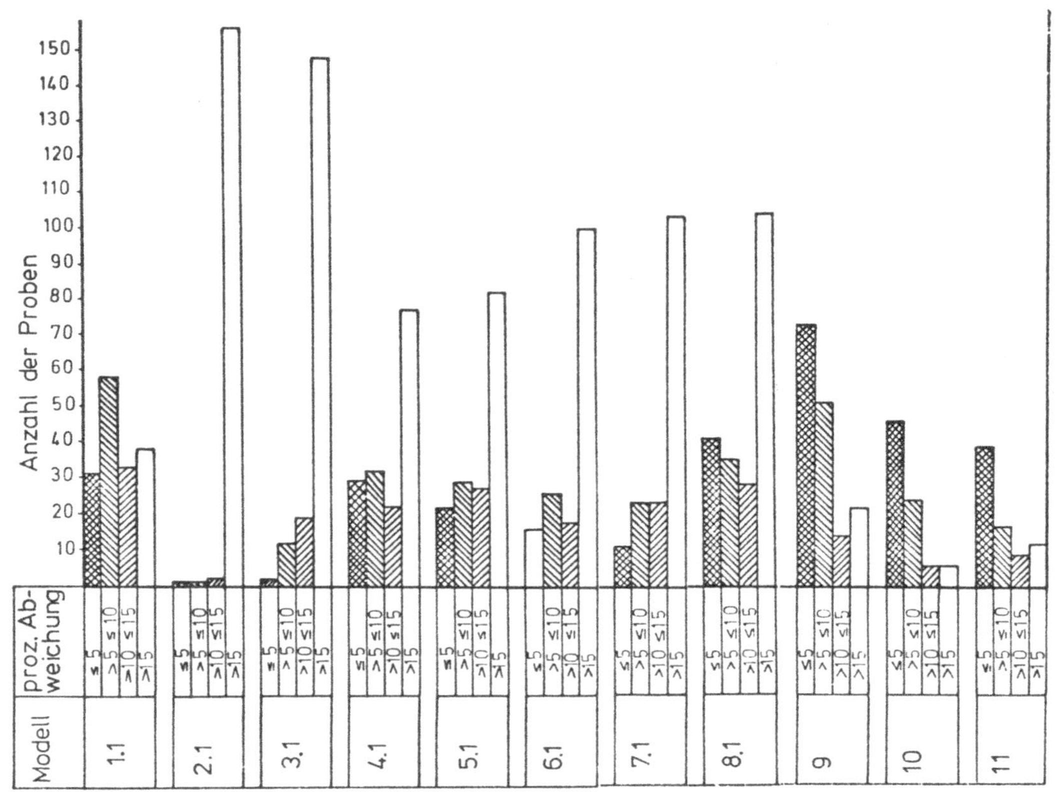


**Bild 66** Darstellung der Brauchbarkeit der Modellvorstellungen bei dem statischen E-Modul durch Klassifizierung der prozentualen Abweichungen

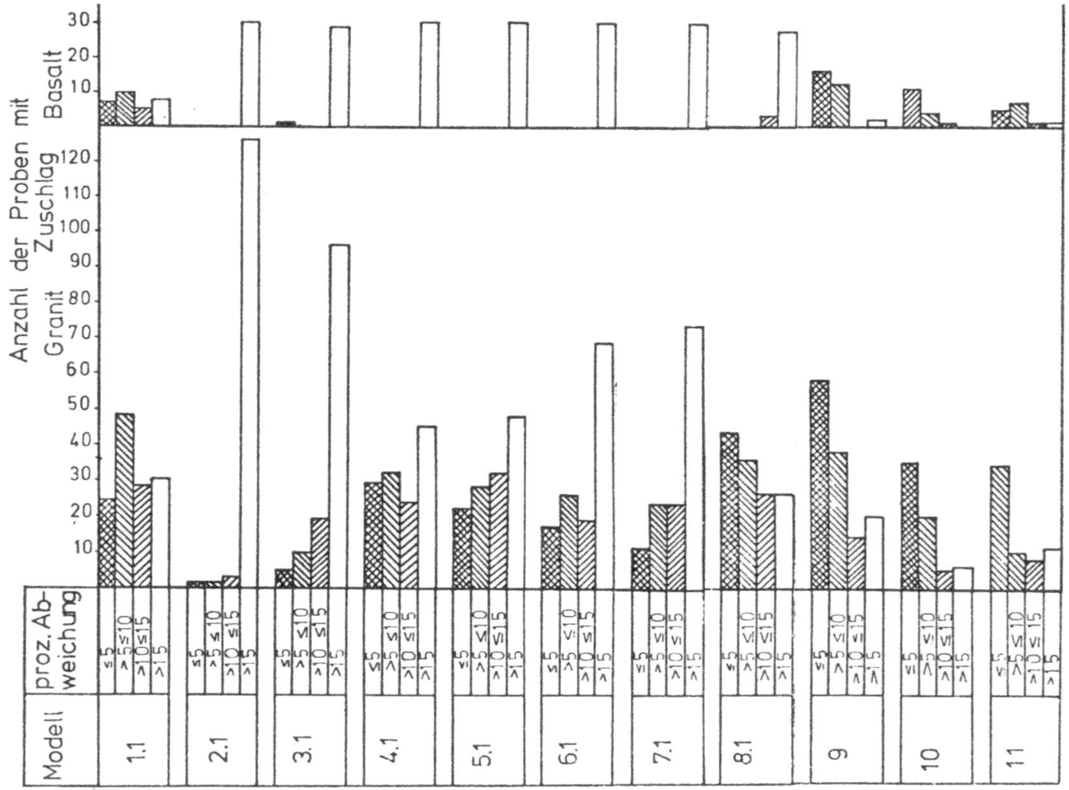


**Bild 67** Darstellung der Brauchbarkeit der Modellvorstellungen bei dem statischen E-Modul durch Klassifizierung der prozentualen Abweichungen

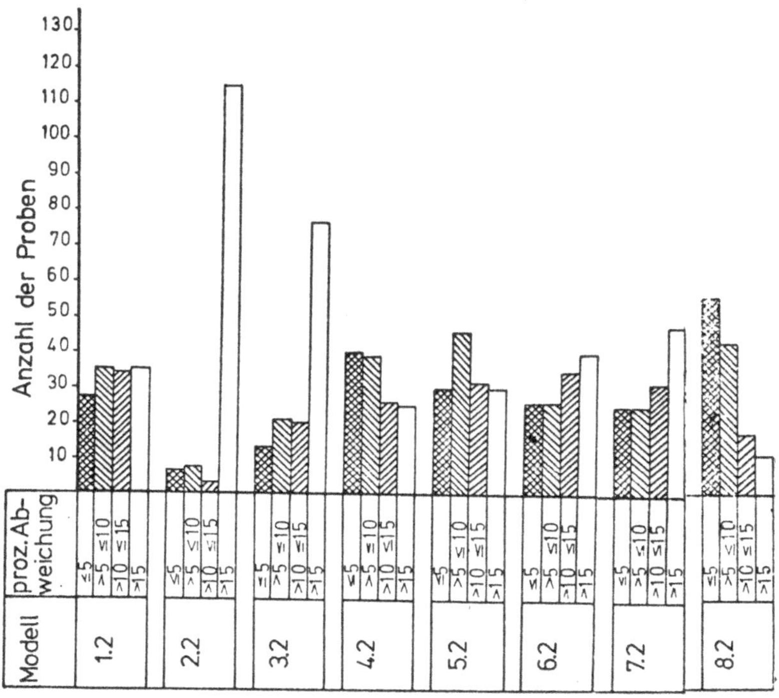


**Bild 68** Darstellung der Brauchbarkeit der Modellvorstellungen bei dem statischen E-Modul durch Klassifizierung der prozentualen Abweichungen

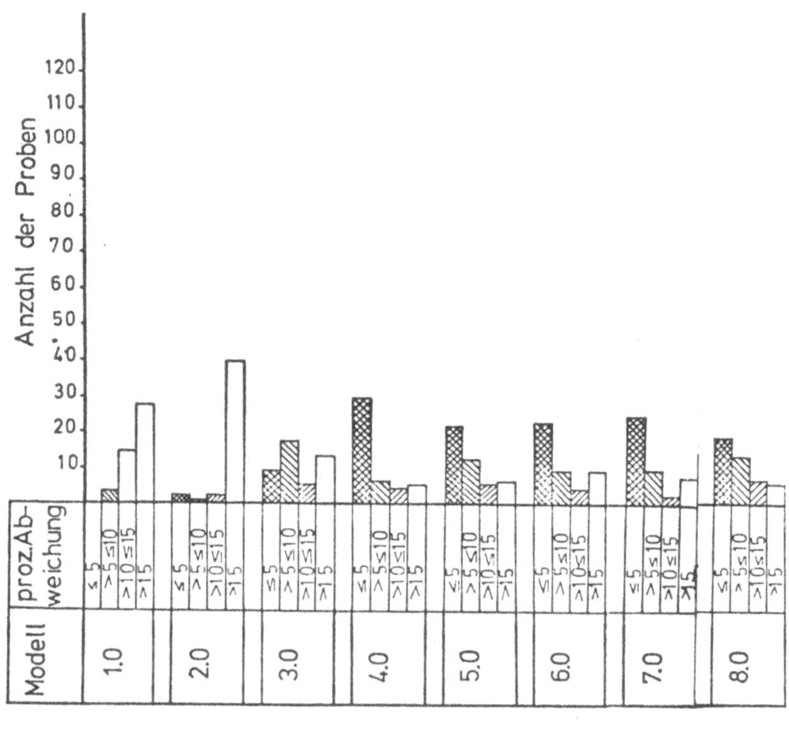


| Bild 69 | Darstellung der Brauchbarkeit der Modellvorstellungen bei dem dynamischen E-Modul durch Klassifizierung der prozentualen Abweichungen |
|---|---|

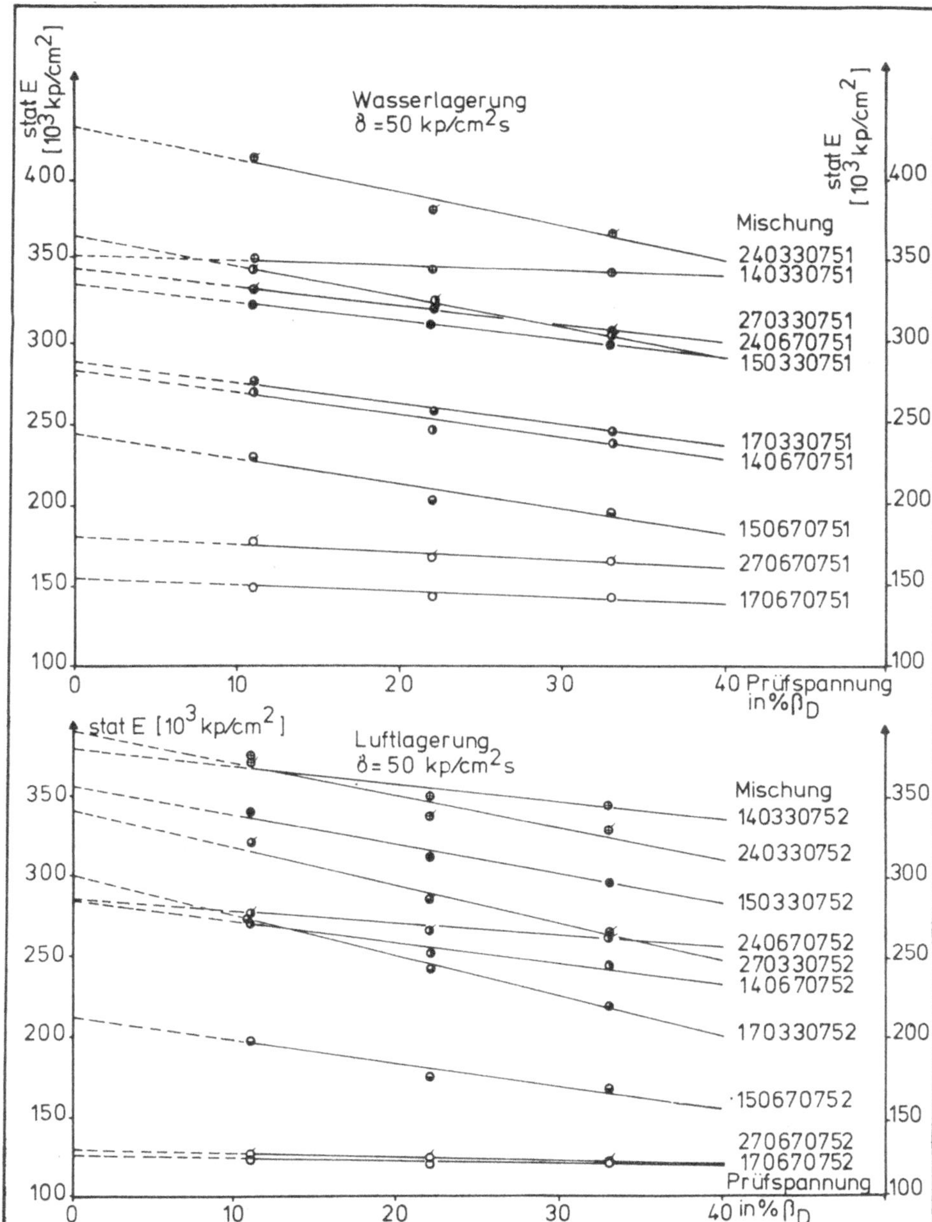


**Bild 70.1** Einfluß der Belastungshöhe auf den statischen E-Modul von Mörtel mit Größtkorn D = 7 mm

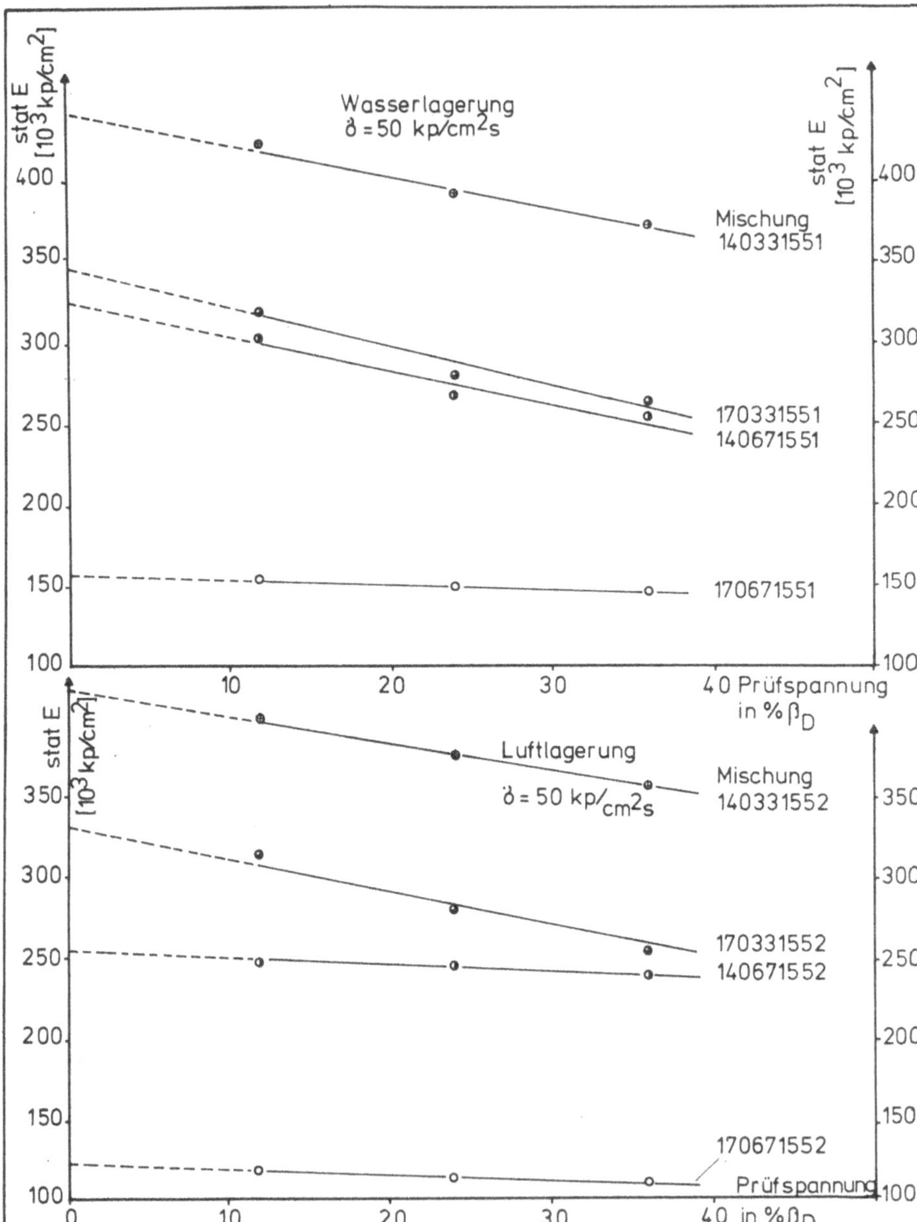


**Bild 70.2** Einfluß der Belastungshöhe auf den statischen E-Modul von Beton mit Größtkorn D=15 mm

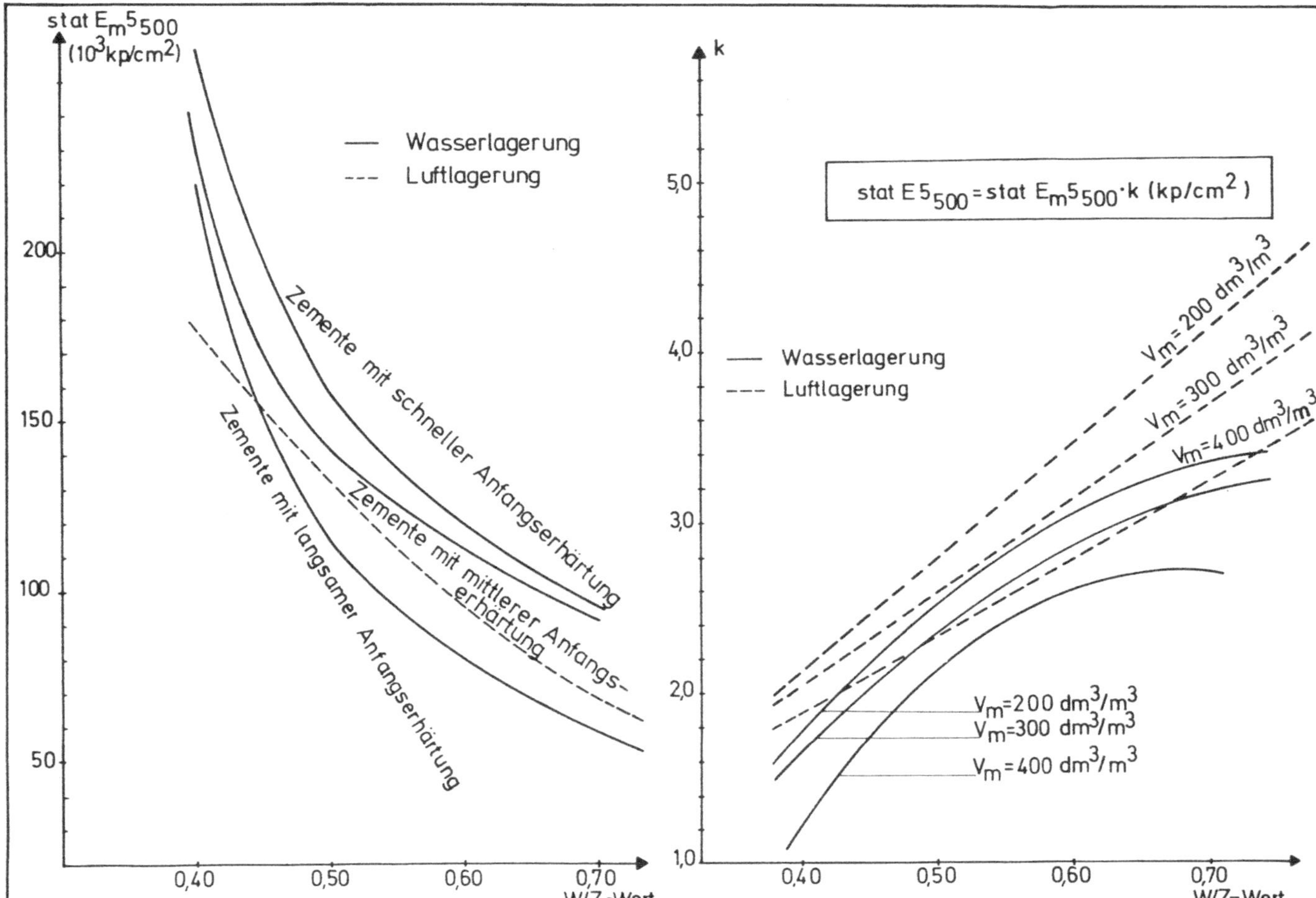


**Bild 71** Statischer E-Modul des Zementsteins stat $E_m 5_{500}$ und Konstante k zur Bestimmung des E-Moduls stat $E5_{500}$ des Betons

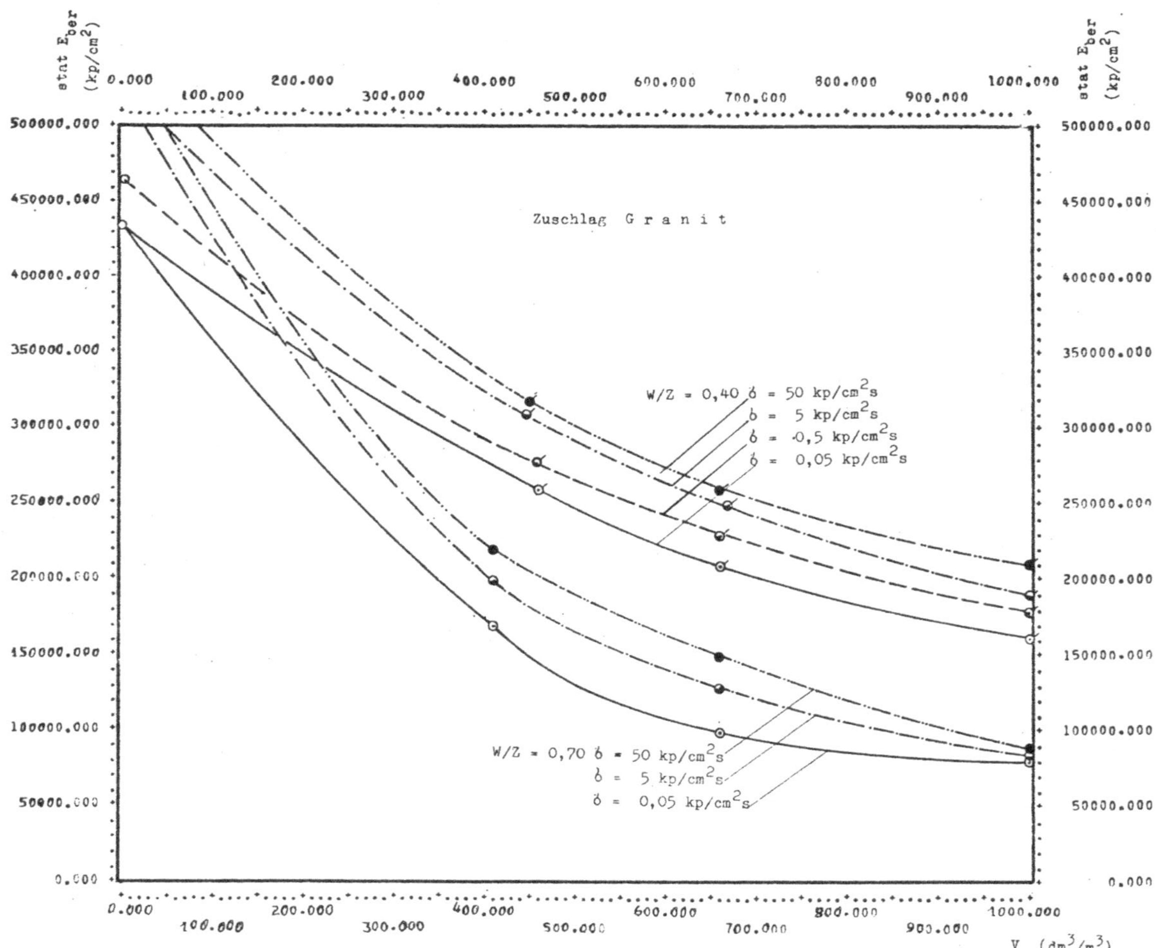


Bild 72: Abhängigkeit des Moduls stat $E\ 5_{ber}$ vom anteiligen Zementsteinvolumen und von der Spannungsänderung $\dot{\sigma}$ bei Wasserlagerung und Größtkorn D = 1 mm

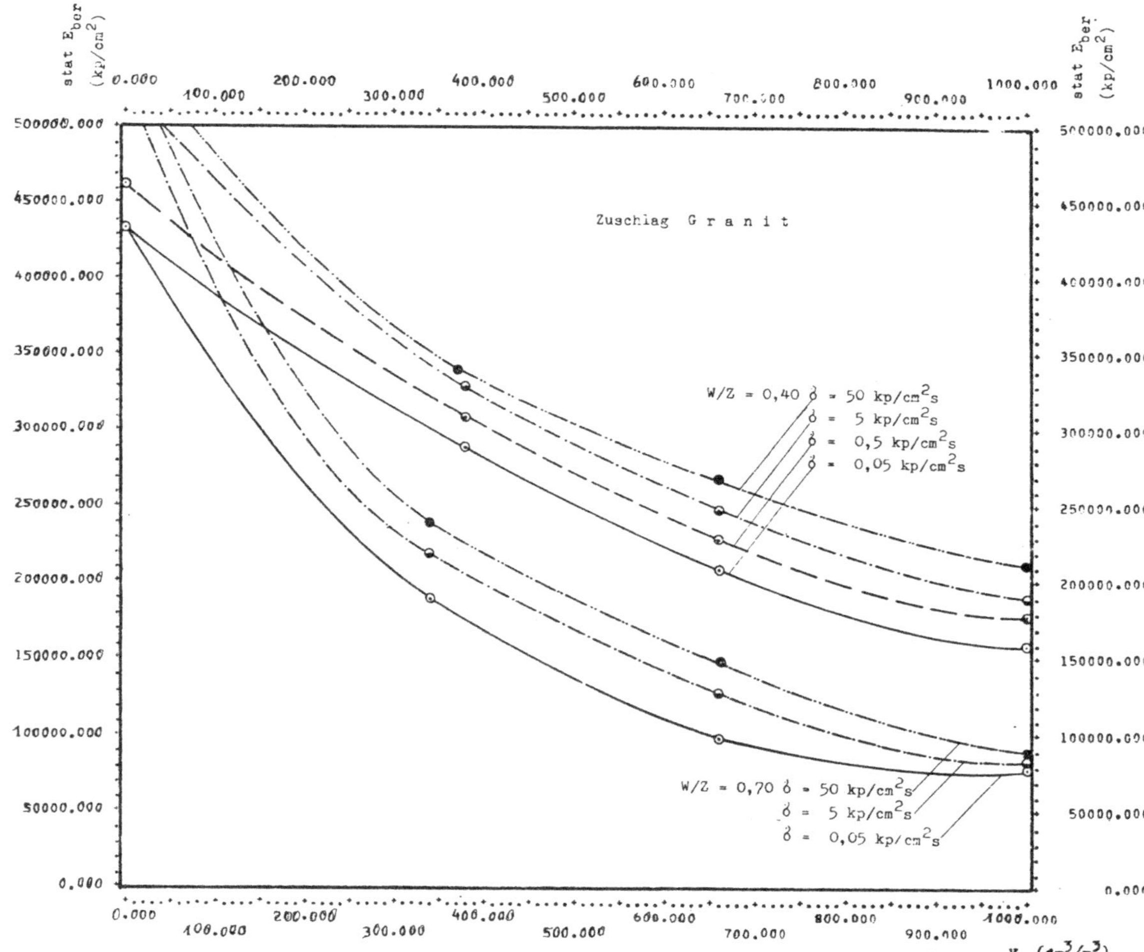


Bild 73 : Abhängigkeit des Moduls stat E $5_{ber}$ vom anteiligen Zementsteinvolumen und von der Spannungsänderung $\dot\sigma$ bei Wasserlagerung und Größtkorn D = 3 mm

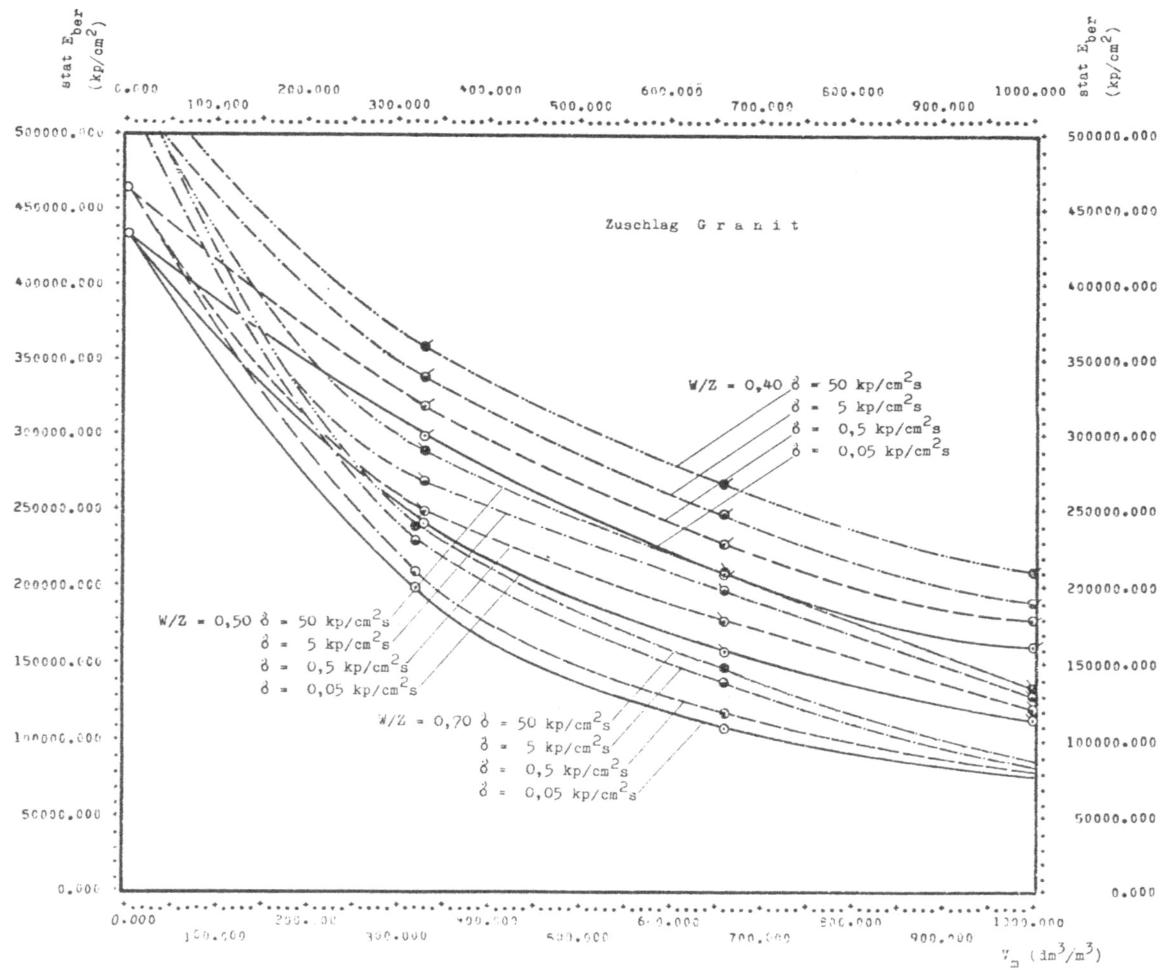


Bild 74 : Abhängigkeit des Moduls stat E $5_{ber}$ vom anteiligen Zementsteinvolumen und von der Spannungsänderung $\dot{\sigma}$ bei Wasserlagerung und Größtkorn D = 7 mm

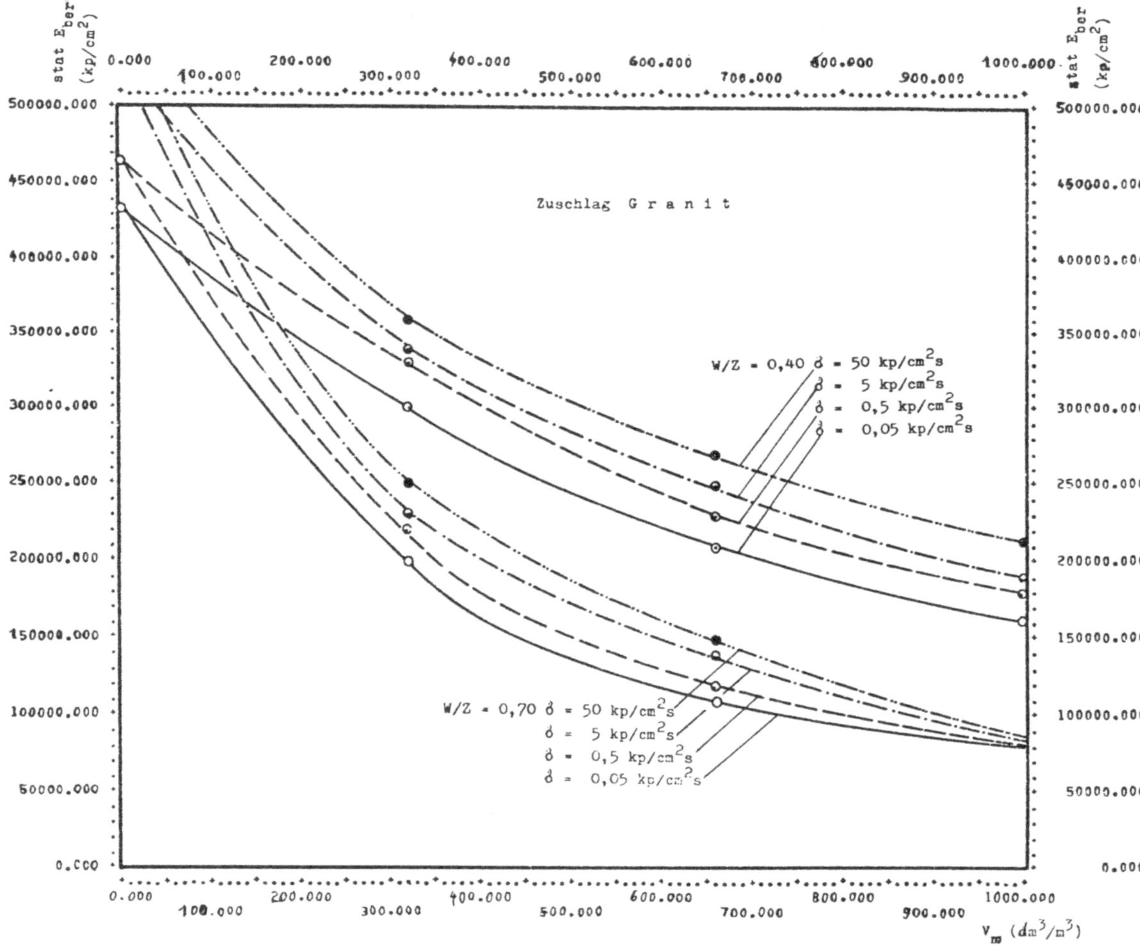


Bild 75: Abhängigkeit des Moduls stat E $5_{ber}$ vom anteiligen Zementsteinvolumen und von der Spannungsänderung $\dot{\sigma}$ bei Wasserlagerung und Größtkorn D = 15 mm

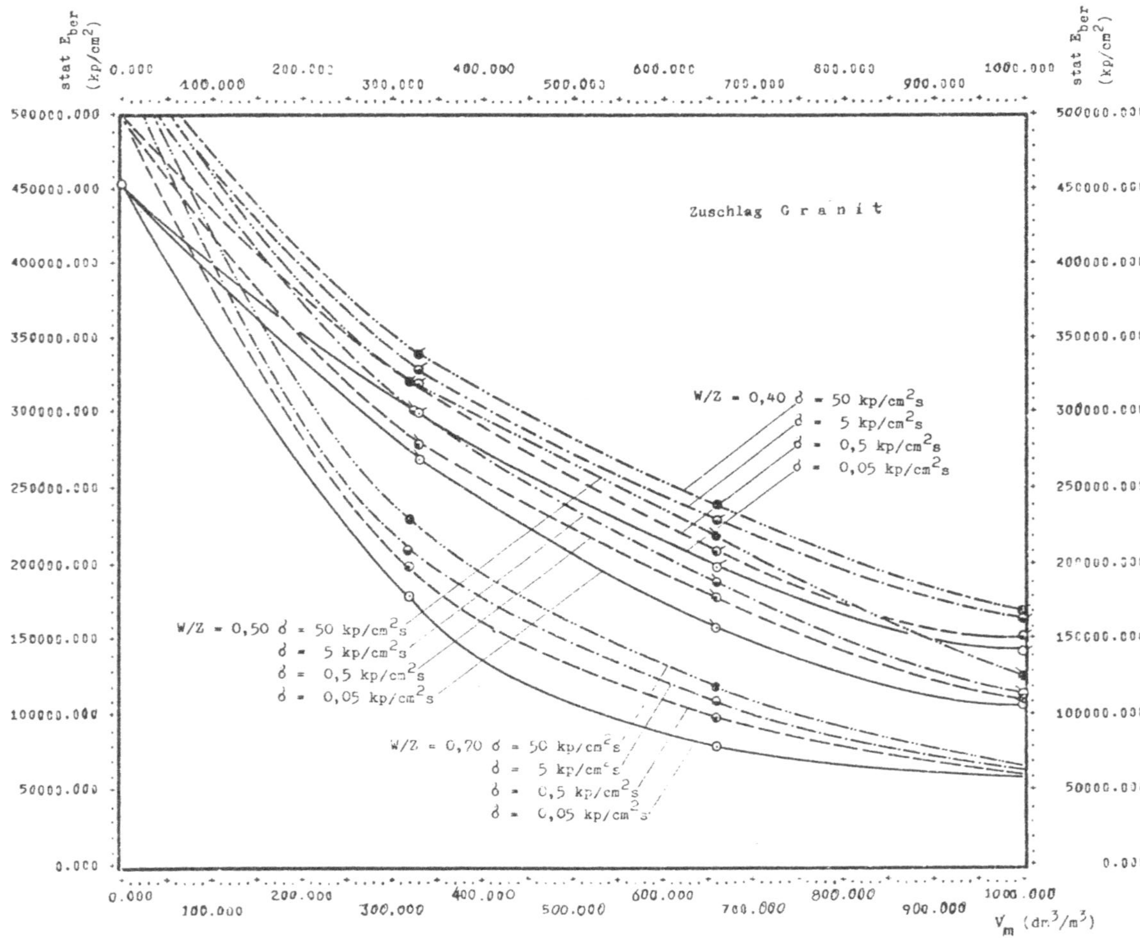


Bild 76 : Abhängigkeit des Moduls stat E $5_{ber}$ vom anteiligen Zementsteinvolumen und von der Spannungsänderung $\dot{\sigma}$ bei Luftlagerung und Größtkorn D = 7 mm

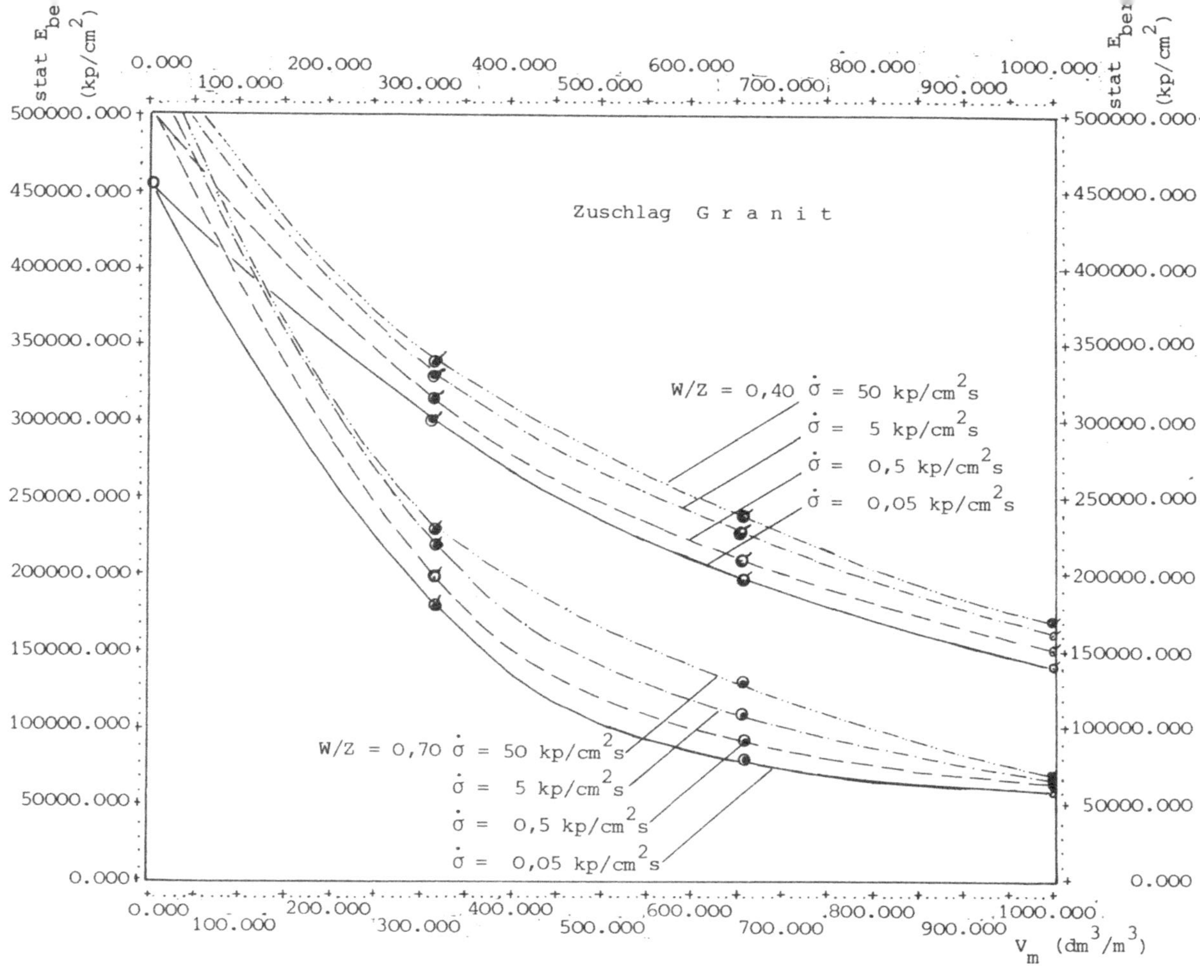


Bild 77: Abhängigkeit des Moduls stat E $5_{ber}$ vom anteiligen Zementsteinvolumen und von der Spannungsänderung $\dot{\sigma}$ bei Luftlagerung und Größtkorn D = 15 mm

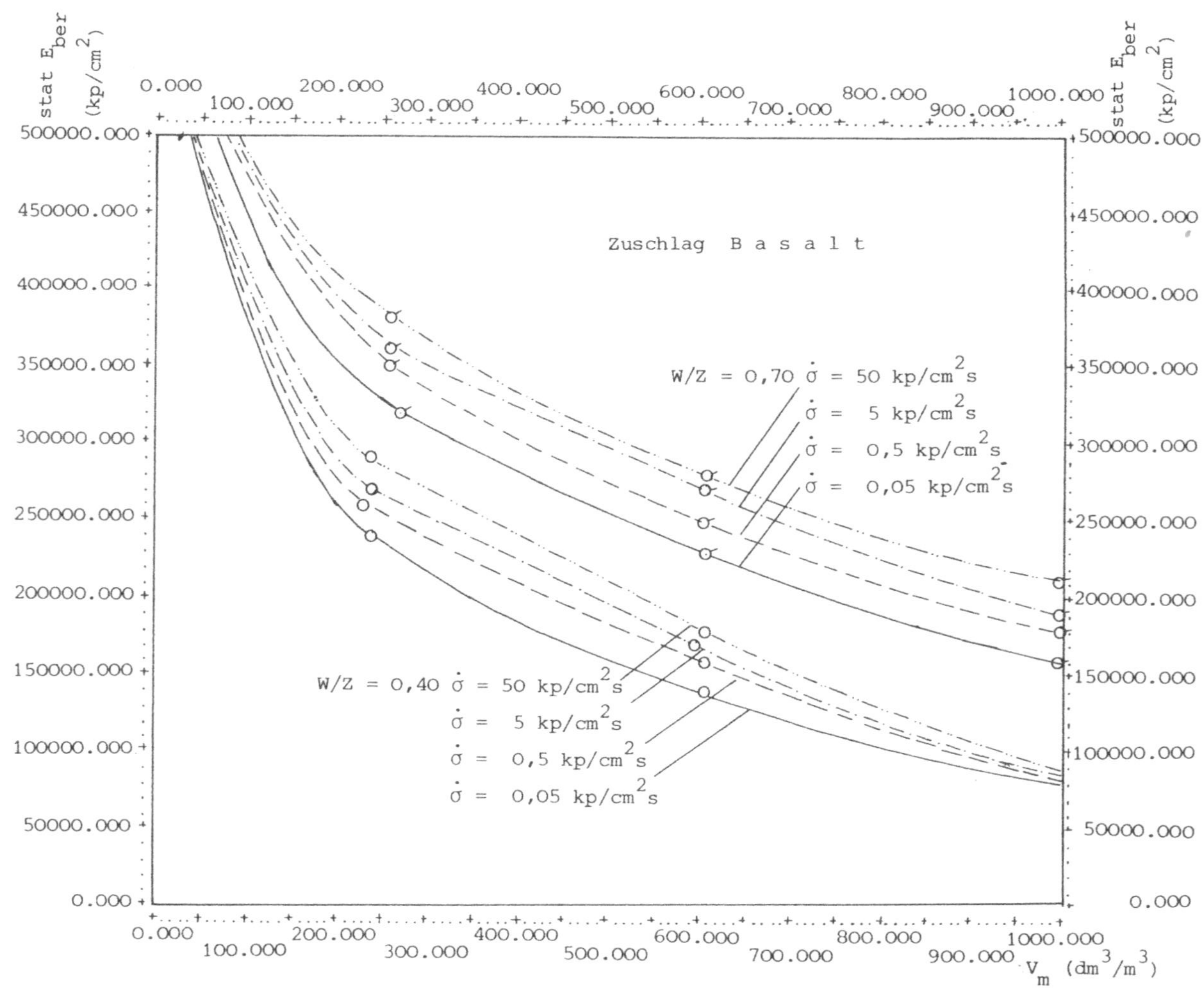


Bild 78: Abhängigkeit des Moduls stat E $5_{ber}$ vom anteiligen Zementsteinvolumen und von der Spannungsänderung $\dot{\sigma}$ bei Wasserlagerung und Größtkorn D = 7 mm

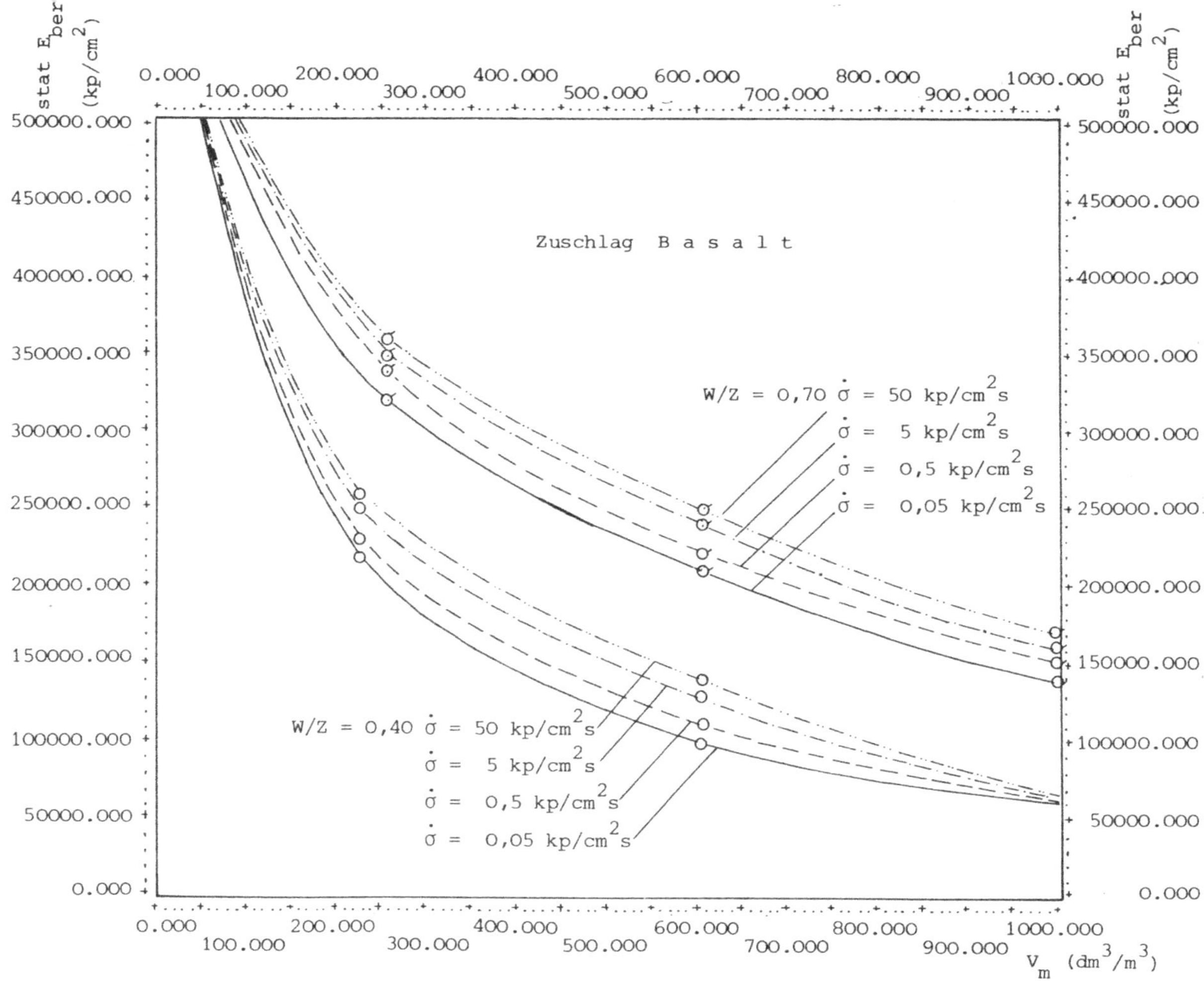


Bild 79: Abhängigkeit des Moduls stat E $5_{ber}$ vom anteiligen Zementsteinvolumen und von der Spannungsänderung bei Luftlagerung und Größtkorn D = 7 mm

# Forschungsberichte des Landes Nordrhein-Westfalen

Herausgegeben im Auftrage des Ministerpräsidenten Heinz Kühn
vom Minister für Wissenschaft und Forschung Johannes Rau

## Sachgruppenverzeichnis

### Acetylen · Schweißtechnik
Acetylene · Welding gracitice
Acétylène · Technique du soudage
Acetileno · Técnica de la soldadura
Ацетилен и техника сварки

### Arbeitswissenschaft
Labor science
Science du travail
Trabajo científico
Вопросы трудового процесса

### Bau · Steine · Erden
Constructure · Construction material · Soilresearch
Construction · Matériaux de construction · Recherche souterraine
La construcción · Materiales de construcción · Reconocimiento del suelo
Строительство и строительные материалы

### Bergbau
Mining
Exploitation des mines
Minería
Горное дело

### Biologie
Biology
Biologie
Biologia
Биология

### Chemie
Chemistry
Chimie
Quimica
Химия

### Druck · Farbe · Papier · Photographie
Printing · Color · Paper · Photography
Imprimerie · Couleur · Papier · Photographie
Artes gráficas · Color · Papel · Fotografía
Типография · Краски · Бумага · Фотография

### Eisenverarbeitende Industrie
Metal working industry
Industrie du fer
Industria del hierro
Металлообработывающая промышленность

### Elektrotechnik · Optik
Electrotechnology · Optics
Electrotechnique · Optique
Electrotécnica · Optica
Электротехника и оптика

### Energiewirtschaft
Power economy
Energie
Energía
Энергетическое хозяйство

### Fahrzeugbau · Gasmotoren
Vehicle construction · Engines
Construction de véhicules · Moteurs
Construcción de vehículos · Motores
Производство транспортных средств

### Fertigung
Fabrication
Fabrication
Fabricación
Производство

### Funktechnik · Astronomie
Radio engineering · Astronomy
Radiotechnique · Astronomie
Radiotécnica · Astronomía
Радиотехника и астрономия

## Gaswirtschaft

Gas economy
Gaz
Gas
Газовое хозяйство

## Holzbearbeitung

Wood working
Travail du bois
Trabajo de la madera
Деревообработка

## Hüttenwesen · Werkstoffkunde

Metallurgy · Materials research
Métallurgie · Matériaux
Metalurgia · Materiales
Металлургия и материаловедение

## Kunststoffe

Plastics
Plastiques
Plásticos
Пластмассы

## Luftfahrt · Flugwissenschaft

Aeronautics · Aviation
Aéronautique · Aviation
Aeronáutica · Aviación
Авиация

## Luftreinhaltung

Air-cleaning
Purification de l'air
Purificación del aire
Очищение воздуха

## Maschinenbau

Machinery
Construction mécanique
Construcción de máquinas
Машиностроительство

## Mathematik

Mathematics
Mathématiques
Matemáticas
Математика

## Medizin · Pharmakologie

Medicine · Pharmacology
Médecine · Pharmacologie
Medicina · Farmacologia
Медицина и фармакология

## NE-Metalle

Non-ferrous metal
Metal non ferreux
Metal no ferroso
Цветные металлы

## Physik

Physics
Physique
Física
Физика

## Rationalisierung

Rationalizing
Rationalisation
Racionalización
Рационализация

## Schall · Ultraschall

Sound · Ultrasonics
Son · Ultra-son
Sonido · Ultrasónico
Звук и ультразвук

## Schiffahrt

Navigation
Navigation
Navegación
Судоходство

## Textilforschung

Textile research
Textiles
Textil
Вопросы текстильной промышленности

## Turbinen

Turbines
Turbines
Turbinas
Турбины

## Verkehr

Traffic
Trafic
Tráfico
Транспорт

## Wirtschaftswissenschaften

Political economy
Economie politique
Ciencias economicas
Экономические науки

Einzelverzeichnis der Sachgruppen bitte anfordern

Westdeutscher Verlag GmbH
– Auslieferung Opladen –
567 Opladen, Postfach 1620

GPSR Compliance

*The European Union's (EU) General Product Safety Regulation (GPSR) is a set of rules that requires consumer products to be safe and our obligations to ensure this.*

*If you have any concerns about our products, you can contact us on ProductSafety@springernature.com*

In case Publisher is established outside the EU, the EU authorized representative is:

Springer Nature Customer Service Center GmbH
Europaplatz 3
69115 Heidelberg, Germany

**Batch number: 10577876**

Printed by Printforce, the Netherlands